例と図で学べる

微 分 積 分

水 本 久 夫 著

東京 裳華房 発行

Calculus

by

Hisao Mizumoto

SHOKABO
TOKYO

まえがき

　この本は，大学の初年級の学生を対象にして，微分積分を，わかりやすく興味をもって学習することができるように，書かれた教科書である．また，教える側にとっても，苦労することなく，円滑に教えることができるように，工夫されて書かれた教科書である．この本は，90分授業28回の2学期間用として編まれている．

　一般に，高校の数学の教科書と大学の微分積分の教科書をくらべてみると，内容の取り扱い方や，むずかしさ，などの点で，かなりへだたりがあるものが多いように思われる．この本では，そのようなへだたりをなくして，抵抗を感じることなく，高校で学んだ数学の延長として，微分積分を学ぶことができるように気をくばった．とくに，平成11年改訂，平成15年度から実施の「高等学校学習指導要領」（数学編）によって，平成19年度からの大学における数学教育も，変更をせまられている．この本は，その点も十分考慮に入れて，新しく改訂された高校の「数学Ⅰ」の範囲の予備知識で，理解できるように，工夫して書かれている．

　一般に，数学の教科書や論文では，まず，定義があり，つづいて，定理が述べられ，その定理の証明があり，つづいて，その定理の応用例がしめされる，といった方法で記述されるのが，常とう手段である．それは，そのように記述する方法が，内容が整理整頓されて，美しくまとめられるからである．しかし，数学を思考する順序というものは，そのような単純なものではなく，いろいろの具体的な問題について，内容を検討して解いたあと，それらに共通した内容を総括してまとめ，それを証明したのち，定理として表現し，定理を述べるのに必要な言葉を，定義として設定する，というのが，一般的な順序である．この本の特色は，可能な範囲で，この思考の順序に

したがって，定義や定理を述べる前に，簡単な例によって，そのあとで述べる定義や定理の意味や内容を，ある程度，理解できるようにし，定理を述べる前に，その定理の証明をして，定理が容易に理解できるようにした．

最初に述べたように，この本は，2学期間(1か年間)用として編まれているが，もし，ゆとりをもって講義をしたい場合には，つぎの節(§)は省略してもよい：

§26．続・関数の近似

§36．3重積分

§37．曲面の面積

この本の各節(§1，§2など)のあとにあげた 問 は，本文と関係のある基礎的ないしは基本的な問題で，それを行うことによって，本文の内容の理解が深まるように気をくばった．　この本に採用した問は，比較的，やさしいものばかりで，いわゆる，難問はないが，＊印をつけたものは，他の問題にくらべて，相対的に，やや，むずかしいと思われるものである．

おわりに，この本の原稿を精読され，多くの問題点について，ご指摘いただき，組版上の体裁をととのえることに尽力された，裳華房編集部部長の細木周治氏に，心から感謝の意を表したい．　また，複雑な組版の作成に尽力された整版所の方がた，精緻な図の作成に尽力された方がたにも，ここで，深く感謝申し上げたい．

2008年8月

著者しるす

目 次

第1章 微 分

- §1. 関数の極限値 …… 1
- §2. 連続関数 …… 7
- §3. 導関数 …… 9
- §4. 微分の公式 …… 14

第2章 初等関数の微分

- §5. 3角関数 …… 23
- §6. 指数関数・対数関数 …… 33
- §7. 双曲線関数 …… 45
- §8. 逆3角関数 …… 48

第3章 微分の応用

- §9. 平均値の定理 …… 54
- §10. 高階導関数 …… 58
- §11. 不定形の極限値 …… 66
- §12. 曲線の増減・凹凸 …… 72
- §13. 関数の近似 …… 80

第4章 不定積分

§14. 不定積分 …………………………………… *91*
§15. 置換積分法 …………………………………… *97*
§16. 部分積分法 …………………………………… *102*
§17. 分数式の積分 ………………………………… *107*
§18. $\sin x$, $\cos x$ の分数式の積分 ……………… *113*
§19. 無理式の積分 ………………………………… *115*

第5章 定積分

§20. 定積分 ………………………………………… *119*
§21. 定積分の計算 ………………………………… *127*
§22. 図形の面積 …………………………………… *135*
§23. 立体の体積 …………………………………… *141*
§24. 曲線の長さ …………………………………… *146*
§25. 広義の積分 …………………………………… *152*
§26. 続・関数の近似 ……………………………… *158*

第6章 偏微分

§27. 偏導関数 ……………………………………… *162*
§28. 高階偏導関数 ………………………………… *172*
§29. 合成関数の偏微分 …………………………… *175*
§30. 陰関数 ………………………………………… *180*
§31. 2変数の関数の近似 ………………………… *184*
§32. 2変数の関数の極値 ………………………… *189*

第7章 重積分

- §33. 2重積分 ………………………………… 195
- §34. 2重積分と累次積分 ……………………… 203
- §35. 積分変数の変換 …………………………… 209
- §36. 3重積分 ………………………………… 222
- §37. 曲面の面積 ……………………………… 227

問の答え …………………………………………… 233
索　引 ……………………………………………… 256

第1章　微　　分

§1. 関数の極限値

1 関数の極限値とは？

例1 実数 x が 1 以外の値をとりながら，かぎりなく 1 に近づくことを，
$$x \to 1$$
で表す．このとき，x を**変数**，1 を**定数**とよぶ．　関数:

(1) $$f(x) \equiv \frac{x^2-1}{x-1} \quad {}^{*)}$$

について，考えてみよう．　この関数は，$x=1$ のときは，$\frac{0}{0}$ となるから，$x=1$ では，定義されていない．

さらに，(1) 式で，$x \to 1$ となったときも，このままでは，$\frac{0}{0}\left(\frac{0}{0}\right.$ の**不定形**という) となる．しかし，$x \neq 1$ のときは，(1) の関数は，$x-1$ で約分ができて，

$$f(x) \equiv \frac{x^2-1}{x-1} = \frac{(x-1)(x+1)}{x-1} = x+1$$

と表せるから，$x \to 1$ のとき，$f(x)$ はかぎりなく 2 に近づくことがわかる．　このことを，

　　　$x \to 1$ のとき，関数 $f(x)$ は 2 に**収束する**．

または，

---

*) 記号 ≡ は，左辺と右辺が恒等的に等しいことを表す場合と，左辺〔右辺〕の式が右辺〔左辺〕の式によって定義されることを表す場合がある．ここでは，後者の場合である．
$f(x)$ の f は，function (関数) の頭文字を採っている．

$x \to 1$ のときの関数 $f(x)$ の**極限値**は 2 である．

といい，

(2) $\quad\displaystyle\lim_{x \to 1} f(x) = \lim_{x \to 1} \frac{x^2-1}{x-1} = 2$ *)

または，

(3) $\quad\displaystyle f(x) = \frac{x^2-1}{x-1} \to 2 \quad (x \to 1)$

によって表す．一般に，極限値 (2) または (3) を考えるときには，関数 $f(x)$ が $x = 1$ で，かならずしも，定義されていなくともよい．

極限値 (2) または (3) の収束のようすを，グラフで表せば，つぎの図 1 のようになる． ⌒**)

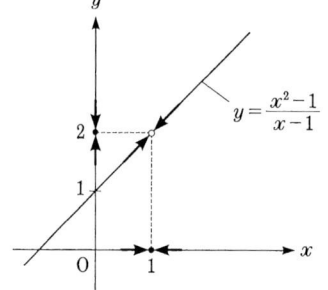

図 1　収束:

$\displaystyle\frac{x^2-1}{x-1} \to 2 \quad (x \to 1)$

のようすをグラフで表したもの．
関数 $f(x)$ は，$x = 1$ では，定義されていない．

2　**関数の極限値**　一般に，関数 $f(x)$ について，変数 x が定数 a 以外の値をとりながら，a にかぎりなく近づくときに，$f(x)$ が一定の値 α にかぎりなく近づくならば，

　　　　$x \to a$ のとき，$f(x)$ は α に**収束する**．

または，

　　　　$x \to a$ のときの $f(x)$ の**極限値**は α である．

といい，

(4) $\quad\displaystyle\lim_{x \to a} f(x) = \alpha$

---

*)　lim は，limit（極限）の頭 3 字を採っている．
**)　⌒ は，本書を通して，例の終りを意味する．

または,

(5) $\quad\quad\quad\quad\quad\quad f(x) \to \alpha \quad\quad (x \to a)$

によって表す.*) 2ページの (2) または (3) は,

$$f(x) = \frac{x^2 - 1}{x - 1}, \quad a = 1, \quad \alpha = 2$$

の場合である.

例 2 $\displaystyle\lim_{x \to 0} \frac{\sqrt{x+1} - 1}{x}$.

この式で, このまま, $x \to 0$ とすれば, $\dfrac{0}{0}$ の不定形となる. つぎのようにすればよい:

$$\lim_{x \to 0} \frac{\sqrt{x+1} - 1}{x} = \lim_{x \to 0} \frac{(\sqrt{x+1} - 1)(\sqrt{x+1} + 1)}{x(\sqrt{x+1} + 1)}$$

↖ 分母, 分子に $\sqrt{x+1} + 1$ をかける

$$= \lim_{x \to 0} \frac{(x+1) - 1}{x(\sqrt{x+1} + 1)} = \lim_{x \to 0} \frac{1}{\sqrt{x+1} + 1} = \frac{1}{2}.$$

つぎの定理は, 関数の極限値の基本的な性質である:

定理 1 ──────────── **関数の極限値の基本定理**

$$\lim_{x \to a} f(x) = \alpha, \ \lim_{x \to a} g(x) = \beta \quad\quad であるとき,$$

(ⅰ) $\displaystyle\lim_{x \to a} c f(x) = c \alpha \quad$ (c は定数);

(ⅱ) $\displaystyle\lim_{x \to a} \{f(x) \pm g(x)\} = \alpha \pm \beta \quad$ (複号同順);

(ⅲ) $\displaystyle\lim_{x \to a} f(x) g(x) = \alpha \beta$;

(ⅳ) $\displaystyle\lim_{x \to a} \frac{f(x)}{g(x)} = \frac{\alpha}{\beta} \quad$ ($\beta \neq 0$).

---

*) 一般に, 定数を表すには, $a, b, c, \cdots$, または, ギリシャ文字の α (アルファ), β (ベータ), γ (ガンマ) などを用い, 変数を表すには, $x, y, z, t, u, v, w, \cdots$, または, ギリシャ文字の ξ (グザイ), η (イータ), ζ (ツェータ), $\cdots$ などを用いる.

3 無限大 ∞　　変数 x の値が，かぎりなく大きくなることを，
$$x \to \infty \quad \text{または} \quad x \to +\infty$$
で表し，変数 x は **無限大** ∞ に近づくという．　また，変数 x が，負の値をとりながら，その絶対値がかぎりなく大きくなることを，
$$x \to -\infty$$
で表し，変数 x は **負の無限大** $-\infty$ に近づくという．

つぎの形の極限値も考える：

(6) $$\lim_{x \to \infty} f(x), \quad \lim_{x \to -\infty} f(x).$$

この形の極限値に対しても，a を ∞ または $-\infty$ でおきかえて，定理1（3ページ）がなりたつ．

例3　 $\lim_{x \to \infty} \dfrac{1}{x} = 0$ に注意すれば，a を ∞ でおきかえた定理1（3ページ）によって，

$$\lim_{x \to \infty} \frac{x^2 - x + 1}{x^2 + x + 1} = \lim_{x \to \infty} \frac{1 - \dfrac{1}{x} + \dfrac{1}{x}\cdot\dfrac{1}{x}}{1 + \dfrac{1}{x} + \dfrac{1}{x}\cdot\dfrac{1}{x}} = 1.$$

　　　　　　　　　　　⌞ 分子，分母を x^2 でわる

また，(4)式，または，(6)式の形の極限値において，
$$f(x) \to \infty \quad \text{または} \quad f(x) \to -\infty$$
となる極限値も考える．

例4
$$\lim_{x \to \infty} \frac{1}{\sqrt{x+1} - \sqrt{x}}$$
$$= \lim_{x \to \infty} \frac{\sqrt{x+1} + \sqrt{x}}{(\sqrt{x+1} - \sqrt{x})(\sqrt{x+1} + \sqrt{x})}$$
　　⌞ 分母，分子に $\sqrt{x+1} + \sqrt{x}$ をかける
$$= \lim_{x \to \infty} \frac{\sqrt{x+1} + \sqrt{x}}{(x+1) - x} = \lim_{x \to \infty} (\sqrt{x+1} + \sqrt{x}) = \infty.$$

4 **片側極限値**　変数 x が a より大きい値〔小さい値〕をとりながら，a にかぎりなく近づくことを，
$$x \to a+0 \quad [\,x \to a-0\,]$$
で表す．とくに，$a=0$ の場合には，簡単に，
$$x \to +0 \quad [\,x \to -0\,]$$
で表す．

関数 $f(x)$ に対して，
$$(7) \qquad \lim_{x \to a+0} f(x) = \alpha \quad [\,\lim_{x \to a-0} f(x) = \beta\,]$$
の形の極限値を考え，$f(x)$ の a における**右側極限値**〔**左側極限値**〕という（図 2）．両極限値を，総称して，**片側極限値**という．

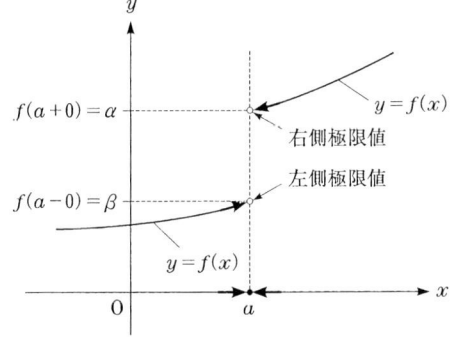

図 2　関数 $f(x)$ の $x=a$ における**右側極限値**:
$$\lim_{x \to a+0} f(x) = \alpha$$
と**左側極限値**:
$$\lim_{x \to a-0} f(x) = \beta$$
をしめす．

$\displaystyle\lim_{x \to a+0} f(x)$, $\displaystyle\lim_{x \to a-0} f(x)$ を，それぞれ，$f(a+0)$, $f(a-0)$ で表す：
$$f(a+0) \equiv \lim_{x \to a+0} f(x), \qquad f(a-0) \equiv \lim_{x \to a-0} f(x).$$
$$f(a+0) = f(a-0)$$
であるとき，極限値 $\displaystyle\lim_{x \to a} f(x)$ が存在する．

例 5 $\lim_{x \to +0} \dfrac{1}{x}$ と $\lim_{x \to -0} \dfrac{1}{x}$ を求めよう．

$x \to +0$ は，x が正の値をとりながら，0 にかぎりなく近づくことを表している．そのとき，$\dfrac{1}{x}$ は正の値をとりながら，かぎりなく大きくなる．したがって，

$$\lim_{x \to +0} \dfrac{1}{x} = \infty \quad (図 3)．$$

$x \to -0$ は，x が負の値をとりながら，0 にかぎりなく近づくことを表している．そのとき，$\dfrac{1}{x}$ は負の値をとりながら，その絶対値は，かぎりなく大きくなる．したがって，

$$\lim_{x \to -0} \dfrac{1}{x} = -\infty \quad (図 3)．$$

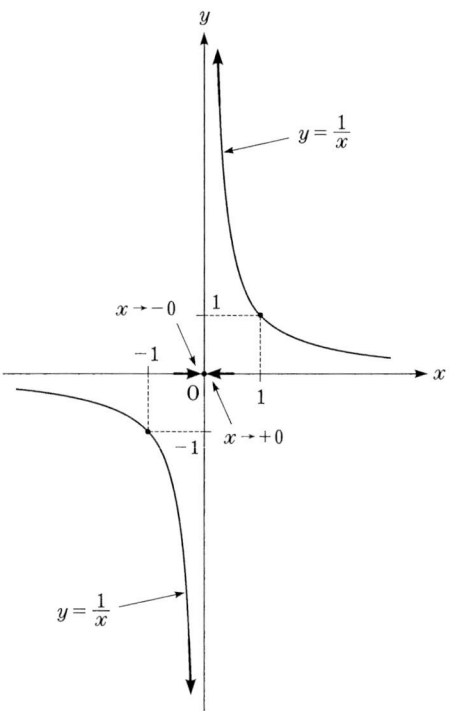

図 3 右側極限値:
$$\lim_{x \to +0} \dfrac{1}{x} = \infty,$$
左側極限値:
$$\lim_{x \to -0} \dfrac{1}{x} = -\infty$$
のようすをしめす．

問 1 つぎの極限値を求めよ．

① $\lim_{x \to 1} \dfrac{x^2 + x - 2}{x - 1}$ ② $\lim_{x \to -1} \dfrac{x^2 - 1}{x + 1}$

§2. 連続関数

3 $\displaystyle\lim_{x\to 1}\frac{x^2+2x-3}{x^2+x-2}$ 4 $\displaystyle\lim_{x\to 1}\frac{x^3-1}{x-1}$

5 $\displaystyle\lim_{x\to -1}\frac{x^2-1}{x^3+1}$ 6 $\displaystyle\lim_{x\to 1}\frac{\sqrt{x}-1}{x-1}$

7 $\displaystyle\lim_{x\to -1}\frac{\sqrt[3]{x}+1}{x+1}$ 〔ヒント: $x+1=(\sqrt[3]{x}+1)(\sqrt[3]{x^2}-\sqrt[3]{x}+1)$〕

8 $\displaystyle\lim_{x\to 0}\frac{x}{\sqrt{1+x}-\sqrt{1-x}}$ 〔ヒント: 分母, 分子に $\sqrt{1+x}+\sqrt{1-x}$ をかけよ.〕

9 $\displaystyle\lim_{x\to 0}\frac{\sqrt{x^2+1}+x-1}{x}$ 〔ヒント: 分母, 分子に $\sqrt{x^2+1}-(x-1)$ をかけよ.〕

10 $\displaystyle\lim_{x\to\infty}\frac{2x^2-3x+1}{x^2+3x+2}$ 11 $\displaystyle\lim_{x\to -\infty}\frac{-2x^2+3x+2}{x^2-2x-3}$

12 $\displaystyle\lim_{x\to -\infty}\frac{x^3-1}{x^2+1}$ 13 $\displaystyle\lim_{x\to -1}\frac{x-1}{x^3+x^2-x-1}$

14 $\displaystyle\lim_{x\to\infty}x(\sqrt{x+1}-\sqrt{x-1})$ 〔ヒント: $\sqrt{x+1}+\sqrt{x-1}$ をかけると同時に, それでわれ.〕

15 $\displaystyle\lim_{x\to\infty}\sqrt{x}(\sqrt{x+1}-\sqrt{x-1})$ 〔ヒント: 14 のヒントと同じ.〕

問 2 つぎの極限値を求めよ.

1 $\displaystyle\lim_{x\to 1+0}\frac{1}{x-1}$ 2 $\displaystyle\lim_{x\to 1-0}\frac{1}{x-1}$ 3 $\displaystyle\lim_{x\to -\frac{1}{2}+0}\frac{x}{2x+1}$

4 $\displaystyle\lim_{x\to -\frac{1}{2}-0}\frac{x}{2x+1}$ 5 $\displaystyle\lim_{x\to 1-0}\frac{1}{\sqrt{1-x^2}}$ 6 $\displaystyle\lim_{x\to 1-0}\frac{1-x}{\sqrt{1-x^2}}$

§2. 連続関数

1 連続関数　　関数 $f(x)$ が, 条件:

(1) $$\lim_{x\to a}f(x)=f(a)$$

をみたすとき, $f(x)$ は $x=a$ で**連続**であるという. 条件 (1) をみたすことは, つぎの 3 つの条件: (a), (b), (c) をみたすことと同値であることに注意!

(a)　$f(x)$ は $x=a$ で定義されている;

(b)　　　極限値: $\lim_{x \to a} f(x)$ が存在する;

(c)　　　極限値: $\lim_{x \to a} f(x)$ は $f(a)$ に等しい(図1).

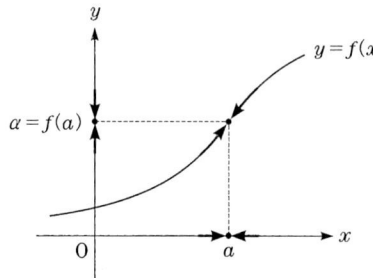

図1　$f(x)$ が $x = a$ で連続であるようすをしめす.

開区間 (a, b) ($a < x < b$ の範囲)の各点 x で, $f(x)$ が連続であるとき, $f(x)$ は**開区間** (a, b) で**連続**であるという.

$f(x)$ が (a, b) で連続であって,
$$f(a+0) = f(a), \qquad f(b-0) = f(b)$$
であるとき, $f(x)$ は**閉区間** $[a, b]$ ($a \leqq x \leqq b$ の範囲)で**連続**であるという.

2　基本定理　つぎの定理は, 連続関数の基本的な性質であって, §1の定理1(3ページ)で, $\alpha = f(a)$, $\beta = g(a)$ とおけば, ただちに, えられる:

定理 1　　　　　　　　　　　　　　　　　　　　　　　　　**連続関数の基本定理**

$f(x), g(x)$ が $x = a$ で連続ならば,

(i)　　　$cf(x)$　　　(c は定数);

(ii)　　　$f(x) \pm g(x)$;

(iii)　　　$f(x) g(x)$;

(iv)　　　$\dfrac{f(x)}{g(x)}$　　　($g(a) \neq 0$)

は, それぞれ, $x = a$ で連続である.

[問1] 符号関数:
$$\mathrm{sgn}\,x = \begin{cases} 1 & (x > 0), \\ 0 & (x = 0), \\ -1 & (x < 0) \end{cases}{}^{*)}$$

について,

- [1] $\mathrm{sgn}\,x$ のグラフをかけ.
- [2] $\lim_{x \to +0} \mathrm{sgn}\,x$ を求めよ.
- [3] $\lim_{x \to -0} \mathrm{sgn}\,x$ を求めよ.

[問2] 7～8ページの (a), (b), (c) の条件がみたされるかどうかを，確かめることによって，つぎの関数 $f(x)$ の $x = 0$ での連続性をしらべよ．$f(x)$ が $x = 0$ で連続でない場合には，7～8ページの (a), (b), (c) の, どの条件がみたされないか, をのべよ.

- [1] $f(x) = \dfrac{x^2}{x}$
- [2] $f(x) = \begin{cases} \dfrac{x^2}{x} & (x \neq 0), \\ 0 & (x = 0) \end{cases}$
- [3] $f(x) = \begin{cases} \dfrac{x^2}{x} & (x \neq 0), \\ 1 & (x = 0) \end{cases}$
- [4] $f(x) = |x|$
- [5] $f(x) = \mathrm{sgn}\,x$
- [6] $f(x) = x\,\mathrm{sgn}\,x$

§3. 導関数

[1] 曲線の接線を求めよう！

[例1] 放物線: $y = x^2$ 上の点 $\mathrm{A}(1, 1)$ における接線 AT の方程式を求めよう（つぎのページの図1）．

x-座標が $1 + h$ ($h = \Delta x$)[**)] である放物線上の点を P とすれば，P の

[*)] sgn は, signum function（符号関数）から, i をのぞく頭3字を採っている.

[**)] Δx の Δ はギリシャ文字: $\begin{bmatrix} \text{大文字} & \text{小文字} & \text{対応する英文字} & \text{読み方} \\ \Delta & \delta & d & \text{デルタ} \end{bmatrix}$

Δx の Δ は，あとで現れる dx の d に対応している.

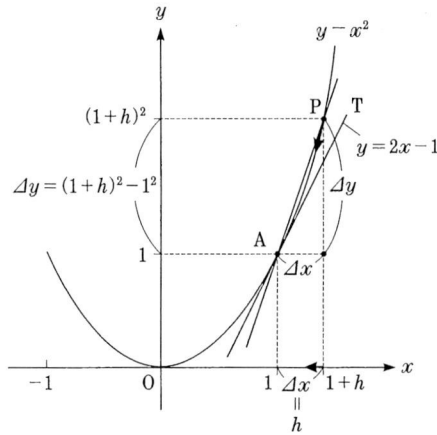

図1 接線ATは，点Pが，かぎりなく点Aに近づいたときの，直線APの極限の直線ATとして定義される．

さらに，Pを，かぎりなく点Aに近づけることは，$\Delta x = h$ を，かぎりなく0に近づけることと同値である．

座標は $(1+h, (1+h)^2)$. そのとき，
$$\Delta y = (1+h)^2 - 1^2$$
とおけば，点Aと点Pを結ぶ直線APの**傾き** $\dfrac{\Delta y}{\Delta x}$ は，図1によって，
$$\frac{\Delta y}{\Delta x} = \frac{(1+h)^2 - 1^2}{h} = \frac{2h + h^2}{h} = 2 + h.$$
この直線APの傾き $\dfrac{\Delta y}{\Delta x}$ を，x が1から $1+h$ まで変わる間の関数: $y = x^2$ の**平均変化率**という(図1). したがって，接線ATの傾きを m とすれば，点Pがかぎりなく点Aに近づくとき，すなわち，$\Delta x = h \to 0$ のとき，$\dfrac{\Delta y}{\Delta x}$ は m にかぎりなく近づくことがわかる．[*]

$$\therefore \quad m = \lim_{\Delta x \to 0} \frac{\Delta y}{\Delta x} = \lim_{h \to 0}(2+h) = 2.$$

この $\lim\limits_{\Delta x \to 0} \dfrac{\Delta y}{\Delta x}$ を $\dfrac{dy}{dx}$ で表して，$y = x^2$ の $x = 1$ での**微分係数**という．

接線ATの方程式は，傾きが $m = 2$ で，点 $A(1,1)$ をとおる直線として，

---

[*] 一般に，定点を表すには，A, B, C, ⋯ などを用い，動点を表すには，P, Q, R, T, ⋯ などを用いる．

$$\frac{y-1}{x-1} = m = 2. \qquad \therefore \qquad y = 2x - 1.$$

2 **微分係数**　つぎの図2のような，一般な関数: $y = f(x)$ について，例1と同様にして，曲線: $y = f(x)$ 上の点 $\mathrm{A}(a, f(a))$ での接線を求めよう．

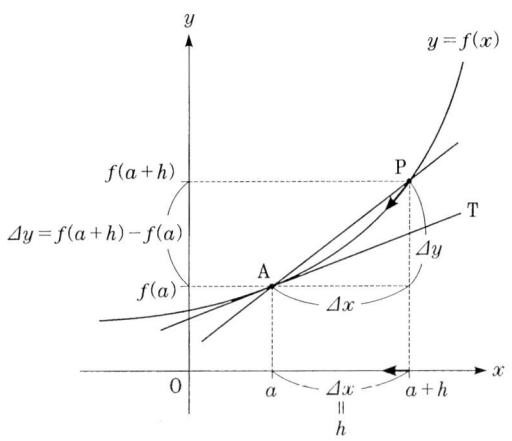

図2　接線 AT は，点 P が，かぎりなく点 A に近づいたときの，直線 AP の極限の直線 AT として，定義される．したがって，接線 AT の傾き m は，平均変化率:
$$\frac{\Delta y}{\Delta x} = \frac{f(a+h) - f(a)}{h}$$
の，$h \to 0$ のときの極限として，定義される．

定数 a から $\Delta x = h$ (h は負の値であってもよい) だけの変化 (x の**増分**とよぶ) に対する，変数 y の変化 (y の増分): $\Delta y = f(a+h) - f(a)$ の割合:

(1) $$\frac{\Delta y}{\Delta x} = \frac{f(a+h) - f(a)}{h}$$

を，x が a から $a+h$ まで変わる間の，$f(x)$ の**平均変化率**という(図2)．もし，点 $\mathrm{A}(a, f(a))$ での接線が存在するならば，点 P が，かぎりなく点 A に近づくとき，すなわち，$\Delta x = h \to 0$ のとき，(1) の $\frac{\Delta y}{\Delta x}$ は，接線の**傾き** m に，かぎりなく近づくことがわかる．この m を関数: $y = f(x)$ の点 $x = a$ における**微分係数**といい，$f'(a)$ で表す:

───────────── a での微分係数 ─────────────

(2) $\quad f'(a) \equiv \lim\limits_{\Delta x \to 0} \dfrac{\Delta y}{\Delta x} = \lim\limits_{h \to 0} \dfrac{f(a+h) - f(a)}{h}$

微分係数 (2) が存在するとき，$f(x)$ は $x = a$ で**微分可能**であるという．$f(x)$ が $x = a$ で微分可能であるとき，接線 AT の方程式は，傾きが $m = f'(a)$ で，点 $\mathrm{A}(a, f(a))$ をとおる直線として，

$$\dfrac{y - f(a)}{x - a} = f'(a).$$

───────────── 接線の方程式 ─────────────

(3) $\quad \therefore \quad y - b = f'(a)(x - a) \quad (b = f(a))$.

例 2　$y = f(x) = x^2$．

$$f'(a) = \lim_{h \to 0} \dfrac{(a+h)^2 - a^2}{h} = \lim_{h \to 0} \dfrac{2ah + h^2}{h} = \lim_{h \to 0}(2a + h) = 2a.$$

したがって，$y = x^2$ 上の点 (a, b) ($b = a^2$) における接線の方程式は，

$$y - b = 2a(x - a).$$

$$\therefore \quad y + b = 2ax.$$

例 1 は，$a = 1$，$b = 1$ の場合である．

3　片側微分係数　　極限値の片側極限値の場合と同様にして，

右側微分係数:　$f_+{'}(a) \equiv \lim\limits_{h \to +0} \dfrac{f(a+h) - f(a)}{h}$,

左側微分係数:　$f_-{'}(a) \equiv \lim\limits_{h \to -0} \dfrac{f(a+h) - f(a)}{h}$

を定義する．　両者を総称して，**片側微分係数**という．　両片側微分係数が一致するとき，すなわち，

$$f_+{'}(a) = f_-{'}(a)$$

のとき，$f'(a)$ が存在し，これらは一致する．

4　導関数　$f(x)$ が開区間 (a,b) の各点で微分可能であるとき，$f(x)$ は開区間 (a,b) で**微分可能**であるという．

$f(x)$ が (a,b) の各点で微分可能であって，$f'_+(a), f'_-(b)$ が存在するとき，$f(x)$ は閉区間 $[a,b]$ で**微分可能**であるという．

$f(x)$ が (a,b) または $[a,b]$ で微分可能であるとき，その区間の各点 x に，その点における微分係数 $f'(x)$ を対応させたものを，x の関数とみなすことができる．そのとき，その関数 $f'(x)$ を $f(x)$ の**導関数**という．導関数を求めることを，**微分する**という．$f(x)$ の導関数を表す記号としては，$f'(x)$ のほかに，つぎの記法が，使いみちに応じて用いられる：

$$(4) \quad y', \ \{f(x)\}', \ \frac{dy}{dx}, \ \frac{df(x)}{dx}, \ \frac{d}{dx}f(x), \ Df(x)$$

', $\frac{d}{dx}$, D が，いずれも，微分の演算を表している．*⁾

例 3　$y = c$ （定数関数）．
$$y' = \lim_{\varDelta x \to 0} \frac{\varDelta y}{\varDelta x} = \lim_{\varDelta x \to 0} \frac{c-c}{\varDelta x} = 0.$$

例 4　$y = x$.
$$y' = \lim_{\varDelta x \to 0} \frac{\varDelta y}{\varDelta x} = \lim_{\varDelta x \to 0} \frac{(x + \varDelta x) - x}{\varDelta x} = 1.$$

例 5　$y = x^2$.

例 2 によって，　　$y' = 2x$.

例 3，例 4，例 5 によって，それぞれ，つぎの公式がえられる：

$$(5) \quad (c)' = 0 \quad (c \text{ は定数});$$
$$(6) \quad (x)' = 1;$$
$$(7) \quad (x^2)' = 2x.$$

---

*⁾　(4)式にあらわれる d, D は，differential（微分）の頭文字を採っている．

問 1 つぎの関数を，微分係数の定義 (2) (12 ページ) にしたがって微分せよ．また，付記の曲線上の点における，接線の方程式を求めよ．

1 $y = x^3$, $(1, 1)$ 〔ヒント: $(x+h)^3 = x^3 + 3hx^2 + 3h^2x + h^3$〕

2 $y = \dfrac{1}{x}$, $\left(2, \dfrac{1}{2}\right)$ **3** $y = \dfrac{1}{x^2}$, $\left(2, \dfrac{1}{4}\right)$

4 $y = \sqrt{x}$, $(4, 2)$ 〔ヒント: $\sqrt{x+h} - \sqrt{x} = \dfrac{h}{\sqrt{x+h} + \sqrt{x}}$〕

5 $y = \dfrac{1}{\sqrt{x}}$, $(1, 1)$ 〔ヒント: **4** と同じ〕

§4. 微分の公式

1 微分可能な関数の連続性 $y = f(x)$ が $x = a$ で微分可能ならば，

$$\lim_{x \to a} f(x) - f(a) = \lim_{x \to a} \{f(x) - f(a)\}$$
$$= \lim_{x \to a} \left\{ \frac{f(x) - f(a)}{x - a} \cdot (x - a) \right\}$$
$$= f'(a) \cdot \lim_{x \to a} (x - a) = 0.$$

したがって，つぎの定理がえられる：

定理 1
$y = f(x)$ は，$x = a$ で微分可能ならば，$x = a$ で連続である．

---

2 和・差・積・商の微分 $u = f(x)$, $v = g(x)$ は，微分可能であるとする． x の増分 $\Delta x = h$ に対する u, v の増分を，

$$\Delta u = f(x+h) - f(x), \qquad \Delta v = g(x+h) - g(x)$$

とすれば，

(1) $\qquad f(x+h) = f(x) + \Delta u = u + \Delta u,$

(2) $\qquad g(x+h) = g(x) + \Delta v = v + \Delta v$

§4. 微分の公式

と表せて,

(3) $\quad\quad u' = \lim_{\Delta x \to 0} \dfrac{\Delta u}{\Delta x}, \quad\quad v' = \lim_{\Delta x \to 0} \dfrac{\Delta v}{\Delta x}.$

定理1によって,

(4) $\quad\quad \Delta u = f(x+h) - f(x) \to 0 \quad (h \to 0),$

(5) $\quad\quad \Delta v = g(x+h) - g(x) \to 0 \quad (h \to 0)$

であることに注意!

つぎの公式は,簡単にしめされる:

---

(6) $\quad (cu)' = cu' \quad (c\text{ は定数});$ （定数倍の微分の公式）

(7) $\quad (u \pm v)' = u' \pm v' \quad$（複号同順）. （和・差の微分の公式）

積 uv の微分の公式を求めよう.

$$(uv)' = \lim_{h \to 0} \dfrac{f(x+h)g(x+h) - f(x)g(x)}{h}$$

$$= \lim_{\Delta x \to 0} \dfrac{(u + \Delta u)(v + \Delta v) - uv}{\Delta x} \quad (\because \ (1)式,(2)式)$$

$$= \lim_{\Delta x \to 0} \dfrac{(\Delta u)v + u(\Delta v) + (\Delta u)(\Delta v)}{\Delta x}$$

$$= \lim_{\Delta x \to 0} \dfrac{\Delta u}{\Delta x} \cdot v + u \lim_{\Delta x \to 0} \dfrac{\Delta v}{\Delta x} + \lim_{\Delta x \to 0} \dfrac{\Delta u}{\Delta x} \cdot \lim_{h \to 0} \Delta v$$

$$= u'v + uv' \quad (\because \ (3)式,(5)式).$$

---

(8) $\quad \therefore \quad (uv)' = u'v + uv'.$ （積の微分の公式）

例1 $\quad y = (2x+1)(x^2 - 1).$

積の微分の公式 (8) と公式 (6), (7) によって,

$$\{\underbrace{(2x+1)}_{u} \underbrace{(x^2-1)}_{v}\}' = (2x+1)'(x^2-1) + (2x+1)(x^2-1)'$$

$$= 2(x^2-1) + (2x+1) \cdot 2x$$

$$= 6x^2 + 2x - 2.$$

$$(9) \qquad (x^n)' = nx^{n-1} \qquad (n=1,2,\cdots).^{*)}$$

【証明】 この公式を，帰納法によって証明しよう．

$n=1$ のとき，§3 の (6) 式 (13 ページ) によって，
$$(x)' = 1$$
だから，$n=1$ のときは正しい．

$n=k$ のとき，正しいと仮定すれば，積の微分の公式 (8) によって，
$$(x^{k+1})' = (x^k x)' = (x^k)' x + x^k (x)'$$
　　　　　　　└ 積の微分の公式
$$= kx^{k-1}x + x^k \cdot 1$$
　　　　　└ 帰納法の仮定
$$= (k+1)x^k.$$
したがって，$n=k+1$ のときも正しい． 　　　　　　（証明終）

---- 数学的帰納法 ----

一般に，自然数 n に関係した**命題**(判断すべき内容を，言語や記号で表したもの) P_n が，$^{**)}$ すべての自然数 n に対してなりたつことを証明するためには，つぎの(i),(ii)を証明すればよい：

(i) 　$n=1$ のとき，P_n はなりたつ；

(ii) 　$n=k$ のとき，P_n がなりたつと仮定すれば，P_n は $n=k+1$ のときにもなりたつ．

このようにして，自然数 n に関係した命題 P_n を証明する方法を**数学的帰納法**という．

上の証明は，$P_n = \{(x^n)' = nx^{n-1}\}$ の場合である．

$\dfrac{1}{v}$ の微分の公式を求めよう．

---

*) 　n は，natural number (自然数) の頭文字を採っている．
**) 　P_n の P は，Proposition (命題) の頭文字を採っている．

§4. 微分の公式

$$\left(\frac{1}{v}\right)' = \lim_{h \to 0} \frac{1}{h}\left(\frac{1}{g(x+h)} - \frac{1}{g(x)}\right)$$

$$= \lim_{\Delta x \to 0} \frac{1}{\Delta x}\left(\frac{1}{v + \Delta v} - \frac{1}{v}\right) \quad (\because \text{ (2)式})$$

$$= \lim_{\Delta x \to 0} \frac{1}{\Delta x} \cdot \frac{v - (v + \Delta v)}{v(v + \Delta v)}$$

$$= \lim_{\Delta x \to 0}\left(-\frac{1}{v(v + \Delta v)}\right) \cdot \lim_{\Delta x \to 0} \frac{\Delta v}{\Delta x}$$

$$= -\frac{v'}{v^2} \quad (\because \text{ (5)式, (3)式}).$$

(10) $\quad \therefore \quad \left(\dfrac{1}{v}\right)' = -\dfrac{v'}{v^2}.$ （逆数関数の微分の公式）

例 2 $\quad y = \dfrac{1}{x^n} \quad (n = 1, 2, \cdots).$

逆数関数の微分の公式 (10) と公式 (9) によって，

$$\left(\frac{1}{x^n}\right)' = -\underbrace{\frac{(x^n)'}{(x^n)^2}}_{\text{公式 (10)}} = -\underbrace{\frac{nx^{n-1}}{x^{2n}}}_{\text{公式 (9)}} = -nx^{-n-1}.$$

(11) $\quad \therefore \quad (x^{-n})' = (-n)\,x^{(-n)-1} \quad (n = 1, 2, \cdots).$

$\dfrac{u}{v}$ の微分の公式を求めよう．(8)式と (10)式によって，

$$\left(\frac{u}{v}\right)' = \left(u \cdot \frac{1}{v}\right)' = \underbrace{u' \cdot \frac{1}{v} + u \cdot \left(\frac{1}{v}\right)'}_{\text{(8)式}} = \frac{u'}{v} + u\underbrace{\left(-\frac{v'}{v^2}\right)}_{\text{(10)式}}$$

$$= \frac{u'v - uv'}{v^2}.$$

(12) $\quad \therefore \quad \left(\dfrac{u}{v}\right)' = \dfrac{u'v - uv'}{v^2}.$ （商の微分の公式）

例 3 $y = \dfrac{2x^2}{x-1}$.

商の微分の公式 (12) と公式 (6), (7), (9) によって,

$$\left(\dfrac{2x^2}{x-1}\right)' = \dfrac{(2x^2)'(x-1) - 2x^2(x-1)'}{(x-1)^2}$$

↑ 公式 (12)

$$= \dfrac{2\cdot 2x(x-1) - 2x^2\cdot 1}{(x-1)^2}$$

$$= \dfrac{2x(x-2)}{(x-1)^2}.$$

3 合成関数の微分

関数: $u = f(x)$ が, ある区間で微分可能であって, 関数: $y = g(u)$ は, $u = f(x)$ の**値域**(関数値の集合)をふくむ範囲で, 微分可能であるとする. そのとき, 合成関数: $y = g(f(x))$ の微分の公式をみちびこう.

x の増分 $\varDelta x = h$ に対する u, y の増分を,

$$\varDelta u = f(x + \varDelta x) - f(x), \qquad \varDelta y = g(f(x + \varDelta x)) - g(f(x))$$

とすれば,

(13) $\qquad f(x + \varDelta x) = f(x) + \varDelta u = u + \varDelta u,$

(14) $\qquad g(f(x + \varDelta x)) = g(f(x)) + \varDelta y = y + \varDelta y.$

さらに, (13)式を(14)式に代入すれば,

(15) $\qquad\qquad g(u + \varDelta u) = y + \varDelta y.$

定理 1 (14ページ) によって, $\varDelta x \to 0$ のとき, $\varDelta u = f(x + \varDelta x) - f(x) \to 0$ であることに注意すれば,

$$\{g(f(x))\}' = \lim_{\varDelta x \to 0} \dfrac{\varDelta y}{\varDelta x} = \lim_{\varDelta x \to 0}\left(\dfrac{\varDelta y}{\varDelta u}\cdot\dfrac{\varDelta u}{\varDelta x}\right)$$

$$= \lim_{\varDelta u \to 0}\dfrac{\varDelta y}{\varDelta u}\cdot\lim_{\varDelta x \to 0}\dfrac{\varDelta u}{\varDelta x}$$

$$= g'(f(x))f'(x) \qquad (\because \ (15)式).$$

したがって, つぎの定理がえられる:

§4. 微分の公式

> **定理 2** ── **合成関数の微分の公式**
>
> $u = f(x)$ が，ある区間で微分可能で，$y = g(u)$ が，$u = f(x)$ の値域をふくむ範囲で微分可能ならば，合成関数：$y = g(f(x))$ は，もとの区間で微分可能であって，
> $$\frac{d\,g(f(x))}{dx} = g'(f(x))f'(x);$$
> すなわち，
>
> (16) $$\frac{dy}{dx} = \frac{dy}{du}\frac{du}{dx}.$$

例 4 $y = (x^2 - 1)^2$.

$u = x^2 - 1$ とおけば，$y = u^2$.

合成関数の微分の公式 (16) によって，

$$\frac{dy}{dx} = \frac{dy}{du}\frac{du}{dx} = 2u \cdot 2x = 2(x^2-1) \cdot 2x.$$

$$\therefore \quad \{(x^2-1)^2\}' = 4x(x^2-1).$$

r が 0 でない有理数であるとき，[*)] $y = x^r$ を微分しよう． r は，$r = \dfrac{m}{n}$（m は 0 でない整数で，n は自然数）と表せるから，

$$y = x^{\frac{m}{n}}$$

を微分すればよい．この式の両辺を n 乗すれば，

$$y^n = x^m.$$

この式の左辺を，$y = x^{\frac{m}{n}}$ と y^n の合成関数とみなして，この式の両辺を x について微分すれば，合成関数の微分の公式 (16) と公式 (9)（16 ページ）によって，

$$n y^{n-1} y' = m x^{m-1}.$$

[*)] r は，rational number（有理数）の頭文字を採っている．

$$\therefore \quad y' = \frac{m\,x^{m-1}}{n\,y^{n-1}} = \frac{m}{n}\,x^{m-1}y^{-n+1} = \frac{m}{n}\,x^{m-1}x^{\frac{m}{n}(-n+1)} = *.$$

$$(m-1) + \frac{m}{n}(-n+1) = \frac{m}{n} - 1$$

であるから，

$$* = \frac{m}{n}\,x^{\frac{m}{n}-1} = r\,x^{r-1}.$$

(17)　　$\therefore \quad (x^r)' = r\,x^{r-1}$　　（r は 0 でない有理数）．

例 5　$y = \sqrt[3]{x^2}$．

$$y' = (\sqrt[3]{x^2})' = (x^{\frac{2}{3}})' = \frac{2}{3}\,x^{\frac{2}{3}-1} = \frac{2}{3}\,x^{-\frac{1}{3}} = \frac{2}{3\sqrt[3]{x}}.$$

⤴ (17) 式

例 6　半径 1 の円の方程式:

(18)　　　　　　　　$x^2 + y^2 = 1$

を，y について解けば，

(19)　　　　　$y = \sqrt{1-x^2}$　　　（$-1 \leqq x \leqq 1$），

(20)　　　　　$y = -\sqrt{1-x^2}$　　（$-1 \leqq x \leqq 1$）．

(19)式が円 (18) の上半円を表し，(20)式が円 (18) の下半円を表す (図 1)．

(19)式を微分すれば，(16)式と (17)式によって，

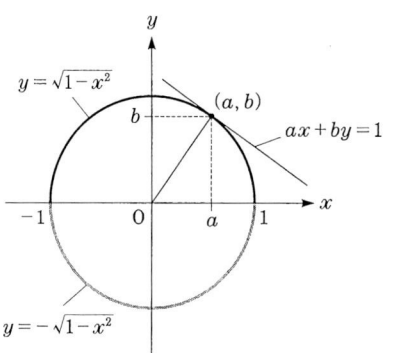

図 1　半径 1 の円の方程式:
$$x^2 + y^2 = 1$$
を，y について解けば，
$$y = \sqrt{1-x^2} \quad (\text{実線の上半円}),$$
$$y = -\sqrt{1-x^2} \quad (\text{網線の下半円}).$$
$$y' = -\frac{x}{y}.$$

円周上の 1 点 (a, b) における接線の方程式は，
$$ax + by = 1.$$

§4. 微分の公式

$$y' = (\sqrt{1-x^2})' = \{(1-x^2)^{\frac{1}{2}}\}' = \frac{1}{2}(1-x^2)^{-\frac{1}{2}}(-2x)$$

(16), (17) 式

$$= \frac{-x}{\sqrt{1-x^2}}.$$

この式に (19)式を代入すれば，

(21) $$y' = -\frac{x}{y}.$$

(20)式からも，同様にして，(21)式がえられる．

(21)式は，つぎのようにして，簡単に，求めることもできる：

(18)式で y を x の関数とみなして，両辺を x について微分すれば，合成関数の微分の公式 (16) によって，

$$2x + 2yy' = 0.$$

この式から，ふたたび，(21)式がえられる．

(21)式によって，円 (18) 上の点 (a, b) $(b \neq 0)$ における接線の方程式は，

$$\frac{y-b}{x-a} = -\frac{a}{b}.$$

$a^2 + b^2 = 1$ に注意すれば，この式から，

$$ax + by = 1 \quad (図1).$$

問 1 つぎの関数を微分せよ．

1. $x^4 - 7x^3 + 5x^2 - 3x + 2$
2. $\dfrac{1}{x} - \dfrac{3}{x^2} + \dfrac{5}{x^3}$
3. $(x+1)(x^2-1)$
4. $(x+1)(x^3+1)$
5. $\dfrac{1}{x-1}$
6. $\dfrac{1}{1+x^2}$
7. $\dfrac{x-1}{x+1}$
8. $\dfrac{2x}{x^2+1}$
9. $(2x+1)^3$
10. $(x^2-x+1)^4$
11. $(x-1)^2(3x-2)^3$
12. $\left(\dfrac{1}{x}+1\right)^3$
13. $\left(x-\dfrac{1}{x}\right)^3$
14. $\left(\dfrac{x}{1-x}\right)^3$
15. $\sqrt{1-x^2}$
16. $\sqrt{(x+1)(x+2)}$
17. $\sqrt{\dfrac{1-x}{1+x}}$

$\boxed{18}\ \dfrac{\sqrt{x^2+1}}{x}$ $\qquad$ $\boxed{19}\ \dfrac{x}{\sqrt{x^2+1}}$ $\qquad$ $\boxed{20}\ \dfrac{1}{\sqrt[3]{x}}$

$\boxed{21}\ \sqrt[3]{x^2+1}$ $\qquad$ $\boxed{22}\ \dfrac{1+\sqrt[3]{x}}{1-\sqrt[3]{x}}$

$\boxed{問\ 2}$ 例 6 (20 ページ) にならって，つぎの方程式: $\boxed{1}$, $\boxed{2}$, $\boxed{3}$ について，

(i) $\dfrac{dy}{dx}$ を求めよ；

(ii) 方程式によって定義される曲線上の 1 点 (a, b) における接線の方程式を求めよ．

$\boxed{1}\ \dfrac{x^2}{4}+y^2=1$ $\qquad$ $\boxed{2}\ x^2-y^2=1$ $\qquad$ $\boxed{3}\ x-y^2=0$

第2章　初等関数の微分

§5. 3角関数

1 弧度法　　角度を表す方法としては，直角を 90° とする **60分法** が，一般に，用いられているが，微分積分では，もっぱら，これからのべる **弧度法** が採用される．

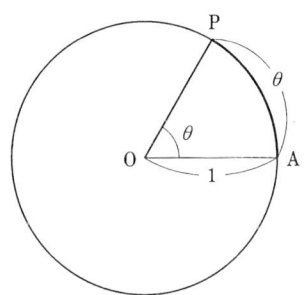

図1　弧度法では，半径1の円周の，長さ θ の円周弧 $\overparen{AP}$ に対応する中心角を，θ ラディアンとする．したがって，長さ1の円周弧に対応する中心角は1ラディアンである．

　上の図1のように，O を中心とする半径1の円をかき，その円周の，長さ θ の円周弧 $\overparen{AP}$ に対応する中心角を，弧度法では，θ **ラディアン**（radian）という．ラディアンは，しばしば，省略して，単に，角 θ とよぶ.[*)] したがって，長さ1の円周弧に対応する中心角が，角1である．また，全円周の長さ 2π に対応する中心角は，角 2π となる．すなわち，60分法の 360° は，弧度法では，2π である．60分法で $\omega°$ である角が,[*)] 弧度法で θ

---

*)　θ, ω は，ギリシャ文字：

大文字	小文字	読み方
Θ	θ	シータ
Ω	ω	オメガ

ラディアンであるとすれば，

$$\frac{\omega}{\theta} = \frac{360}{2\pi}.$$

―― 60 分法と弧度法の関係 ――

$$\therefore \quad \theta = \frac{\pi}{180}\omega.$$

この $\omega°$ と θ の関係を表にすれば，つぎのようになる:

60 分法と弧度法の関係

$\omega°$	0°	30°	45°	60°	90°	180°	270°	360°
θ	0	$\dfrac{\pi}{6}$	$\dfrac{\pi}{4}$	$\dfrac{\pi}{3}$	$\dfrac{\pi}{2}$	π	$\dfrac{3\pi}{2}$	2π

2 一般角の3角関数 つぎの図2のように，xy-平面上に，Oを中心とする半径 r の円をかき，その円周上の1点を $P(x, y)$ とし，動径OPが正の x-軸となす，弧度法による**一般角**を θ（$-\infty < \theta < \infty$）とする．そのとき，$\sin\theta$, $\cos\theta$, $\tan\theta$ は，

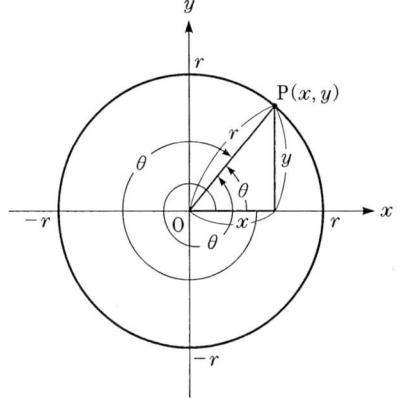

図2 xy-平面上のOを中心とする半径 r の円の円周上の1点を $P(x,y)$ とし，動径OPが正の x-軸となす一般角を θ（$-\infty < \theta < \infty$）とする．そのとき，

$$\sin\theta = \frac{y}{r}, \quad \cos\theta = \frac{x}{r};$$

$$\tan\theta = \frac{y}{x} \quad (x \neq 0).$$

$$\text{(1)} \qquad \sin\theta = \frac{y}{r}, \qquad \cos\theta = \frac{x}{r}, \qquad \tan\theta = \frac{y}{x}$$

によって定義される；ここで，$\tan\theta$ は，$x \neq 0$ のときにかぎって定義される．$\sin\theta$, $\cos\theta$, $\tan\theta$ の値は，半径 r の選び方に関係しないことに注意！

$\mathrm{cosec}\,\theta$, $\sec\theta$, $\cot\theta$ は，それぞれ，$\sin\theta$, $\cos\theta$, $\tan\theta$ の逆数関数として定義される：

―――― $\mathrm{cosec}\,\theta$, $\sec\theta$, $\cot\theta$ の定義式 ――――

$$\text{(2)} \qquad \mathrm{cosec}\,\theta = \frac{1}{\sin\theta}, \qquad \sec\theta = \frac{1}{\cos\theta}, \qquad \cot\theta = \frac{1}{\tan\theta}.$$

cosec, sec, cot は，それぞれ，コセカント，セカント，コタンゼントとよむ．

3 3角関数の公式

微分積分で必要な，3角関数の公式について，のべよう．

―――――――――――――――― 加法定理 ――

$$\text{(3)} \qquad \sin(\alpha+\beta) = \sin\alpha\cos\beta + \cos\alpha\sin\beta,$$
$$\text{(4)} \qquad \cos(\alpha+\beta) = \cos\alpha\cos\beta - \sin\alpha\sin\beta.$$

この公式の証明は，省略する．

(3)式，(4)式で，β を $-\beta$ でおきかえれば，それぞれ，

―――――――――――――――― 減法定理 ――

$$\text{(5)} \qquad \sin(\alpha-\beta) = \sin\alpha\cos\beta - \cos\alpha\sin\beta,$$
$$\text{(6)} \qquad \cos(\alpha-\beta) = \cos\alpha\cos\beta + \sin\alpha\sin\beta.$$

(3)式,(4)式で,$\beta = \alpha$ とおいて,$\sin^2\alpha + \cos^2\alpha = 1$ に注意すれば,

―――――――――――――― 2倍角の公式 ――

(7) $\quad\sin 2\alpha = 2\sin\alpha\cos\alpha,$

(8) $\quad\cos 2\alpha = \cos^2\alpha - \sin^2\alpha$
$\qquad\qquad = 2\cos^2\alpha - 1$
$\qquad\qquad = 1 - 2\sin^2\alpha.$

(8)式で,α を,あらためて,$\dfrac{\alpha}{2}$ とおいて,変形すれば,

―――――――――――――― 半角の公式 ――

(9) $\quad\sin^2\dfrac{\alpha}{2} = \dfrac{1-\cos\alpha}{2},$

(10) $\quad\cos^2\dfrac{\alpha}{2} = \dfrac{1+\cos\alpha}{2}.$

(3)式 + (5)式,(3)式 - (5)式,(4)式 + (6)式,(4)式 - (6)式 をつくれば,それぞれ,

―――――――――――――― 積を和・差になおす公式 ――

(11) $\quad\sin\alpha\cos\beta = \dfrac{1}{2}\{\sin(\alpha+\beta) + \sin(\alpha-\beta)\},$

(12) $\quad\cos\alpha\sin\beta = \dfrac{1}{2}\{\sin(\alpha+\beta) - \sin(\alpha-\beta)\},$

(13) $\quad\cos\alpha\cos\beta = \dfrac{1}{2}\{\cos(\alpha+\beta) + \cos(\alpha-\beta)\},$

(14) $\quad\sin\alpha\sin\beta = -\dfrac{1}{2}\{\cos(\alpha+\beta) - \cos(\alpha-\beta)\}.$

(11)～(14) で,$\alpha+\beta = A$,$\alpha-\beta = B$ とおけば,それぞれ,

§5. 3角関数

――― 和・差を積になおす公式 ―――

(15) $\quad \sin A + \sin B = 2 \sin\dfrac{A+B}{2} \cos\dfrac{A-B}{2},$

(16) $\quad \sin A - \sin B = 2 \cos\dfrac{A+B}{2} \sin\dfrac{A-B}{2},$

(17) $\quad \cos A + \cos B = 2 \cos\dfrac{A+B}{2} \cos\dfrac{A-B}{2},$

(18) $\quad \cos A - \cos B = -2 \sin\dfrac{A+B}{2} \sin\dfrac{A-B}{2}.$

公式: $\sin^2\alpha + \cos^2\alpha = 1$ の両辺を，$\cos^2\alpha$, $\sin^2\alpha$ でわれば，それぞれ，

(19) $\quad \tan^2\alpha + 1 = \sec^2\alpha, \quad 1 + \cot^2\alpha = \operatorname{cosec}^2\alpha.$

4 基礎となる極限値　3角関数の微分の基礎となる極限値を準備しよう．

(20) $\quad \lim\limits_{x\to 0}\dfrac{\sin x}{x} = 1.$

【証明】 最初に，

(21) $\quad \lim\limits_{x\to +0}\dfrac{\sin x}{x} = 1$

を証明する．$x \to +0$ であるから，x の範囲を，$0 < x < \dfrac{\pi}{2}$ に制限してよい．つぎのページの図3において，面積をくらべることによって，

$$\triangle \mathrm{OPA} < \triangleleft \mathrm{OPA} < \triangle \mathrm{OQA}.$$

$\therefore \quad \dfrac{1}{2}\cdot 1 \cdot \sin x < \pi \cdot \dfrac{x}{2\pi} < \dfrac{1}{2}\cdot 1 \cdot \tan x.$

$\therefore \quad \sin x < x < \dfrac{\sin x}{\cos x}.$

$$\therefore \quad \cos x < \frac{\sin x}{x} < 1.$$

ここで，$x \to +0$ とすれば，

$$1 = \lim_{x \to +0} \cos x \leqq \lim_{x \to +0} \frac{\sin x}{x} \leqq 1.$$

したがって，(21)式がえられる．

つぎに，$x < 0$ のとき，$x = -t$ とおけば，$t > 0$ であって，

(22) $$\lim_{x \to -0} \frac{\sin x}{x} = \lim_{t \to +0} \frac{\sin(-t)}{-t} = \lim_{t \to +0} \frac{\sin t}{t} = 1.$$

(21)式と(22)式によって，(20)式がえられる． （証明終）

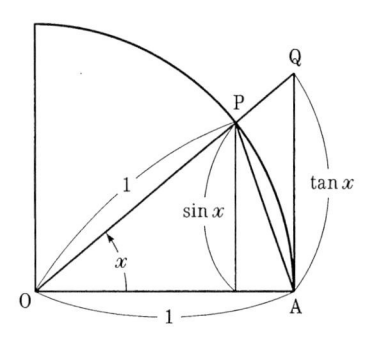

図3 図から，面積をくらべることによって，
$$\triangle \text{OPA} < \sphericalangle \text{OPA} < \triangle \text{OQA}.$$
$$\therefore \quad \sin x < x < \frac{\sin x}{\cos x}.$$
$$\therefore \quad \cos x < \frac{\sin x}{x} < 1.$$

5 **3角関数の微分**　　$\sin x$ を微分しよう．

$$(\sin x)' = \lim_{h \to 0} \frac{\sin(x+h) - \sin x}{h} = *.$$

ここで，差を積になおす公式(16)を用いれば，

$$* = \lim_{h \to 0} \frac{2 \cos\left(x + \frac{h}{2}\right) \sin \frac{h}{2}}{h} = \lim_{h \to 0} \cos\left(x + \frac{h}{2}\right) \frac{\sin \frac{h}{2}}{\frac{h}{2}} = \sharp.$$

公式(20)によって，

$$\sharp = \cos x.$$

§5. 3角関数

$$(23) \qquad \therefore \qquad (\sin x)' = \cos x .$$

同様にして，$\cos x$ を微分すれば，

$$(\cos x)' = \lim_{h \to 0} \frac{\cos(x+h) - \cos x}{h}$$

$$= \lim_{h \to 0} \frac{-2 \sin\left(x + \dfrac{h}{2}\right) \sin \dfrac{h}{2}}{h} \quad (\because \text{差を積になおす公式 (18)})$$

$$= \lim_{h \to 0} \left\{ -\sin\left(x + \frac{h}{2}\right) \right\} \frac{\sin \dfrac{h}{2}}{\dfrac{h}{2}} = -\sin x \quad (\because \text{公式 (20)}).$$

$$(24) \qquad \therefore \qquad (\cos x)' = -\sin x .$$

$\tan x$ の微分は，§4 の商の微分の公式 (12) (17 ページ) と (23) 式，(24) 式を用いて，つぎのように，することができる:

$$(\tan x)' = \left(\frac{\sin x}{\cos x} \right)'$$

$$= \frac{(\sin x)' \cos x - \sin x (\cos x)'}{\cos^2 x}$$

↰ 商の微分の公式

$$= \frac{\cos^2 x + \sin^2 x}{\cos^2 x} = \frac{1}{\cos^2 x} = \sec^2 x .$$

$$(25) \qquad \therefore \qquad (\tan x)' = \sec^2 x .$$

$\cot x = \dfrac{\cos x}{\sin x}$ に注意すれば，$\tan x$ の微分と同様にして，つぎの公式がえられる:

(26) $\qquad (\cot x)' = -\operatorname{cosec}^2 x$.

例 1 $(\sec x + \tan x - x)'$

$$= \left(\frac{1}{\cos x}\right)' + \sec^2 x - 1 = -\frac{-\sin x}{\cos^2 x} + \frac{1}{\cos^2 x} - 1$$

$\underset{\text{(25)式}}{\uparrow} \qquad\qquad \underset{\text{逆数関数の微分の公式}}{\uparrow}$

$$= \frac{\sin x + 1 - \cos^2 x}{\cos^2 x} = \frac{\sin x + \sin^2 x}{1 - \sin^2 x}$$

$$= \frac{\sin x \, (1 + \sin x)}{(1 - \sin x)(1 + \sin x)} = \frac{\sin x}{1 - \sin x}.$$

6 関数のパラメター表示　原点 O を中心とする半径 1 の円:

(27) $\qquad\qquad x^2 + y^2 = 1$

は，この円上の任意の点を $P(x, y)$ とするとき，動径 OP が，正の x-軸となす角 t を**パラメター**として，

(28) $\qquad x = \cos t, \quad y = \sin t \qquad (0 \leq t < 2\pi)$

によって表せる(図4). *) (28)式を円 (27) の**パラメター表示**という．

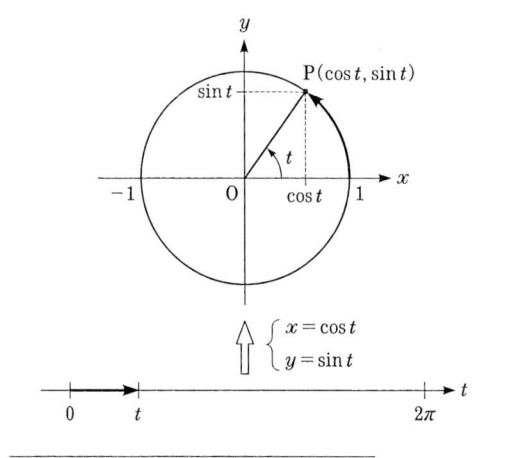

図4　円:

$$x^2 + y^2 = 1$$

は，動径 OP が正の x-軸となす角を t とするとき，

$x = \cos t, \quad y = \sin t$

$(0 \leq t < 2\pi)$

によって表すことができる．

―――――――――
*) t は，time (時間) の頭文字を採っている． t が 0 から 2π まで変わる間に，点 (x, y) は，円 (27) を 1 周する．

§5. 3角関数

一般に，x と y の間の関数関係を，パラメーター t を仲立(なかだち)にして表したもの:

(29) $\qquad x = \varphi(t), \qquad y = \psi(t) \qquad (\alpha \leq t \leq \beta)$[*]

を，**関数のパラメーター表示**という(図5).

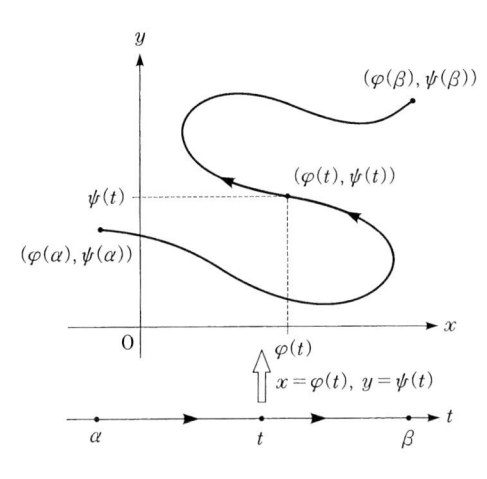

図5 関数のパラメーター表示:
$$x = \varphi(t), \qquad y = \psi(t)$$
$$(\alpha \leq t \leq \beta).$$

$x = \varphi(t),\ y = \psi(t)$ が微分可能であって，$\varphi'(t) \neq 0$ であるときに，パラメーター表示 (29) から，$\dfrac{dy}{dx}$ を求める公式をみちびこう． t の増分 Δt に対する x, y の増分を，

$$\Delta x = \varphi(t + \Delta t) - \varphi(t), \qquad \Delta y = \psi(t + \Delta t) - \psi(t)$$

とする． §4の定理1(14ページ)によって，$\Delta t \to 0$ のとき，$\Delta x = \varphi(t + \Delta t) - \varphi(t) \to 0$ であることに注意すれば，

$$\frac{\psi'(t)}{\varphi'(t)} = \frac{\lim_{\Delta t \to 0} \dfrac{\Delta y}{\Delta t}}{\lim_{\Delta t \to 0} \dfrac{\Delta x}{\Delta t}} = \lim_{\Delta t \to 0} \frac{\dfrac{\Delta y}{\Delta t}}{\dfrac{\Delta x}{\Delta t}} = \lim_{\Delta x \to 0} \frac{\Delta y}{\Delta x} = \frac{dy}{dx}.$$

したがって，つぎの定理がえられる:

---

[*] φ, ψ はギリシャ文字:

大文字	小文字	対応する英文字	読み方
Φ	φ	f	ファイ
Ψ	ψ	g	プサイ

定理 1 パラメター表示された関数の微分の公式

$x = \varphi(t)$, $y = \psi(t)$ が微分可能であって，$\varphi'(t) \neq 0$ であるとき，

(30) $$\frac{dy}{dx} = \frac{\dfrac{dy}{dt}}{\dfrac{dx}{dt}} = \frac{\psi'(t)}{\varphi'(t)}.$$

例 2 半径 1 の円のパラメター表示 (28) から，(30) 式によって，

(31) $$\frac{dy}{dx} = \frac{\dfrac{dy}{dt}}{\dfrac{dx}{dt}} = \frac{\dfrac{d\sin t}{dt}}{\dfrac{d\cos t}{dt}} = \frac{\cos t}{-\sin t} = -\cot t \quad (t \neq 0, \pi).$$

(31) 式によって，円 (28) 上の 1 点 $(\cos\alpha, \sin\alpha)$ における接線の方程式は，

$$\frac{y - \sin\alpha}{x - \cos\alpha} = -\cot\alpha = -\frac{\cos\alpha}{\sin\alpha} \quad (\alpha \neq 0, \pi).$$

∴ $(\cos\alpha)x + (\sin\alpha)y = 1$ （図 6）．

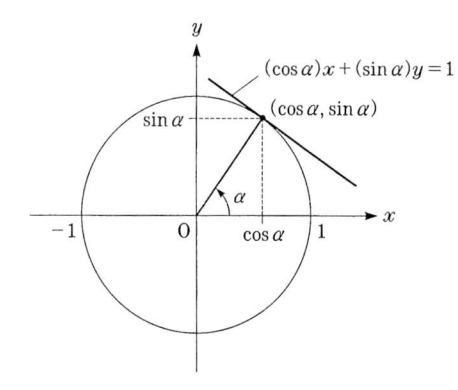

図 6 半径 1 の円のパラメター表示:

$x = \cos t$, $y = \sin t$
$(0 \leq t < 2\pi)$

について，

$$\frac{dy}{dx} = -\cot t.$$

点 $(\cos\alpha, \sin\alpha)$ における接線の方程式:

$(\cos\alpha)x + (\sin\alpha)y = 1$．

問 1 (25) 式の証明 (29 ページ) にならって，(26) 式 (30 ページ) を証明せよ．

問 2 つぎの極限値を求めよ．

1 $\displaystyle\lim_{x \to 0} \frac{\sin 2x}{x}$ 2 $\displaystyle\lim_{x \to 0} \frac{\sin 2x}{\sin x}$

$\boxed{3}$ $\displaystyle\lim_{x\to 0}\frac{\tan x}{x}$ $\boxed{4}$ $\displaystyle\lim_{x\to 0}\frac{1-\cos x}{x^2}$ 〔ヒント：(9)式 (26 ページ)〕

問 3 つぎの関数を微分せよ．

$\boxed{1}$ $\cos(2x+1)$ $\qquad$ $\boxed{2}$ $\sin\sqrt{x}$

$\boxed{3}$ $\tan(3x-1)$ $\qquad$ $\boxed{4}$ $x\sin^2 x$

$\boxed{5}$ $-x\cos x + \sin x$ $\qquad$ $\boxed{6}$ $\sin 2x - 2x\cos 2x$

$\boxed{7}$ $2x\sin x + (2-x^2)\cos x$ $\qquad$ $\boxed{8}$ $\cos 2x - 2\cos^2 x$

$\boxed{9}$ $\dfrac{\sin 3x}{x}$ $\qquad$ $\boxed{10}$ $\dfrac{\cos x}{x+1}$

$\boxed{11}$ $\sec x$ $\qquad$ $\boxed{12}$ $\operatorname{cosec} x$

$\boxed{13}$ $\dfrac{\sin x}{1+\cos x}$ $\qquad$ $\boxed{14}$ $\dfrac{\sin x}{1-\cos x}$

$\boxed{15}$ $\dfrac{\cos x}{1-\sin x}$ $\qquad$ $\boxed{16}$ $\dfrac{\cos x}{\sin x - \cos x}$

$\boxed{17}$ $\sec x - \tan x + x$ $\qquad$ $\boxed{18}$ $\sqrt{1+\sin^2 x}$

問 4 例 2 (32 ページ) にならって，つぎの曲線のパラメター表示：$\boxed{1}$，$\boxed{2}$ について，

　(ⅰ) 曲線の概形をかけ；

　(ⅱ) $\dfrac{dy}{dx}$ を求めよ；

　(ⅲ) $t=a$ に対応する曲線上の点における接線の方程式を求めよ．

$\boxed{1}$ $x=3\cos t, \quad y=2\sin t \quad (0\leqq t<2\pi).$

〔(ⅰ)のヒント：$\sin^2 t + \cos^2 t = 1$〕

$\boxed{2}$ $x=\sec t, \quad y=\tan t \quad \left(-\dfrac{\pi}{2}<t<\dfrac{\pi}{2}\right).$

〔(ⅰ)のヒント：$\tan^2 t + 1 = \sec^2 t$〕

§6. 指数関数・対数関数

$\boxed{1}$ **単調関数・逆関数** $\quad f(x)$ が，ある区間の任意の x_1, x_2 ($x_1 < x_2$) に対して，

$$f(x_1) < f(x_2) \quad [\ f(x_1) > f(x_2)\ ]$$

であるとき，$f(x)$ は，その区間で，

増加の状態 〔 **減少の状態** 〕

にあるという(図1)．

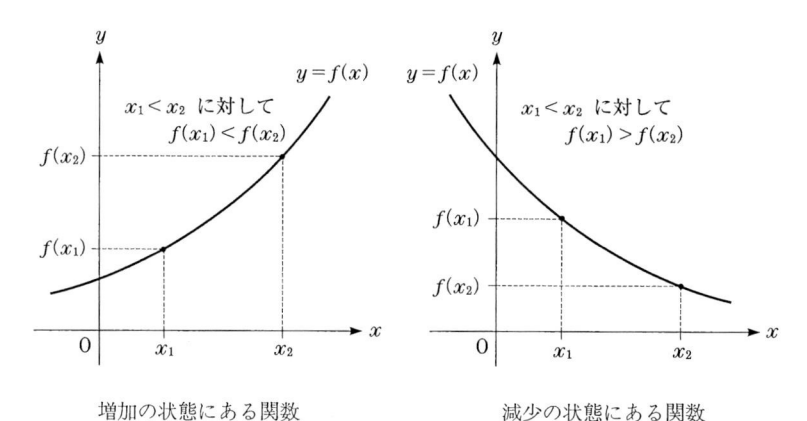

増加の状態にある関数　　　減少の状態にある関数

図1

つねに増加〔 減少 〕の状態にある関数を，**増加**〔 **減少** 〕**関数**という．増加関数，減少関数を，総称して，**単調関数**という．

$y = f(x)$ が，単調関数であるときには，この関数関係で，値域の任意の値 y に，もとの定義域の値 x がただ1つ定まる．この関係を，$x = f^{-1}(y)$ で表して，$y = f(x)$ の**逆関数**という．

$y = f(x)$ を，連続な増加〔減少〕関数とする．そのとき，

「曲線 $C: y = f(x)$ とその逆関数の曲線 $C': y = f^{-1}(x)$ は，直線: $y = x$ に関して対称である．[*)]」

なぜならば，つぎのページの図2のように，C 上の任意の点 (a, b) ($b = f(a)$) と C' 上の点 (b, a) ($a = f^{-1}(b)$) は，つねに，対になって存在し，それらは，直線: $y = x$ に関して対称である．

つぎの定理は，解析的にも証明できるが，ここでは，図2によって，直

[*)] C は，Curve（曲線）の頭文字を採っている．

観的に理解されたい:

> **定理 1**
>
> 連続な増加〔減少〕関数: $y = f(x)$ の逆関数: $y = f^{-1}(x)$ は，連続な増加〔減少〕関数である．

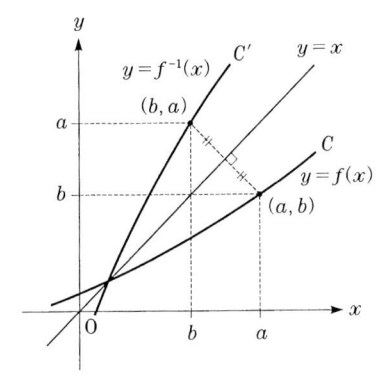

$y = f(x)$ が連続な増加関数ならば，
$y = f^{-1}(x)$ も連続な増加関数である．

$y = f(x)$ が連続な減少関数ならば，
$y = f^{-1}(x)$ も連続な減少関数である．

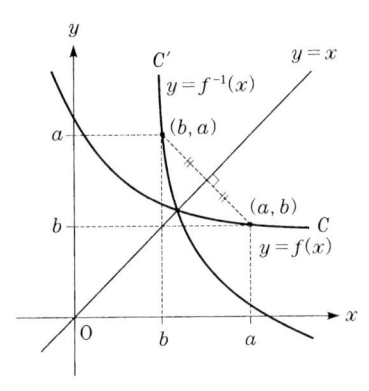

図 2

2 逆関数の微分 $x = f(y)$ は，微分可能な単調関数とする．そのとき，その逆関数 $y = f^{-1}(x)$ は，定理 1 によって，単調であるから，x の増分 Δx に対応する y の増分を Δy とすれば，$\Delta x = h \neq 0$ のとき，$\Delta y \neq 0$ であって，

$$\frac{\Delta y}{\Delta x} = \frac{1}{\frac{\Delta x}{\Delta y}}.$$

また，§4 の定理 1 (14 ページ) によって，$x = f(y)$ は連続で，そのとき，定理 1 によって，$y = f^{-1}(x)$ は連続であるから，$\Delta x = h \to 0$ のとき，$\Delta y = f^{-1}(x + \Delta x) - f^{-1}(x) \to 0$ となる． ゆえに，$f'(y) \neq 0$ であるかぎり，

$$\{f^{-1}(x)\}' = \lim_{\Delta x \to 0} \frac{\Delta y}{\Delta x} = \frac{1}{\lim_{\Delta y \to 0} \frac{\Delta x}{\Delta y}} = \frac{1}{f'(y)}.$$

したがって，つぎの定理がえられる:

定理 2 ── 逆関数の微分の公式

微分可能な単調関数: $x = f(y)$ の逆関数: $y = f^{-1}(x)$ は，$f'(y) \neq 0$ であるかぎり，微分可能であって，

$$\{f^{-1}(x)\}' = \frac{1}{f'(y)};$$

すなわち，

$$\frac{dy}{dx} = \frac{1}{\frac{dx}{dy}}.$$

---

3 **指数関数**　　指数関数は，

（1）　　　　　　　　$y = a^x$ 　　（$a > 0$, $a \neq 1$）　　　　　　　　指数関数の定義式

によって定義される．a を指数関数の底という．$a > 1$ のとき，$y = a^x$ は増加関数で，$0 < a < 1$ のとき，$y = a^x$ は減少関数である（図 3）．

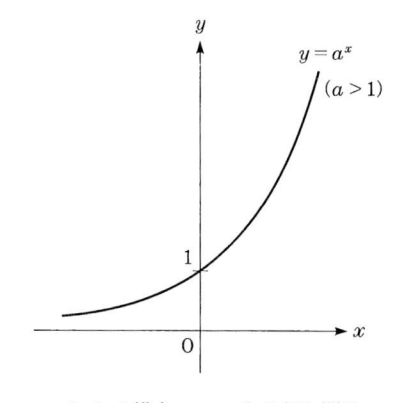

$a > 1$ の場合: $y = a^x$ は増加関数．　　　$0 < a < 1$ の場合: $y = a^x$ は減少関数．

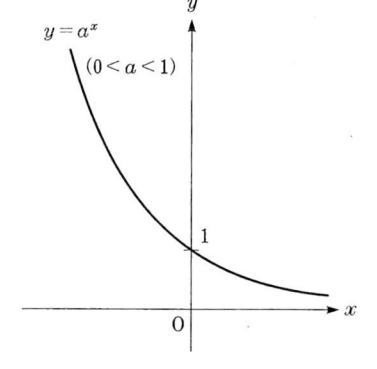

図 3

指数関数に対しては，つぎの**指数法則**がなりたつことがしめされる：

―― 指数法則 ――
(2) $\qquad a^x a^t = a^{x+t},$
(3) $\qquad a^{ax} = (a^x)^\alpha \qquad (\alpha は実数).$

4 対数関数

対数関数： $\qquad y = \log_a x \qquad (x > 0;\ a > 0,\ a \neq 1)^{*)}$
は，指数関数： $x = a^y$ の逆関数として定義される：

―― 対数関数の定義式 ――
(4) $\qquad y = \log_a x \iff x = a^y.$

a を対数関数 $\log_a x$ の底(てい)という． $a^0 = 1$, $a^1 = a$ であるから，

(5) $\qquad \log_a 1 = 0, \quad \log_a a = 1.$

対数関数に対しては，つぎの**対数法則**がなりたつ：

―― 対数法則 ――
(6) $\qquad \log_a xt = \log_a x + \log_a t,$
(7) $\qquad \log_a x^\alpha = \alpha \log_a x \qquad (\alpha は実数).$

証明は，定義式 (4) に注意すれば，(6)式は (2)式から，(7)式は (3)式から，それぞれ，簡単に，しめされる．

(6)式と (7)式から，

$$\log_a \frac{x}{t} = \log_a xt^{-1} = \log_a x + \log_a t^{-1} \qquad (\because (6)式)$$
$$= \log_a x + (-1)\log_a t \qquad (\because (7)式).$$

(8) $\qquad \therefore \quad \log_a \dfrac{x}{t} = \log_a x - \log_a t.$

―――――――――――

*) log は，logarithm（対数）の頭3字を採っている．

5 対数関数の微分

対数関数: $y = \log_a x$ ($x > 0$) を微分しよう.

$$
\begin{aligned}
(\log_a x)' &= \lim_{h \to 0} \frac{\log_a(x+h) - \log_a x}{h} \\
&= \lim_{h \to 0} \frac{1}{h} \log_a \frac{x+h}{x} \quad (\because (8)\text{式}) \\
&= \lim_{h \to 0} \frac{1}{x} \cdot \frac{x}{h} \log_a \left(1 + \frac{h}{x}\right) \\
&= \lim_{h \to 0} \frac{1}{x} \log_a \left(1 + \frac{h}{x}\right)^{\frac{x}{h}} \quad (\because (7)\text{式})
\end{aligned}
$$

(9)
$$
= \frac{1}{x} \log_a \{ \lim_{k \to 0} (1+k)^{\frac{1}{k}} \} \quad \left(k = \frac{h}{x} \right).
$$

したがって, $(\log_a x)'$ を求めるには, 極限値:

(10)
$$
\lim_{k \to 0} (1+k)^{\frac{1}{k}}
$$

を求めればよい.

極限値 (10) を求めるために, k に $0.1, 0.01, 0.001, \cdots$, および, -0.1, $-0.01, -0.001, \cdots$ を代入して, $(1+k)^{\frac{1}{k}}$ を計算すれば, つぎの表がえられる:

k	$(1+k)^{\frac{1}{k}}$	k	$(1+k)^{\frac{1}{k}}$
0.1	2.593742 ⋯	−0.1	2.867971 ⋯
0.01	2.704813 ⋯	−0.01	2.731999 ⋯
0.001	2.716923 ⋯	−0.001	2.719642 ⋯
0.0001	2.718145 ⋯	−0.0001	2.718417 ⋯
0.00001	2.718268 ⋯	−0.00001	2.718295 ⋯
⋮	⋮	⋮	⋮

上の表から, $k \to 0$ のとき, $(1+k)^{\frac{1}{k}}$ は, 一定の値にかぎりなく近づくことが予想される. 実際, 一定の値にかぎりなく近づくことがしめされる.

§6. 指数関数・対数関数

その一定の値を e で表す:

(11) $$\lim_{k \to 0}(1+k)^{\frac{1}{k}} = e.$$

e は無理数で,

$$e = 2.718281828459\cdots.$$

(11)式によって, (9)式から,

(12) $$(\log_a x)' = \frac{1}{x}\log_a e.$$

とくに, e を底とする対数関数: $y = \log_e x$ を採用すれば, $\log_e e = 1$ であるから, (12)式から,

(13) $$(\log_e x)' = \frac{1}{x} \quad (x > 0).$$

この e を底とする対数 $\log_e x$ を**自然対数**といい, 微分積分では, もっぱら, この自然対数が用いられる. 今後, $\log_e x$ の e は省略して, $\log x$ で表す.

つぎに, $x \neq 0$ のとき, $y = \log|x|$ を微分しよう.

$x > 0$ のときは, (13)式によって, すでにえられている.

$x < 0$ のとき, $x = -t$ とおけば, $t > 0$ であって, §4 の合成関数の微分の公式 (16) (19ページ) と (13)式によって,

(14) $$(\log|x|)' = \{\log(-x)\}' = \frac{d\log t}{dt} \cdot \frac{dt}{dx}$$

　　　　　　　　　　　　　　└ 合成関数の微分の公式

$$= \frac{1}{t} \cdot (-1) = \frac{1}{x} \quad (x < 0).$$

　　└ (13)式

(13)式と(14)式によって, つぎの公式がえられる:

(15) $$(\log|x|)' = \frac{1}{x} \quad (x \neq 0).$$

6 指数関数の微分

e を底とする指数関数:
$$y = e^x$$
は, e を底とする対数関数: $x = \log y$ の逆関数である:

(16) $\qquad y = e^x \iff x = \log y \qquad$ (図 4).

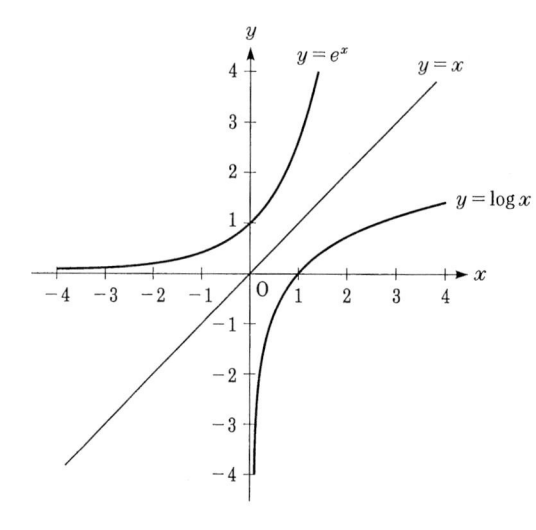

図 4 指数関数: $y = e^x$ と 対数関数: $y = \log x$ のグラフ.

指数関数: $y = e^x$ の微分は, 36 ページの逆関数の微分の公式を利用して, (15)式から, つぎのように, 求めることができる:

(16)式に注意して,
$$\frac{dy}{dx} = \frac{d\,e^x}{dx} = \frac{1}{\dfrac{dx}{dy}} = \frac{1}{\dfrac{d}{dy}\log y} = \frac{1}{\dfrac{1}{y}} = y = e^x.$$

↑ 逆関数の微分の公式

(17) $\qquad\qquad \therefore \quad (e^x)' = e^x.$

§6. 指数関数・対数関数

[7] 対数微分 $f(x)$ を微分可能な関数とするとき,$y = \log|f(x)|$ を微分しよう.

$u = f(x)$,$y = \log|u|$ とおけば,19 ページの合成関数の微分の公式によって,

$$\frac{dy}{dx} = \frac{dy}{du} \cdot \frac{du}{dx} = \frac{1}{u} \cdot f'(x) = \frac{f'(x)}{f(x)}.$$

↖ (15) 式

したがって,つぎの公式がえられる:

―――――――――――― 対数微分の公式 ――
(18) $\qquad (\log|f(x)|)' = \dfrac{f'(x)}{f(x)}.$

例 1 $y = \log|\cos x|$.

$f(x) = \cos x$ とおけば,(18) 式によって,

$$y' = \frac{f'(x)}{f(x)} = \frac{-\sin x}{\cos x} = -\tan x.$$

例 2 $y = \log\left|\dfrac{x+1}{x-1}\right|$.

$f(x) = \dfrac{x+1}{x-1}$ とおけば,(18) 式によって,

$$y' = \frac{f'(x)}{f(x)} = \frac{x-1}{x+1} \cdot \frac{1 \cdot (x-1) - (x+1) \cdot 1}{(x-1)^2}$$

$$= \frac{-2}{(x+1)(x-1)} = \frac{2}{1-x^2}.$$

例 3 $y = \log|x + \sqrt{x^2 + a}|$ (a は 0 でない定数).

$f(x) = x + \sqrt{x^2 + a}$ とおけば,(18) 式によって,

$$y' = \frac{f'(x)}{f(x)} = \frac{1 + \dfrac{1}{2}(x^2+a)^{-\frac{1}{2}} \cdot 2x}{x + \sqrt{x^2+a}} = \frac{\dfrac{\sqrt{x^2+a}+x}{\sqrt{x^2+a}}}{x + \sqrt{x^2+a}}$$

$$= \frac{1}{\sqrt{x^2+a}}.$$

$$(19) \quad \therefore \quad (\log|x+\sqrt{x^2+a}|)' = \frac{1}{\sqrt{x^2+a}} \quad (a \neq 0).$$

8 対数微分法

$$(20) \quad y = f(x)^{g(x)} \quad (f(x) > 0)$$

の形の関数の微分を，いわゆる，**対数微分法**によって求める方法をのべよう．(20)式の両辺の対数をとれば，

$$\log y = \log f(x)^{g(x)} = g(x)\log f(x).$$

対数微分の公式 (18) を利用して，この式の両辺を微分して，y' を求めるのが，対数微分法である．

例 4 $y = a^x$ $(a > 0, \ a \neq 1;\ (1)$式 (36 ページ)$)$．

両辺の対数をとれば，

$$\log y = \log a^x = x\log a.$$

対数微分の公式 (18) を利用して，この両辺を微分すれば，

$$\frac{y'}{y} = \log a. \quad \therefore \quad y' = y\log a = a^x \log a.$$

$$(21) \quad \therefore \quad (a^x)' = a^x \log a \quad (a > 0,\ a \neq 1).$$

例 5 $y = x^\alpha$ $(x > 0;\ \alpha : 実数)$．

両辺の対数をとれば，

$$\log y = \log x^\alpha = \alpha \log x.$$

対数微分の公式 (18) を利用して，この両辺を微分すれば，

$$\frac{y'}{y} = \alpha \cdot \frac{1}{x}. \quad \therefore \quad y' = \frac{\alpha}{x} x^\alpha = \alpha x^{\alpha-1}.$$

$$(22) \quad \therefore \quad (x^\alpha)' = \alpha x^{\alpha-1} \quad (x > 0;\ \alpha : 実数).$$

§6. 指数関数・対数関数

例 6　　$y = x^{\log x}$　　（$x > 0$）．

両辺の対数をとれば，
$$\log y = \log x^{\log x} = \log x \log x = (\log x)^2.$$
対数微分の公式 (18) を利用して，この両辺を微分すれば，
$$\frac{y'}{y} = 2 \log x \cdot \frac{1}{x}.$$
$$\therefore \quad y' = x^{\log x} \cdot 2 \log x \cdot \frac{1}{x} = 2 x^{\log x - 1} \log x.$$
$$\therefore \quad (x^{\log x})' = 2 x^{\log x - 1} \log x.$$

例 7　　$y = x(x^2 + 1)\sqrt{x^2 - 1}$．

この種の関数は，このまま微分することもできるが，対数微分法によると，比較的，簡単である．

両辺の絶対値の対数をとれば，
$$\log|y| = \log|x| + \log(x^2 + 1) + \frac{1}{2} \log(x^2 - 1).$$
$$\therefore \quad \frac{y'}{y} = \frac{1}{x} + \frac{2x}{x^2 + 1} + \frac{1}{2} \cdot \frac{2x}{x^2 - 1}$$
$$= \frac{(x^2 + 1)(x^2 - 1) + 2x^2(x^2 - 1) + x^2(x^2 + 1)}{x(x^2 + 1)(x^2 - 1)}$$
$$= \frac{4x^4 - x^2 - 1}{x(x^2 + 1)(x^2 - 1)}.$$
$$\therefore \quad y' = y \cdot \frac{4x^4 - x^2 - 1}{x(x^2 + 1)(x^2 - 1)} = \frac{4x^4 - x^2 - 1}{\sqrt{x^2 - 1}}.$$

問 1　つぎの関数を微分せよ．

[1]　$\log|2x + 1|$　　　　　　　　[2]　e^{2x-1}

[3]　$\log \sqrt{x^2 + 1}$　$\left[\text{ヒント}: \log \sqrt{a} = \frac{1}{2} \log a \right]$

[4]　$e^{2x} \log(x + 1)$　　　　　　[5]　e^{-x^2}

[6]　$x e^x$　　　　　　　　　　　[7]　$x^2 e^{-x}$

[8]　$x(\log x - 1)$　　　　　　　[9]　$\dfrac{1}{x} e^{-\frac{1}{x}}$

[10] $\log\log x$
[11] $\log(x+\sqrt{x^2-1})$
[12] $\log|x-\sqrt{x^2+a}|$ （$a\neq 0$）
[13] $\log|\sin x|$
[14] $\log\sqrt{\dfrac{x-1}{x+1}}$ $\left[\text{ヒント}: \log\sqrt{\dfrac{a}{b}}=\dfrac{1}{2}(\log a-\log b)\right]$
[15] $e^x(\cos x+\sin x)$
[16] $e^x(\sin x-\cos x)$
[17] $e^{2x}\cos 3x$
[18] $e^{2x}(2\sin 3x-3\cos 3x)$
[19] $\log\sqrt{\dfrac{1+\sin x}{1-\sin x}}$
[20] $\log\sqrt{\dfrac{1-\cos x}{1+\cos x}}$

〔[19], [20] のヒント：[14] のヒントと同じ〕

*[21] $\log|x-1|-\dfrac{2}{x-1}-\dfrac{1}{2(x-1)^2}$ *)

*[22] $\log(x+\sqrt{x^2+1})+x\sqrt{x^2+1}$

[23] 2^x
[24] 10^x
[25] $x^{\sqrt{2}}$

問 2 対数微分法によって，つぎの関数を微分せよ．

[1] $y=3^{-x}$
[2] $y=3^{\frac{1}{x}}$
[3] $y=2^{\tan x}$
[4] $y=x^x$
[5] $y=(\sin x)^{\sin x}$
[6] $y=(x-1)^{\frac{1}{x}}$
[7] $y=\dfrac{(x+1)(x-2)}{(x-1)(x+2)}$
[8] $y=\sqrt{\dfrac{(x-1)(x-2)}{x(x+1)}}$

問 3 [1] 関数:
$$y=y(x)=ae^{2x} \quad (a\text{ は定数})$$
は，微分方程式:
$$\dfrac{dy}{dx}-2y=0$$
をみたすことを証明せよ．

[2] 関数: $y(x)=ae^{2x}$ が初期条件:
$$y(0)=1$$
をみたすように，a の値を定めよ．

---

*) *印は，他の問題とくらべて，相対的に，やや難解な問題をしめす．

§7. 双曲線関数

1 双曲線関数 双曲線関数は，3角関数に似た記号を用いて，つぎのように定義される:

---双曲線関数の定義式---

(1) $\quad \sinh x \equiv \dfrac{e^x - e^{-x}}{2},$

(2) $\quad \cosh x \equiv \dfrac{e^x + e^{-x}}{2},$

(3) $\quad \tanh x \equiv \dfrac{\sinh x}{\cosh x} = \dfrac{e^x - e^{-x}}{e^x + e^{-x}},$

(4) $\quad \coth x \equiv \dfrac{\cosh x}{\sinh x} = \dfrac{e^x + e^{-x}}{e^x - e^{-x}},$

(5) $\quad \text{sech}\, x \equiv \dfrac{1}{\cosh x},$

(6) $\quad \text{cosech}\, x \equiv \dfrac{1}{\sinh x}.$

---

sinh は，**ハイパボリックサイン**（hyperbolic sine），または，簡単に，**ハイパーサイン**とよむ．

cosh, tanh などについても，同様である．

図1 $\sinh x = \dfrac{e^x - e^{-x}}{2}$ のグラフ

と $\cosh x = \dfrac{e^x + e^{-x}}{2}$ のグラフ．

$\sinh x$ は**奇関数**:
 $\sinh(-x) = -\sinh x,$

$\cosh x$ は**偶関数**:
 $\cosh(-x) = \cosh x.$

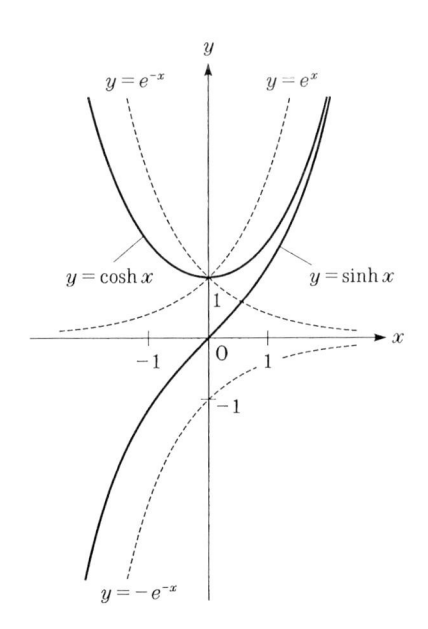

双曲線関数の公式は，3角関数の公式と類似しているので，3角関数の対応する公式と，対比しながら，おぼえることが望ましい．

―― 双曲線関数の加法定理 ――
(7)　　　$\sinh(\alpha+\beta) = \sinh\alpha\cosh\beta + \cosh\alpha\sinh\beta$,
(8)　　　$\cosh(\alpha+\beta) = \cosh\alpha\cosh\beta \boxplus \sinh\alpha\sinh\beta$.

(8)式の右辺の □ 内の符号だけが3角関数の場合とちがっている．このちがいが，以下の公式の対応する部分（□内の部分）に影響する．

【証明】　(8)式も同様であるので，(7)式を証明する．

$\sinh\alpha\cosh\beta + \cosh\alpha\sinh\beta$

$= \overbrace{\dfrac{e^\alpha - e^{-\alpha}}{2} \cdot \dfrac{e^\beta + e^{-\beta}}{2}} + \overbrace{\dfrac{e^\alpha + e^{-\alpha}}{2} \cdot \dfrac{e^\beta - e^{-\beta}}{2}} = *$.

⌒ でしめされたかけ算は，たし算の前後のものが相殺される．ゆえに，

$* = 2\left(\dfrac{e^\alpha}{2} \cdot \dfrac{e^\beta}{2} - \dfrac{e^{-\alpha}}{2} \cdot \dfrac{e^{-\beta}}{2}\right) = \dfrac{e^{\alpha+\beta} - e^{-\alpha-\beta}}{2} = \sinh(\alpha+\beta)$.

（証明終）

(7)式，(8)式で，β を $-\beta$ でおきかえれば，それぞれ，

―― 双曲線関数の減法定理 ――
(9)　　　$\sinh(\alpha-\beta) = \sinh\alpha\cosh\beta - \cosh\alpha\sinh\beta$,
(10)　　　$\cosh(\alpha-\beta) = \cosh\alpha\cosh\beta \boxminus \sinh\alpha\sinh\beta$.

最後の式で，$\alpha = \beta$ とおけば，

(11)　　　　　　　　　　$\cosh^2\alpha \boxminus \sinh^2\alpha = 1$.

上の加法定理，減法定理から，3角関数の2倍角の公式，半角の公式，積を和・差になおす公式，和・差を積になおす公式，と同様な公式がみちびかれる．たとえば，(7)式，(8)式で，$\beta = \alpha$ とおけば，それぞれ，

§7. 双曲線関数

―― 双曲線関数の2倍角の公式 ――
(12) $\quad \sinh 2\alpha = 2\sinh\alpha\cosh\alpha,$
(13) $\quad \cosh 2\alpha = \cosh^2\alpha \boxplus \sinh^2\alpha$
$\qquad\qquad = 2\cosh^2\alpha - 1 = 1 \boxplus 2\sinh^2\alpha.$

2 双曲線関数の微分

$$(\sinh x)' = \left(\frac{e^x - e^{-x}}{2}\right)' = \frac{e^x + e^{-x}}{2} = \cosh x.$$

(14) $\quad \therefore \quad (\sinh x)' = \cosh x.$

$$(\cosh x)' = \left(\frac{e^x + e^{-x}}{2}\right)' = \frac{e^x - e^{-x}}{2} = \sinh x.$$

(15) $\quad \therefore \quad (\cosh x)' = \sinh x.$

$$(\tanh x)' = \left(\frac{\sinh x}{\cosh x}\right)' = \frac{(\sinh x)'\cosh x - \sinh x(\cosh x)'}{\cosh^2 x}$$
↑ 商の微分の公式
$$= \frac{\cosh^2 x - \sinh^2 x}{\cosh^2 x} = \frac{1}{\cosh^2 x} = \operatorname{sech}^2 x.$$
↑ (11)式

(16) $\quad \therefore \quad (\tanh x)' = \operatorname{sech}^2 x.$

$\coth x = \dfrac{\cosh x}{\sinh x}$ に注意すれば，(16)式の証明と同様にして，

(17) $\qquad\qquad (\coth x)' = -\operatorname{cosech}^2 x.$

問1 つぎの関数を微分せよ．

① $\text{sech}\, x$　　② $\text{cosech}\, x$　　③ $\coth x$

④ $x \sinh 2x$　　⑤ $\dfrac{\cosh 2x}{x}$　　⑥ $e^{2x} \cosh 3x$

⑦ $e^{-x} \sinh 2x$　　⑧ $\sinh x \cosh x$　　⑨ $\cosh^2 x$

⑩ $\dfrac{\sinh x}{1 + \cosh x}$　　⑪ $\dfrac{1 + \sinh x}{1 - \sinh x}$　　⑫ $\dfrac{\cosh x}{\sinh x - \cosh x}$

⑬ $\sinh 2x \sin 3x$　　⑭ $\cosh 3x \cos 2x$

問2 §5の例2（32ページ）にならって，曲線のパラメター表示：
$$x = \cosh t, \quad y = \sinh t \quad (-\infty < t < \infty)$$
について，

（ⅰ）このパラメター表示によって定義される曲線の概形をかけ
〔ヒント：$\cosh^2 t - \sinh^2 t = 1$〕；

（ⅱ）$\dfrac{dy}{dx}$ を求めよ；

（ⅲ）$t = a$ に対応する曲線上の点における接線の方程式を求めよ．

§8. 逆3角関数

1 $y = \sin^{-1} x$　　$y = \sin x$ の逆関数は，**無限多価関数**（無限に多くの値をとる関数）であるが，その**値域**（値をとる範囲）を，**主値**：$-\dfrac{\pi}{2} \leqq y \leqq \dfrac{\pi}{2}$ に制限したものを，

$$y = \sin^{-1} x \quad \text{または} \quad y = \arcsin x$$

で表す． $\sin^{-1}$, $\arcsin$, ともに，**アークサイン**とよむ（図1）． $y = \sin^{-1} x$ は，本来の関数の値域に制限をくわえたものであることに注意！

――――――――――――――――――― $\sin^{-1} x$ の定義 ―

$$y = \sin^{-1} x \iff x = \sin y \quad \left(-\dfrac{\pi}{2} \leqq y \leqq \dfrac{\pi}{2} \right).$$

§8. 逆3角関数

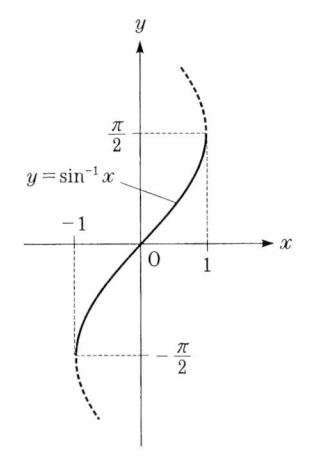

図1 $y = \sin^{-1} x$ のグラフ.
$y = \sin x$ の逆関数で, その値域を, 主値: $-\dfrac{\pi}{2} \leqq y \leqq \dfrac{\pi}{2}$ に制限したもの.

$y = \sin^{-1} x$ を微分しよう. 逆関数の微分の公式 (36 ページ) によって,

$$\dfrac{dy}{dx} = \dfrac{d\sin^{-1} x}{dx} = \dfrac{1}{\dfrac{dx}{dy}} = \dfrac{1}{\dfrac{d\sin y}{dy}} = \dfrac{1}{\cos y} = *.$$

逆関数の微分の公式 ↲

ここで, $y = \sin^{-1} x$ は, 主値: $-\dfrac{\pi}{2} \leqq y \leqq \dfrac{\pi}{2}$ をとるから, この範囲で $\cos y \geqq 0$ であることに注意すれば,

$$* = \dfrac{1}{\sqrt{1 - \sin^2 y}} = \dfrac{1}{\sqrt{1 - x^2}} \quad (-1 < x < 1).$$

(1) ∴ $(\sin^{-1} x)' = \dfrac{1}{\sqrt{1 - x^2}}$ $(-1 < x < 1)$.

2 $\boldsymbol{y = \cos^{-1} x}$ $y = \cos x$ の逆関数も, 無限多価関数であるが, その値域を, **主値**: $0 \leqq y \leqq \pi$ に制限したものを,

$$y = \cos^{-1} x \quad \text{または} \quad y = \arccos x$$

で表す. $\cos^{-1}$, arccos, ともに, **アークコサイン**とよむ(つぎのページの図 2).

$$\boxed{\quad y = \cos^{-1} x \iff x = \cos y \quad (0 \leqq y \leqq \pi). \qquad \text{— } \cos^{-1} x \text{ の定義 —}\quad}$$

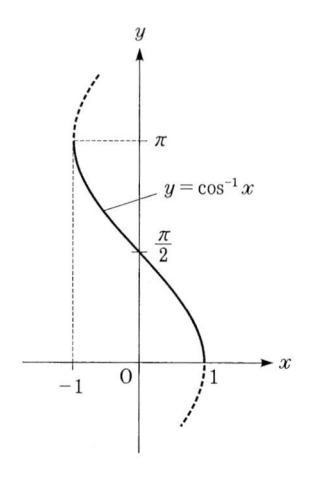

図2 $y = \cos^{-1} x$ のグラフ.
$y = \cos x$ の逆関数で，その値域を，主値: $0 \leqq y \leqq \pi$ に制限したもの．

$y = \cos^{-1} x$ を微分しよう．逆関数の微分の公式 (36 ページ) によって，

$$\frac{dy}{dx} = \frac{d\cos^{-1} x}{dx} = \frac{1}{\dfrac{dx}{dy}} = \frac{1}{\dfrac{d\cos y}{dy}} = \frac{1}{-\sin y} = *.$$

逆関数の微分の公式 ↲

ここで，$y = \cos^{-1} x$ は，主値: $0 \leqq y \leqq \pi$ をとるから，この範囲で $\sin y \geqq 0$ であることに注意すれば，

$$* = -\frac{1}{\sqrt{1-\cos^2 y}} = -\frac{1}{\sqrt{1-x^2}} \qquad (-1 < x < 1).$$

$$\boxed{\quad (2) \qquad \therefore \qquad (\cos^{-1} x)' = -\frac{1}{\sqrt{1-x^2}} \qquad (-1 < x < 1).\quad}$$

§8. 逆3角関数

3 $y = \tan^{-1} x$　　$y = \tan x$ の逆関数も，無限多価関数であるが，その値域を，**主値**: $-\dfrac{\pi}{2} < y < \dfrac{\pi}{2}$ に制限したものを，

$$y = \tan^{-1} x \quad \text{または} \quad y = \arctan x$$

で表す．　$\tan^{-1}$, $\arctan$, ともに，**アークタンゼント**とよむ(図3)．

―――――――――――――――――― $\tan^{-1} x$ の定義 ―

$$y = \tan^{-1} x \iff x = \tan y \quad \left(-\frac{\pi}{2} < y < \frac{\pi}{2}\right).$$

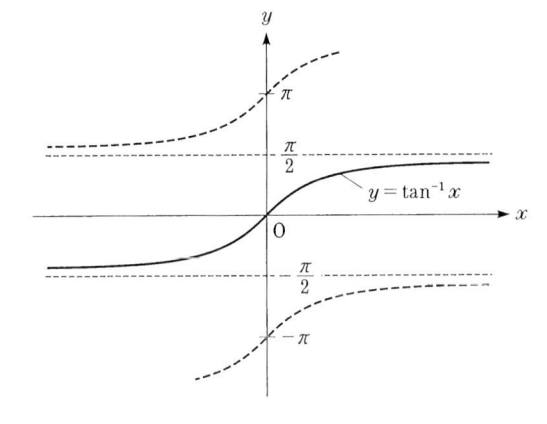

図3　$y = \tan^{-1} x$ のグラフ．$y = \tan x$ の逆関数で，その値域を，主値:

$$-\frac{\pi}{2} < y < \frac{\pi}{2}$$

に制限したもの．

$y = \tan^{-1} x$ を微分しよう．　逆関数の微分の公式 (36 ページ) によって，

$$\frac{dy}{dx} = \frac{d \tan^{-1} x}{dx} = \frac{1}{\dfrac{dx}{dy}} = \frac{1}{\dfrac{d \tan y}{dy}} = \frac{1}{\sec^2 y} = \frac{1}{1 + \tan^2 y}$$

逆関数の微分の公式 ↰

$$= \frac{1}{1 + x^2}.$$

―――――――――――――――――――――――――――――

(3)　　　　∴　　$(\tan^{-1} x)' = \dfrac{1}{1 + x^2}.$

―――――――――――――――――――――――――――――

4 $y = \cot^{-1} x$　　$y = \cot x$ の逆関数も，無限多価関数であるが，その値域を，**主値**: $0 < y < \pi$ に制限したものを，
$$y = \cot^{-1} x \quad \text{または} \quad y = \mathrm{arccot}\, x$$
で表す．　$\cot^{-1}$, arccot, ともに，**アークコタンゼント**とよむ(図4)．

$\cot^{-1} x$ の定義

$$y = \cot^{-1} x \iff x = \cot y \quad (0 < y < \pi).$$

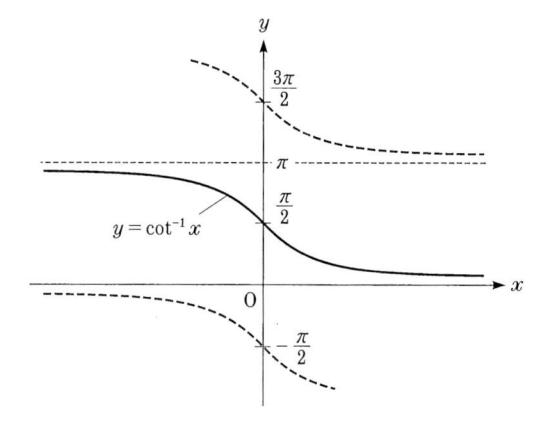

図4　$y = \cot^{-1} x$ のグラフ．$y = \cot x$ の逆関数で，その値域を，主値: $0 < y < \pi$ に制限したもの．

前のページの $y = \tan^{-1} x$ の微分と同様にして，つぎの公式をみちびくことができる:

---
(4) $$(\cot^{-1} x)' = -\frac{1}{1+x^2}.$$

問 1　(3)式の証明 (51 ページ) にならって，上の(4)式を証明せよ．

問 2　つぎの関数を微分せよ．

1　$\tan^{-1}(x+1)$　　2　$x \sin^{-1} x$　　3　$\sin^{-1} \dfrac{x}{2}$

4　$\tan^{-1} \dfrac{x}{3}$　　5　$x^2 \tan^{-1} x$　　6　$\cos^{-1}(2 \cos x)$

§8. 逆3角関数

7 $x \tan^{-1} x - \log \sqrt{1+x^2}$ 　　$\left[\text{ヒント}: \log \sqrt{a} = \frac{1}{2} \log a \right]$

8 $\dfrac{x}{1+x^2} + \tan^{-1} x$ 　　9 $x \sin^{-1} \dfrac{x}{2} + \sqrt{4-x^2}$

10 $x\sqrt{1-x^2} + \sin^{-1} x$ 　　11 $\log \dfrac{\sqrt{1+x^2}}{|1-x|} + \tan^{-1} x$

$\left[\text{11のヒント}: \log \dfrac{\sqrt{a}}{|b|} = \dfrac{1}{2} \log a - \log |b| \right]$

12 $\sin^{-1} \dfrac{2x-1}{\sqrt{5}}$ 　　13 $\dfrac{2}{\sqrt{3}} \tan^{-1} \dfrac{2x-1}{\sqrt{3}}$

*14 $\dfrac{1}{2} \log(x^2+x+1) + \sqrt{3} \, \tan^{-1} \dfrac{2x+1}{\sqrt{3}}$

第 3 章 微分の応用

§9. 平均値の定理

1 ロールの定理とは？

例1 関数:
$$y = f(x) \equiv (x-1)(2-x)$$
は,
$$f(1) = 0, \qquad f(2) = 0$$
をみたす． そのとき,
$$f'(c) = 0 \qquad (1 < c < 2)$$
となる点 c が存在する．

というのが，**ロールの定理**である（図1）．

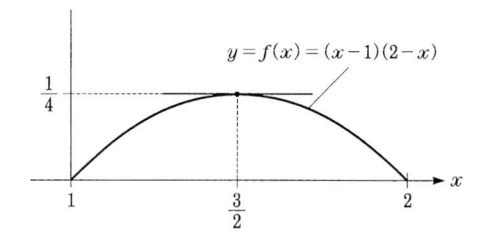

図1 関数:
$$y = f(x) \equiv (x-1)(2-x)$$
は，$f(1) = 0$, $f(2) = 0$ をみたし，開区間 $(1, 2)$ で $f(x) > 0$ であって，$f'\left(\dfrac{3}{2}\right) = 0$.

じっさい，積の微分の公式 (15 ページ) によって,
$$f'(x) = (2-x) - (x-1) = -2x + 3$$
であるから,
$$f'\left(\frac{3}{2}\right) = 0 \quad \text{で,} \quad c = \frac{3}{2}.$$

2 ロールの定理

―― 定理 1 ――――――――――――――――――― ロールの定理 ――

$f(x)$ が，$[a,b]$ で連続，(a,b) で微分可能で，
（1） $\qquad f(a)=0, \qquad f(b)=0$
ならば，
（2） $\qquad f'(c)=0 \qquad (a<c<b)$
をみたす c が存在する（図2）．

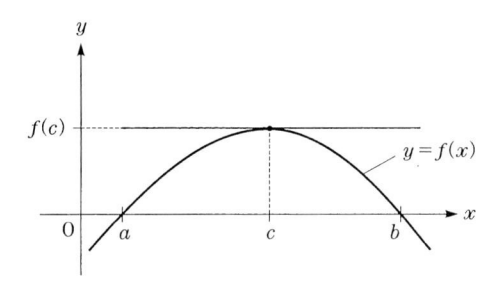

図2 曲線: $y=f(x)$ が，x-軸上の2点: $(a,0),(b,0)$ ($a<b$) をとおるとき，$y=f(x)$ の接線が，x-軸に平行となるような接点 $(c,f(c))$ ($a<c<b$) が存在する．

【証明】 $f(x)$ が正になる点があれば，$f(x)$ が最大となる点 $x=c$ ($a<c<b$) が存在する．そのとき，$f'(c)=0$ である．なぜならば，仮に，$f'(c)>0$ であるとすれば，微分係数の定義 (§3の(2)式(12ページ)) によって，$f(x)>f(c)$ ($x>c$) となる点 x が存在することになり，$f(x)$ が $x=c$ で最大となることに矛盾する．仮に，$f'(c)<0$ であるとすれば，$f(x)>f(c)$ ($x<c$) となる点 x が存在することになり，やはり，矛盾する．

$f(x)$ が負になる点があれば，$f(x)$ が最小となる点 $x=c$ ($a<c<b$) が存在し，上と同様にして，$f'(c)=0$ となることがしめされる．

$f(x)$ が，正にも負にもならなければ，$f(x)\equiv 0$ となり，$f'(x)\equiv 0$ となるから，明らかに，定理がなりたつ． （証明終）

3　平均値の定理　　定理1 (55ページ) において，条件の (1) を取り除いてみよう．　そのとき，曲線: $y = f(x)$ は，2点: $(a, f(a))$, $(b, f(b))$ をとおる．　定理1によって，$y = f(x)$ の接線の傾きが，この2点をとおる直線の傾き: $\dfrac{f(b) - f(a)}{b - a}$ に等しくなるような接点 $(c, f(c))$ ($a < c < b$) が存在する (図3)．　接点 $(c, f(c))$ での接線の傾きは，$f'(c)$ によってあたえられることに注意すれば，つぎの定理がえられる．　つぎの定理は，微分積分では，基本的に，重要である．

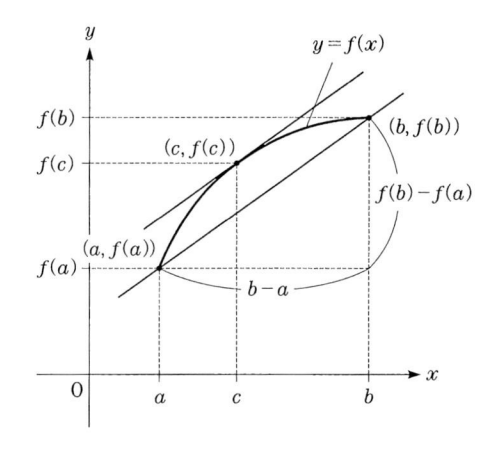

図3　$y = f(x)$ が，2点: $(a, f(a))$, $(b, f(b))$ ($a < b$) をとおるとき，$y = f(x)$ の接線が，この2点をとおる直線に平行となるような接点 $(c, f(c))$ ($a < c < b$) が存在する．

定理 2　　　　　　　　　　　　　　　　　　　　　　　　**平均値の定理**

$f(x)$ が，$[a, b]$ で連続で，(a, b) で微分可能ならば，

(3) 　　　$\dfrac{f(b) - f(a)}{b - a} = f'(c)$　　　($a < c < b$)

をみたす c が存在する (図3)．

4　平均値の定理の変形　　(3)式で，a と b を入れかえれば，

$$\frac{f(a) - f(b)}{a - b} = \frac{f(b) - f(a)}{b - a} = f'(c) \quad (b < c < a).$$

したがって，(3)式は，$[b, a]$ でもなりたつ．　この結果もふくめて，平均

値の定理は，つぎの形に書ける：

━━━━━━━━━━━━━━━ 平均値の定理 ━

(4) $\quad f(b) = f(a) + (b-a)f'(c) \quad (a \lessgtr c \lessgtr b).$

この式で，$\theta = \dfrac{c-a}{b-a}$ とおけば，a と b の大小関係にかかわらず，$0 < \theta < 1$ であって，さらに，$b = a+h$ とおけば，(4)式は，つぎの形に書ける：

━━━━━━━━━━━━━━━ 平均値の定理 ━

(5) $\quad f(a+h) = f(a) + f'(a+\theta h)h \quad (h \gtrless 0;\ 0 < \theta < 1).$

---

5 **コーシーの平均値の定理**　　関数のパラメター表示：

$$x = \varphi(t), \quad y = \psi(t) \quad (\alpha \leq t \leq \beta)$$

(§5の **6** 項(31ページ)参照)において，$\varphi(t), \psi(t)$ は，$[\alpha, \beta]$ で連続，(α, β) で微分可能で，$\varphi'(t) \neq 0$ とする．そのとき，定理2によって，

$$\frac{\varphi(\beta) - \varphi(\alpha)}{\beta - \alpha} = \varphi'(\gamma') \quad (\alpha < \gamma' < \beta)$$

をみたす γ' が存在し，$\varphi'(\gamma') \neq 0$ であるから，

(6) $\quad\quad\quad\quad\quad \varphi(\beta) - \varphi(\alpha) \neq 0.$

つぎに，定理2によって，

(7) $\quad \dfrac{\psi(\beta) - \psi(\alpha)}{\varphi(\beta) - \varphi(\alpha)} = \left[\dfrac{dy}{dx}\right]_{x=c} \quad (\varphi(\alpha) \lessgtr c \lessgtr \varphi(\beta))$

をみたす c が存在する(つぎのページの図4)．さらに，$c = \varphi(\gamma)$ とすれば，§5の定理1(32ページ)によって，

(8) $\quad \left[\dfrac{dy}{dx}\right]_{x=c} = \dfrac{\psi'(\gamma)}{\varphi'(\gamma)} \quad (c = \varphi(\gamma),\ \alpha < \gamma < \beta).$ [*]

(7)式と(8)式によって，つぎの**コーシーの平均値の定理**がえられる：

---

[*] ギリシャ文字 α (アルファ)，β (ベータ)，γ (ガンマ) は，a, b, c に対応している．

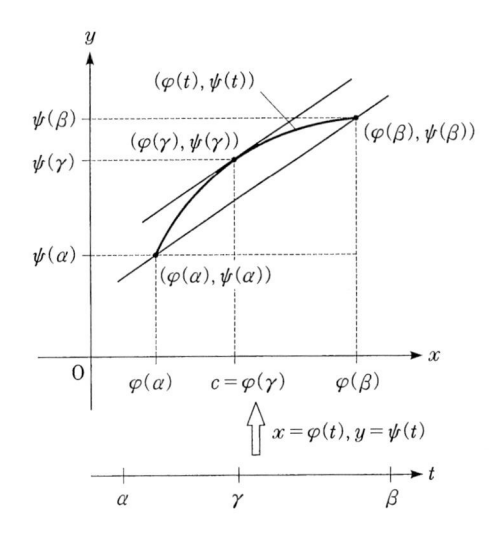

図4 曲線のパラメター表示:
$$x = \varphi(t), \quad y = \psi(t)$$
$$(\alpha \leqq t \leqq \beta)$$
において, 2点:
$$(\varphi(\alpha), \psi(\alpha)), (\varphi(\beta), \psi(\beta))$$
をむすぶ直線の傾き:
$$\frac{\psi(\beta) - \psi(\alpha)}{\varphi(\beta) - \varphi(\alpha)}$$
に, 接線の傾きが等しくなるような, 接点 $(\varphi(\gamma), \psi(\gamma))$ ($\alpha < \gamma < \beta$) が存在する.

定理 3 ────────── **コーシーの平均値の定理**

$x = \varphi(t), y = \psi(t)$ は, $[\alpha, \beta]$ で連続, (α, β) で微分可能で, $\varphi'(t) \neq 0$ とする. そのとき,

(9) $\qquad \dfrac{\psi(\beta) - \psi(\alpha)}{\varphi(\beta) - \varphi(\alpha)} = \dfrac{\psi'(\gamma)}{\varphi'(\gamma)} \qquad (\alpha < \gamma < \beta)$

をみたす γ が存在する.

§10. 高階導関数

1 n 階導関数とは？

例 1 関数:

(1) $\qquad\qquad y = x^m \qquad$ (m は自然数)[*]

を微分すれば, §4 の (9) 式 (16ページ) によって,

---

[*] 自然数を表す記号として, n を用いたが, n だけではたりないときには, m を用いる. さらに, たりないときには, i, j, k などを用いる. i は, integer (整数) の頭文字.

(2) $$y' = mx^{m-1}.$$

$m-1$ を，§4 の (9) 式の n とみなして，この関数を微分すれば，

(3) $$(y')' = m(x^{m-1})' = m \cdot (m-1) x^{m-2}.$$

導関数 (2) を，(1) 式の **1 階導関数**ともいう． (3) 式の $(y')'$ を，y'' で表して，(1) 式の **2 階導関数**という．

同様にして，(3) 式を微分すれば，

(4) $$(y'')' = m(m-1) \cdot (m-2) x^{m-3}.$$

(4) 式の $(y'')'$ を y''' で表して，(1) 式の **3 階導関数**という．

以下，同様にして，帰納的に，$(n-1)$ 階導関数 $y^{(n-1)}$ を微分することによって，$m \geqq n$ のとき，***n* 階導関数**:

(5) $$y^{(n)} \equiv (y^{(n-1)})' = m(m-1) \cdots \{m-(n-1)\} x^{m-n}$$
$$(m \geqq n)$$

がえられる． (5) 式の証明は，厳密には，帰納法 (16 ページ) によればよい．

$m = n$ のとき，すなわち，(1) 式が $y = x^n$ のときは，(5) 式は

$$y^{(n)} = n(n-1) \cdots 2 \cdot 1 \equiv n!$$

となる．また，$x > 0$ のときは，§6 の (22) 式 (42 ページ) によって，m が実数のときも，(5) 式がなりたつ．

2　高階導関数　　一般に，関数: $y = f(x)$ の導関数 $f'(x)$ が微分可能であるとき，$f'(x)$ の導関数を $f''(x)$ で表して，$f(x)$ の **2 階導関数**という; すなわち，

$$f''(x) \equiv \{f'(x)\}'.$$

導関数 $f'(x)$ を **1 階導関数**ともいう． 2 階導関数を表す記号としては，$f''(x)$ のほかに，

$$y'', \quad \{f(x)\}'', \quad \frac{d^2 y}{dx^2}, \quad \frac{d^2 f(x)}{dx^2}, \quad \frac{d^2}{dx^2} f(x), \quad D^2 f(x)$$

などが，使いみちに応じて，用いられる．

帰納的に，$(n-1)$ 階導関数 $f^{(n-1)}(x)$ ($n=1,2,\cdots;\ f^{(0)}(x)\equiv f(x)$) が微分可能であるとき；すなわち，$f(x)$ が n 回微分可能であるとき，$f^{(n-1)}(x)$ の導関数を $f^{(n)}(x)$ で表して，$f(x)$ の **n 階**(または，**n 次**)**導関数**という；すなわち，

$$f^{(n)}(x) \equiv \{f^{(n-1)}(x)\}' \qquad (n=1,2,\cdots).$$

n 階導関数を表す記号としては，$f^{(n)}(x)$ のほかに，

$$y^{(n)}, \quad \{f(x)\}^{(n)}, \quad \frac{d^n y}{dx^n}, \quad \frac{d^n f(x)}{dx^n}, \quad \frac{d^n}{dx^n}f(x), \quad D^n f(x)$$

などが，使いみちに応じて，用いられる．一般に，2 階以上の導関数を，総称して，**高階**(または，**高次**)**導関数**という．

3 初等関数の高階導関数

§6 の (17) 式 (40 ページ) によって，
$$(e^x)' = e^x.$$
$$\therefore \quad (e^x)'' = ((e^x)')' = (e^x)' = e^x.$$

以下，同様にして，

$$(6) \qquad (e^x)^{(n)} = e^x \qquad (n=1,2,\cdots).$$

§4 の (11) 式 (17 ページ) によって，
$$\left(\frac{1}{x}\right)' = (x^{-1})' = (-1)x^{-2}.$$
$$\therefore \quad \left(\frac{1}{x}\right)'' = (x^{-1})'' = (-1)(x^{-2})' = (-1)(-2)x^{-3}.$$

以下，同様にして，
$$\left(\frac{1}{x}\right)^{(n)} = (x^{-1})^{(n)} = (-1)(-2)\cdots(-n)x^{-(n+1)} = (-1)^n n!\,\frac{1}{x^{n+1}}.$$

$$(7) \qquad \therefore \quad \left(\frac{1}{x}\right)^{(n)} = (-1)^n n!\,\frac{1}{x^{n+1}} \qquad (n=1,2,\cdots).$$

(8) $$(\log|x|)' = \frac{1}{x}.$$

したがって，(7)式によって，

(9) $$(\log|x|)^{(n)} = \left(\frac{1}{x}\right)^{(n-1)} = (-1)^{n-1}(n-1)!\frac{1}{x^n}$$
$$(n = 2, 3, \cdots).$$

(9)式で，$n=1$ とおけば，(8)式となるから，(9)式は，$n=1$ のときにも，なりたつ．

$$(\sin x)' = \cos x = \sin\left(x + \frac{\pi}{2}\right).$$
$$\therefore \quad (\sin x)'' = \left\{\sin\left(x + \frac{\pi}{2}\right)\right\}' = \cos\left(x + \frac{\pi}{2}\right) = \sin\left(x + \frac{2\pi}{2}\right).$$
$$\therefore \quad (\sin x)''' = \left\{\sin\left(x + \frac{2\pi}{2}\right)\right\}' = \cos\left(x + \frac{2\pi}{2}\right) = \sin\left(x + \frac{3\pi}{2}\right).$$

以下，同様にして（厳密には，帰納法(16ページ)によって），

(10) $$(\sin x)^{(n)} = \sin\left(x + \frac{n\pi}{2}\right) \quad (n = 1, 2, \cdots).$$

同様にして，つぎの公式がえられる：

(11) $$(\cos x)^{(n)} = \cos\left(x + \frac{n\pi}{2}\right) \quad (n = 1, 2, \cdots).$$

4 **積の高階導関数** $u = f(x)$, $v = g(x)$ は，n 回微分可能であるとする．そのとき，積の微分の公式(15ページ)によって，
$$(uv)' = u'v + uv'.$$

この式を微分すれば，積の微分の公式によって，
$$(uv)'' = (u'v)' + (uv')'$$
$$= (u''v + u'v') + (u'v' + uv'')$$
↑ 積の微分の公式
$$= u''v + 2\,u'v' + uv''.$$

さらに，この式を微分すれば，
$$(uv)''' = (u''v)' + 2(u'v')' + (uv'')'$$
$$= (u'''v + u''v') + 2(u''v' + u'v'') + (u'v'' + uv''')$$
$$= u'''v + 3u''v' + 3u'v'' + uv'''.$$

$(uv)'$, $(uv)''$, $(uv)'''$, それぞれの，右辺の係数の関係は，

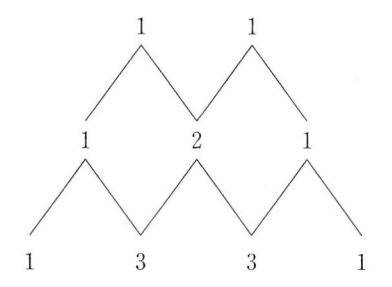

```
       1       1
      / \     / \
     1   2   1
    / \ / \ / \
   1   3   3   1
```

この関係は，2項定理:

2項定理

(12) $\quad (a+b)^n = \begin{pmatrix} n \\ 0 \end{pmatrix} a^n + \begin{pmatrix} n \\ 1 \end{pmatrix} a^{n-1}b + \cdots$
$$+ \begin{pmatrix} n \\ k \end{pmatrix} a^{n-k}b^k + \cdots + \begin{pmatrix} n \\ n \end{pmatrix} b^n;$$

ここに，
$$\begin{pmatrix} n \\ k \end{pmatrix} = {}_n\mathrm{C}_k \equiv \frac{n(n-1)\cdots(n-k+1)}{k!} \quad (k=0,\cdots,n)$$

の $n=1,2,3$ の場合: $(a+b)$, $(a+b)^2$, $(a+b)^3$, それぞれの，展開の右辺の係数の関係と同じであり，このあと，微分の回数が，ふえていっても，同じ関係がたもたれることがわかる．　したがって，つぎの定理がえら

§10. 高階導関数

れる（厳密な証明は，帰納法（16ページ）によればよい）：

定理 1 ──────── 積の高階微分の公式，ライプニッツの公式

$u = f(x)$, $v = g(x)$ は，n 回微分可能であるとする．そのとき，

(13) $\quad (uv)^{(n)} = \binom{n}{0} u^{(n)} v + \binom{n}{1} u^{(n-1)} v' + \binom{n}{2} u^{(n-2)} v'' + \cdots$

$\quad\quad\quad\quad + \binom{n}{n-1} u' v^{(n-1)} + \binom{n}{n} u v^{(n)} \quad (n = 1, 2, \cdots)$．

5　応用例

例 2　$(e^x \sin x)'''$, $(e^x \sin x)^{(4)}$．

$u = e^x$, $v = \sin x$ とおけば，
$$u' = u'' = u''' = u^{(4)} = e^x.$$
$$v' = \cos x, \quad v'' = -\sin x, \quad v''' = -\cos x, \quad v^{(4)} = \sin x.$$

したがって，ライプニッツの公式 (13) を，$n = 3$, $n = 4$ の場合に利用することによって，

$(e^x \sin x)''' = (e^x)''' \sin x + 3(e^x)'' (\sin x)'$
$\quad\quad\quad\quad + 3(e^x)' (\sin x)'' + e^x (\sin x)'''$
$\quad\quad\quad = e^x \sin x + 3 e^x \cos x - 3 e^x \sin x - e^x \cos x$
$\quad\quad\quad = 2 e^x (\cos x - \sin x)$．

$(e^x \sin x)^{(4)} = \binom{4}{0} (e^x)^{(4)} \sin x + \binom{4}{1} (e^x)''' (\sin x)'$
$\quad\quad\quad\quad + \binom{4}{2} (e^x)'' (\sin x)'' + \binom{4}{3} (e^x)' (\sin x)''' + \binom{4}{4} e^x (\sin x)^{(4)}$
$\quad\quad\quad = e^x \sin x + 4 e^x \cos x - 6 e^x \sin x - 4 e^x \cos x + e^x \sin x$
$\quad\quad\quad = -4 e^x \sin x$．

例 3　$(x^2 e^x)^{(n)} \quad (n \geq 2)$．

$u = e^x$, $v = x^2$ とおけば，

$$u' = u'' = \cdots = u^{(n)} = e^x,$$
$$v' = 2x, \quad v'' = 2, \quad v''' = \cdots = v^{(n)} = 0.$$

したがって，ライプニッツの公式 (13) によって，

$$(x^2 e^x)^{(n)} = \binom{n}{0} u^{(n)} v + \binom{n}{1} u^{(n-1)} v' + \binom{n}{2} u^{(n-2)} v''$$
$$= e^x x^2 + n e^x \cdot 2x + \frac{n(n-1)}{2} e^x \cdot 2$$
$$= e^x \{x^2 + 2nx + n(n-1)\}.$$

問 1　(10) 式の証明 (61 ページ) にならって，(11) 式 (61 ページ) を証明せよ．

$$\left[\text{ヒント}: (\cos x)' = -\sin x = \cos\left(x + \frac{\pi}{2}\right) \right]$$

問 2　つぎの関数の 2 階までの導関数を求めよ．

- [1] $\sin 2x$
- [2] $\cos 3x$
- [3] $\sinh 2x$
- [4] $\cosh 3x$
- [5] $\tan^{-1} x$
- [6] $\sin^{-1} x$

問 3　$(\tan x)' = \sec^2 x = 1 + \tan^2 x$ と表せることに注意して，$\tan x$ の 3 階までの導関数を，$\tan x$ の多項式で表す式を求めよ．

問 4　$\sec x$ の 3 階までの導関数を，$\tan x$ の多項式と $\sec x$ の積で表す式を求めよ．

問 5　つぎの関数の n 階導関数を求めよ．

- [1] $(2x-1)^m \quad (m \geqq n)$
- [2] e^{-3x}
- [3] 2^x
- [4] $\log|2x-1|$
- [5] $\dfrac{1}{1-x}$
- [6] $\sin 2x$
- [7] $\dfrac{1}{x^2-1}$ $\left[\text{ヒント}: \dfrac{1}{x^2-1} = \dfrac{1}{2}\left(\dfrac{1}{x-1} - \dfrac{1}{x+1}\right) \right]$
- [8] $\sin 2x \cos x$ 〔ヒント：積を和・差になおす公式 (26 ページ)〕
- [9] $\sinh x$
- [10] $\cosh x$

§10. 高階導関数

問 6 ① 関数:
(14) $\qquad y = y(x) = a\sin 2x + b\cos 2x \qquad$ (a,b は定数)

は，微分方程式:
$$\frac{d^2y}{dx^2} + 4y = 0$$

をみたすことを証明せよ．

② 関数 (14) が初期条件:
$$y(0) = 1, \qquad y'(0) = 1$$

をみたすように，a, b の値を定めよ．

問 7 ① 関数:
(15) $\qquad y = y(x) = a\sinh x + b\cosh x \qquad$ (a,b は定数)

は，微分方程式:
(16) $\qquad \dfrac{d^2y}{dx^2} - y = 0$

をみたすことを証明せよ．

② 関数 (15) が境界条件:
(17) $\qquad y(0) = 1, \qquad y(1) = 1$

をみたすように，a, b の値を定めて，微分方程式 (16) と境界条件 (17) をみたす解 (15) を求めよ．〔ヒント: sinh の減法定理 (46 ページ) を利用せよ〕

問 8 例 2 (63 ページ) にならって，ライプニッツの公式 (13) を用いて，つぎの高階導関数を求めよ:

① $(e^x \cos x)'''$ ② $(e^x \cos x)^{(4)}$
③ $(x^2 e^{-x})^{(5)}$ ④ $(e^{-x} \sin x)^{(4)}$

問 9 例 3 (63 ページ) にならって，ライプニッツの公式 (13) を用いて，つぎの関数の n 階導関数 ($n \geqq 2$) を求めよ:

① $x^2 e^{-x}$ ② $x \cos x$
③ $x \log|x|$ 〔ヒント: 公式 (9) (61 ページ)〕

§11. 不定形の極限値

1 不定形の極限値とは？

例 1 $\displaystyle\lim_{x\to 1}\frac{x^5-1}{x^2-1}$.

この極限値は，このまま，$x\to 1$ にすれば，$\dfrac{0}{0}$ の不定形となる．そこで，$\varphi(x)\equiv x^2-1$, $\psi(x)\equiv x^5-1$ とおき，x を t とみなして，$\varphi(1)=0$, $\psi(1)=0$ に注意して，$[1,x]$ または $[x,1]$ で，コーシーの平均値の定理 (58 ページ) を利用すれば，

$$\frac{x^5-1}{x^2-1}=\frac{\psi(x)-\psi(1)}{\varphi(x)-\varphi(1)}=\frac{\psi'(\xi)}{\varphi'(\xi)}=\frac{[(x^5-1)']_{x=\xi}}{[(x^2-1)']_{x=\xi}} \quad (1\leqq \xi \leqq x)$$

↳ コーシーの平均値の定理

をみたす ξ が存在する.*⁾ ここで，$x\to 1$ のとき，$\xi\to 1$ であることに注意すれば，

$$\lim_{x\to 1}\frac{x^5-1}{x^2-1}=\lim_{x\to 1}\frac{[(x^5-1)']_{x=\xi}}{[(x^2-1)']_{x=\xi}}$$
$$=\lim_{x\to 1}\frac{(x^5-1)'}{(x^2-1)'}=\lim_{x\to 1}\frac{5x^4}{2x}=\frac{5}{2}.$$

2 不定形の極限値

一般に，$f(x), g(x)$ が，a をふくむ区間で連続，高だか a を除いて微分可能で，$g'(x)\neq 0$ であって，

$$f(a)=0, \quad g(a)=0$$

であるとする．x, $f(x)$, $g(x)$ を，それぞれ，t, $\varphi(t)$, $\psi(t)$ とみなして，$[a,x]$ または $[x,a]$ で，コーシーの平均値の定理 (58 ページ) を利用することによって，

---

*⁾ ξ はギリシャ文字．ギリシャ文字 η, ζ とともに説明する．

大文字	小文字	対応する英文字	読み方
Ξ	ξ	x	グザイ
H	η	y	イータ
Z	ζ	z	ツェータ

ξ, η, ζ は，それぞれ，x, y, z に対応するギリシャ文字として使用される．

$$\frac{f(x)}{g(x)} = \frac{f(x)-f(a)}{g(x)-g(a)} = \frac{f'(\xi)}{g'(\xi)} \qquad (a \leqq \xi \leqq x)$$

↑ コーシーの平均値の定理

をみたす ξ が存在する．ここで，$x \to a$ のとき，$\xi \to a$ であることに注意すれば，

$$\lim_{x \to a} \frac{f(x)}{g(x)} = \lim_{x \to a} \frac{f'(\xi)}{g'(\xi)} = \lim_{x \to a} \frac{f'(x)}{g'(x)}.$$

したがって，つぎの定理がえられる：

定理 1 ─────────────────── **ロピタルの定理**

$f(x)$, $g(x)$ は，a をふくむ区間で連続，高だか a を除いて微分可能で，$g'(x) \neq 0$ であって，

$$f(a) = 0, \qquad g(a) = 0$$

であるとき，有限な極限値：$\lim_{x \to a} \dfrac{f'(x)}{g'(x)}$ が存在するかぎり，

(1) $$\lim_{x \to a} \frac{f(x)}{g(x)} = \lim_{x \to a} \frac{f'(x)}{g'(x)}.$$

例1は，定理1において，$f(x) = x^5 - 1$, $g(x) = x^2 - 1$, $a = 1$ の場合．

定理の証明からわかるように，定理は，$x \to a+0$ または $x \to a-0$ の形の片側極限値についてもなりたつ．

3 **不定形の極限値のいろいろ**　§1 (1ページ) でみたように，関数の極限値については，いろいろな形の極限値がある．それに対応して，いろいろな形の**ロピタルの定理**がある．それについてのべる．つぎの定理2は，$x = \dfrac{1}{t}$ とおいて，定理1を用いれば，簡単に，証明できる．定理3と定理4の証明は，省略する．

> **定理 2** ── ロピタルの定理

$f(x), g(x)$ は，十分大きいすべての x について微分可能で，$g'(x) \neq 0$ であって，
$$f(x) \to 0, \qquad g(x) \to 0 \qquad (x \to \infty)$$
ならば，有限な極限値: $\displaystyle\lim_{x \to \infty} \frac{f'(x)}{g'(x)}$ が存在するかぎり，
$$\lim_{x \to \infty} \frac{f(x)}{g(x)} = \lim_{x \to \infty} \frac{f'(x)}{g'(x)}.$$

> **定理 3** ── ロピタルの定理

$f(x), g(x)$ は，a をふくむ区間で，a を除いて微分可能で，$g'(x) \neq 0$ であって，
$$f(x) \to \infty, \qquad g(x) \to \infty \qquad (x \to a)$$
ならば，有限な極限値: $\displaystyle\lim_{x \to a} \frac{f'(x)}{g'(x)}$ が存在するかぎり，
$$\lim_{x \to a} \frac{f(x)}{g(x)} = \lim_{x \to a} \frac{f'(x)}{g'(x)}.$$

> **定理 4** ── ロピタルの定理

$f(x), g(x)$ は，十分大きいすべての x について微分可能で，$g'(x) \neq 0$ であって，
$$f(x) \to \infty, \qquad g(x) \to \infty \qquad (x \to \infty)$$
ならば，有限な極限値: $\displaystyle\lim_{x \to \infty} \frac{f'(x)}{g'(x)}$ が存在するかぎり，
$$\lim_{x \to \infty} \frac{f(x)}{g(x)} = \lim_{x \to \infty} \frac{f'(x)}{g'(x)}.$$

4 応用例

例 2 (§5 の (20)式 (27 ページ))　定理 1 によって,
$$\lim_{x \to 0} \frac{\sin x}{x} = \lim_{x \to 0} \frac{(\sin x)'}{(x)'} = \lim_{x \to 0} \frac{\cos x}{1} = 1.$$

例 3　定理 1 によって,
$$\lim_{x \to 0} \frac{1 - \cos x}{x^2} = \lim_{x \to 0} \frac{(1 - \cos x)'}{(x^2)'} = \lim_{x \to 0} \frac{\sin x}{2x} = *.$$
このあとは, 例 2 と同様にして,
$$* = \frac{1}{2}.$$

例 4　定理 1 によって,
$$\lim_{x \to 0} \frac{x - \sin x}{x^3} = \lim_{x \to 0} \frac{(x - \sin x)'}{(x^3)'} = \lim_{x \to 0} \frac{1 - \cos x}{3x^2} = *.$$
このあとは, 例 3 と同様にして,
$$* = \frac{1}{3} \cdot \frac{1}{2} = \frac{1}{6}.$$

　例 3, 例 4 のように, 最終的に, 有限な極限値が存在することが, 確かめられるかぎり, 定理を何回でも, 利用できる.

例 5　定理 2 によって,
$$\lim_{x \to \infty} x\left(\frac{\pi}{2} - \tan^{-1} x\right) = \lim_{x \to \infty} \frac{\frac{\pi}{2} - \tan^{-1} x}{\frac{1}{x}} = \lim_{x \to \infty} \frac{\left(\frac{\pi}{2} - \tan^{-1} x\right)'}{\left(\frac{1}{x}\right)'}$$
$$= \lim_{x \to \infty} \frac{-\frac{1}{1 + x^2}}{-\frac{1}{x^2}} = \lim_{x \to \infty} \frac{x^2}{1 + x^2}$$
$$= \lim_{x \to \infty} \frac{1}{1 + \frac{1}{x^2}} = 1.$$

例 6 定理 3 によって,

$$\lim_{x \to 0} x \log|x| = \lim_{x \to 0} \frac{\log|x|}{\dfrac{1}{x}} = \lim_{x \to 0} \frac{(\log|x|)'}{\left(\dfrac{1}{x}\right)'} = \lim_{x \to 0} \frac{\dfrac{1}{x}}{-\dfrac{1}{x^2}}$$
$$= \lim_{x \to 0}(-x) = 0.$$

例 7 n を自然数とするとき,定理 4 を,n 回,用いることによって,

$$\lim_{x \to \infty} x^n e^{-2x} = \lim_{x \to \infty} \frac{x^n}{e^{2x}} = \lim_{x \to \infty} \frac{(x^n)'}{(e^{2x})'} = \lim_{x \to \infty} \frac{n x^{n-1}}{2 e^{2x}}$$
$$= \frac{n}{2} \lim_{x \to \infty} \frac{(x^{n-1})'}{(e^{2x})'} = \frac{n}{2} \lim_{x \to \infty} \frac{(n-1) x^{n-2}}{2 e^{2x}}$$
$$= \cdots$$
$$= \frac{n!}{2^n} \lim_{x \to \infty} \frac{1}{e^{2x}} = 0.$$

例 8 $\displaystyle\lim_{x \to 1} x^{\frac{1}{1-x}}$.

$y = x^{\frac{1}{1-x}}$ とおけば,$\log y = \dfrac{1}{1-x} \log x$.

定理 1 によって,

$$\lim_{x \to 1} \log y = \lim_{x \to 1} \frac{\log x}{1-x} = \lim_{x \to 1} \frac{(\log x)'}{(1-x)'} = \lim_{x \to 1} \frac{\dfrac{1}{x}}{-1} = -1.$$

$$\therefore \quad \lim_{x \to 1} y = e^{-1} = \frac{1}{e}.$$

問 1 つぎの不定形の極限値を求めよ.

$\boxed{1}$ $\displaystyle\lim_{x \to 0} \frac{\tan x}{x}$ $\boxed{2}$ $\displaystyle\lim_{x \to 0} \frac{\tan^{-1} x}{x}$

$\boxed{3}$ $\displaystyle\lim_{x \to 0} \frac{a^x - 1}{x}$ (a は定数) $\boxed{4}$ $\displaystyle\lim_{x \to 1} \frac{\log x}{x - 1}$

$\boxed{5}$ $\displaystyle\lim_{x \to \infty} \frac{\log x}{x}$ $\boxed{6}$ $\displaystyle\lim_{x \to 0} \frac{x - \log(1+x)}{x^2}$

$\boxed{7}$ $\displaystyle\lim_{x \to 0} \frac{x - \tan^{-1} x}{x^3}$ $\boxed{8}$ $\displaystyle\lim_{x \to 0} \frac{\cosh x - 1}{x^2}$

§11. 不定形の極限値

[9] $\displaystyle\lim_{x\to 0}\frac{\sinh^2 x}{\cos x - 1}$ 　　[10] $\displaystyle\lim_{x\to 0}\frac{\cosh x - 1}{\sin^2 x}$

[11] $\displaystyle\lim_{x\to\frac{\pi}{2}}\left(x-\frac{\pi}{2}\right)\tan x$ 　　[12] $\displaystyle\lim_{x\to\frac{\pi}{2}}\cos 3x \tan x$

$\left[\text{[11]と[12]のヒント: }\tan x = \dfrac{1}{\cot x}\right]$

[13] $\displaystyle\lim_{x\to\infty} x\{\log(x+1)-\log x\}$ 　　[14] $\displaystyle\lim_{x\to\infty}\frac{\dfrac{\pi}{2}-\tan^{-1}x}{\log(x+1)-\log x}$

$\left[\text{[13]と[14]のヒント: }\log(x+1)-\log x = \log\left(1+\dfrac{1}{x}\right)\right]$

[15] $\displaystyle\lim_{x\to\frac{\pi}{2}}\left(x\sin x - \frac{\pi}{2}\right)\sec x$ 　　$\left[\text{ヒント: }\sec x = \dfrac{1}{\cos x}\right]$

[16] $\displaystyle\lim_{x\to\frac{\pi}{2}}\frac{1-\sin x}{\left(x-\dfrac{\pi}{2}\right)^2}$ 　　[17] $\displaystyle\lim_{x\to\pi}\frac{1+\cos x}{(\pi-x)^2}$

[18] $\displaystyle\lim_{x\to 0}\left(\frac{1}{x}-\frac{1}{\sin x}\right)$ 　　[19] $\displaystyle\lim_{x\to 0}\left(\frac{1}{\log(1+x)}-\frac{1}{x}\right)$

〔[18]と[19]のヒント: 通分せよ〕

*[20] $\displaystyle\lim_{x\to\infty}\frac{\log^n x}{x}$ （nは自然数）　〔ヒント: 例7にならえ〕

[問2] 例8にならって，つぎの不定形の極限値を求めよ．

[1] $\displaystyle\lim_{x\to\infty} x^{\frac{1}{x}}$ 　　[2] $\displaystyle\lim_{x\to 0}(x+1)^{\frac{1}{x}}$

[3] $\displaystyle\lim_{x\to 0}\left(\frac{2^x+3^x}{2}\right)^{\frac{1}{x}}$ 　　[4] $\displaystyle\lim_{x\to 0}|x|^{\sin x}$

*[5] $\displaystyle\lim_{x\to\frac{\pi}{2}-0}(\sin x)^{\tan x}$ 　　*[6] $\displaystyle\lim_{x\to\frac{\pi}{2}-0}(\tan x)^{\cos x}$

$\left[\text{[4],[5],[6]のヒント: 対数をとったのち，それぞれ，}\sin x = \dfrac{1}{\text{cosec }x},\right.$
$\left.\tan x = \dfrac{1}{\cot x},\ \cos x = \dfrac{1}{\sec x}\ \text{とおけ}\right]$

§12. 曲線の増減・凹凸

1 最大・最小・極大・極小　$[a, b]$ で定義された $f(x)$ について,すべての $x \in [a, b]$ に対して,

$$f(x) \geqq f(c) \quad [\, f(x) \leqq f(c) \,] \quad (\, c \in [a, b] \,)$$

がなりたつとき,

$$f(x) \text{ は } c \text{ で 最小 [最大] になる}$$

といい, $f(c)$ を **最小値 [最大値]** という (下の図1).

$c \in (a, b)$ に十分近い, c 以外のすべての x に対して,

$$f(x) > f(c) \quad [\, f(x) < f(c) \,]$$

がなりたつとき,

$$f(x) \text{ は } c \text{ で 極小 [極大] になる}$$

といい, $f(c)$ を **極小値 [極大値]** という (下の図1). 極小値と極大値を,総称して, **極値** という.

(a, b) で, $f'(x) > 0$ であるとする. (a, b) の任意の2点 x_1, x_2 ($x_1 < x_2$) に対して, §9の(3)式の平均値の定理 (56ページ) によって,

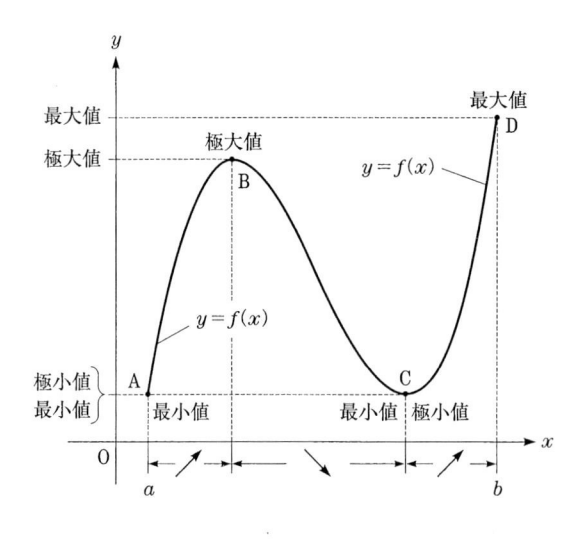

図1　最小値をとる曲線上の点は, A と C の2点. C は極小値をとる点でもある. 最大値をとる曲線上の点は D, 極大値をとる曲線上の点は B.

　↗ [↘] は, その区間で $f(x)$ が増加 [減少] の状態にあることをしめす.

§12. 曲線の増減・凹凸

$$\frac{f(x_2) - f(x_1)}{x_2 - x_1} = f'(\xi) \qquad (x_1 < \xi < x_2)$$

をみたす ξ が存在する．ここで，$f'(\xi) > 0$ であるから，

$$f(x_2) - f(x_1) = f'(\xi)(x_2 - x_1) > 0.$$

したがって，$f(x)$ は，(a, b) で，増加の状態 (34 ページ) にある．

同様にして，(a, b) で，$f'(x) < 0$ ならば，$f(x)$ は，(a, b) で減少の状態 (34 ページ) にあることがしめされる．

したがって，つぎの定理がえられる:

定理 1

(a, b) で，

$$f'(x) > 0 \quad [\, f'(x) < 0 \,]$$

ならば，$f(x)$ は (a, b) で，増加〔減少〕の状態にある．

$f(x)$ は c で微分可能で，c で極値をとるとする．そのとき，ロールの定理の証明 (55 ページ) と同様にして，$f'(c) = 0$ となることがしめされる．

したがって，つぎの定理がえられる:

定理 2 ── **極値をとるための必要条件**

$f(x)$ が c で微分可能で，c で極値をとれば，

$$f'(c) = 0.$$

つぎに，極値であるための1つの十分条件をみちびこう．

$f(x)$ は，c をふくむ開区間で $f''(x)$ が連続で，$f'(c) = 0$, $f''(c) > 0$ であるような関数とする．$f''(x)$ の連続性から，c の十分近く $(c-h, c+h)$ で $f''(x) > 0$．そのとき，定理1によって，$f'(x)$ は $(c-h, c+h)$ で増加の状態にある．したがって，$f'(c) = 0$ に注意すれば，

(1) $\qquad\qquad f'(x) < 0 \qquad (c - h < x < c),$

(2) $\qquad\qquad f'(x) > 0 \qquad (c < x < c + h).$

そのとき，ふたたび，定理1によって，(1)式，(2)式から，それぞれ，
$$f(x) \text{ は } (c-h, c) \text{ で 減少の状態にあり,}$$
$$f(x) \text{ は } (c, c+h) \text{ で 増加の状態にある.}$$
したがって，$f(x)$ は c で極小値をとる．

同様にして，上で，$f''(c) > 0$ を $f''(c) < 0$ でおきかえて，$f(x)$ が c で極大値をとることがしめされる．

したがって，つぎの定理がえられる：

定理 3 ──────────────── 極値をとるための十分条件

$f(x)$ は，c をふくむ開区間で $f''(x)$ が連続で，
$$f'(c) = 0$$
をみたす関数とする．　そのとき，
　　　$f''(c) > 0 〔 f''(c) < 0 〕$ ならば，
　　　　　$f(x)$ は c で 極小値〔 極大値 〕をとる．

2　曲線の凹凸　　(a, b) で，$f'(x)$ が 増加〔 減少 〕の状態にあるとき，
　　$f(x)$ は (a, b) で下に凸〔 上に凸 〕である（つぎのページの図2）
という．

定理1（73ページ）によって，(a, b) で $f''(x) > 0 〔 f''(x) < 0 〕$ ならば，$f'(x)$ は (a, b) で増加〔減少〕の状態にあるから，$f(x)$ は (a, b) で 下〔上〕に凸である．

したがって，つぎの定理がえられる：

定理 4 ──────────────

(a, b) で，$f''(x) > 0 〔 f''(x) < 0 〕$ ならば，$f(x)$ は (a, b) で下に凸〔 上に凸 〕である．

---

§12. 曲線の増減・凹凸　　　　　　　　　　75

$f(x)$ は下に凸．
⇌ 接線の傾きが増加の状態．

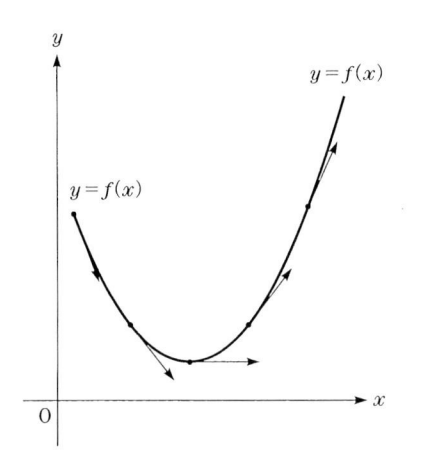

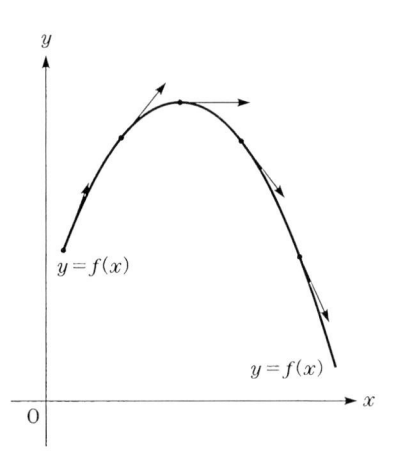

$f(x)$ は上に凸．
⇌ 接線の傾きが減少の状態．

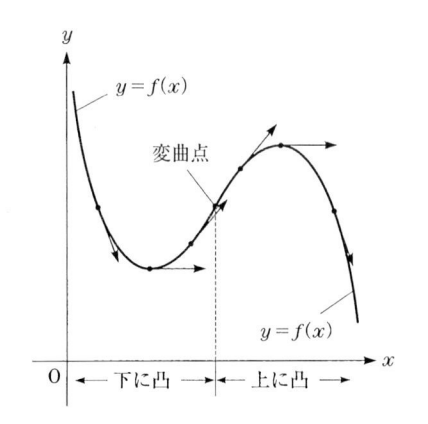

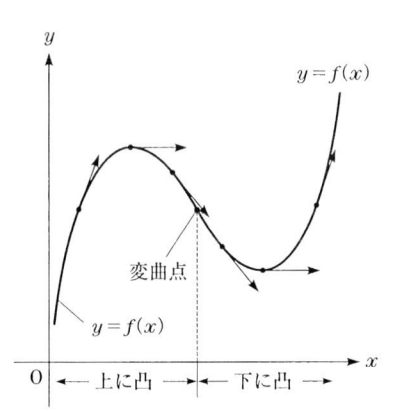

図2

変曲点．
⇌ 下に凸である状態から，
　上に凸である状態に変わる点．

変曲点．
⇌ 上に凸である状態から，
　下に凸である状態に変わる点．

図3

$f(x)$ が，下〔上〕に凸である状態から，

上〔下〕に凸である状態に，

変わる曲線上の点を，ともに，**変曲点**という（図3）．

3 **曲線の概形**　関数: $y=f(x)$ の増減，凹凸，極値，などをしらべて，曲線の概形(がいけい)を書こう．

例1　$f(x)=x^3-x$.
$$f(x)=x(x^2-1)=x(x-1)(x+1),$$
$$f'(x)=3x^2-1=3\left(x^2-\frac{1}{3}\right)=3\left(x-\frac{1}{\sqrt{3}}\right)\left(x+\frac{1}{\sqrt{3}}\right),$$
$$f''(x)=6x.$$
$$f(x)=x^3-x=x^3\left(1-\frac{1}{x^2}\right)\to \pm\infty \quad (x\to\pm\infty;\ 複号同順).$$

したがって，$f(x)$ の増減，凹凸，極値，などは，つぎの表のようになり，$f(x)$ のグラフは，つぎのページの図4のようになる．

x	$-\infty$	$\cdots$	-1	$\cdots$	$-\dfrac{1}{\sqrt{3}}$	$\cdots$	0	$\cdots$	$\dfrac{1}{\sqrt{3}}$	$\cdots$	1	$\cdots$	∞
f'		$+$	$+$	$+$	0	$-$	$-$	$-$	0	$+$	$+$	$+$	
f''		$-$	$-$	$-$	$-$	$-$	0	$+$	$+$	$+$	$+$	$+$	
				上に凸			変曲点			下に凸			
f	$-\infty$	↗	0	↗	$\dfrac{2}{3\sqrt{3}}$ 極大値	↘	0	↘	$-\dfrac{2}{3\sqrt{3}}$ 極小値	↗	0	↗	∞

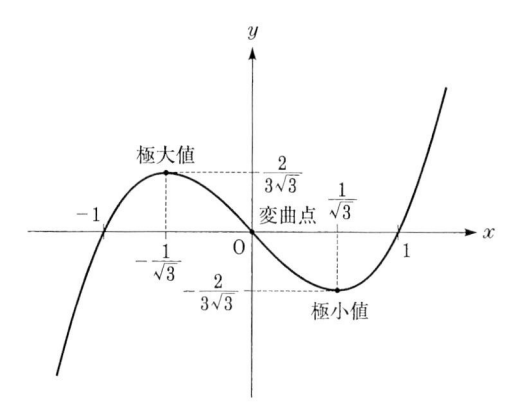

§12. 曲線の増減・凹凸

図4

例 2 $f(x) = xe^{-x}$.
$$f'(x) = e^{-x} - xe^{-x} = (1-x)e^{-x},$$
$$f''(x) = -e^{-x} - (1-x)e^{-x} = (x-2)e^{-x}.$$
ロピタルの定理 (68 ページの定理 4) によって,
(3) $\quad \lim_{x \to \infty} xe^{-x} = \lim_{x \to \infty} \frac{(x)'}{(e^x)'} = \lim_{x \to \infty} \frac{1}{e^x} = 0$.

$x = -t$ とおくことによって,
$$\lim_{x \to -\infty} xe^{-x} = \lim_{t \to \infty} (-1) t e^t = -\infty.$$
したがって, $f(x)$ の増減, 凹凸, 極値, などは, つぎの表のようになる.
(3)式によって, $x \to \infty$ のとき, 曲線: $y = xe^{-x}$ と x-軸の距離は, かぎりなく 0 に近づく. このとき, x-軸を, $x \to \infty$ のときの曲線: $y = xe^{-x}$ の**漸近線**という. $y = xe^{-x}$ のグラフは, つぎのページの図 5 のようになる.

x	$-\infty$	$\cdots$	0	$\cdots$	1	$\cdots$	2	$\cdots$	∞
f'			+	+	0	−	−	−	
f''			−	−	−	−	0	+	
f	$-\infty$	↗	0	↗ 上に凸	$\dfrac{1}{e}$ 極大値	↘	$\dfrac{2}{e^2}$ 変曲点	↘ 下に凸	0

図5

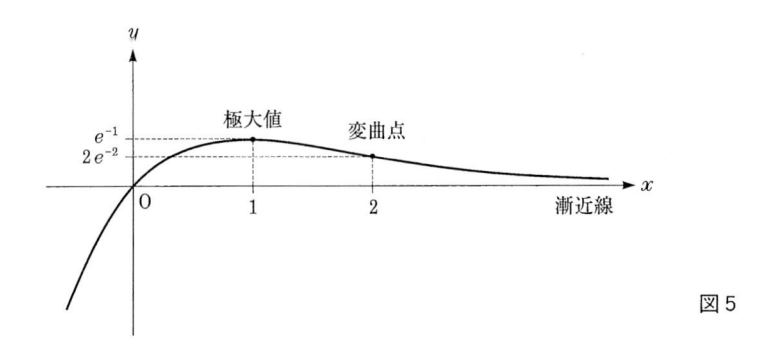

4 極方程式　直交座標系 O-xy における，点 P の **直交座標** (x, y) と **極座標** (r, θ) との関係は，
$$x = r\cos\theta, \quad y = r\sin\theta \quad (r > 0; \text{図 6}).$$
これから，逆に，
$$r = \sqrt{x^2 + y^2}, \quad \tan\theta = \frac{y}{x}.$$
極座標で表された曲線の方程式: $r = f(\theta)$ を **極方程式** という．

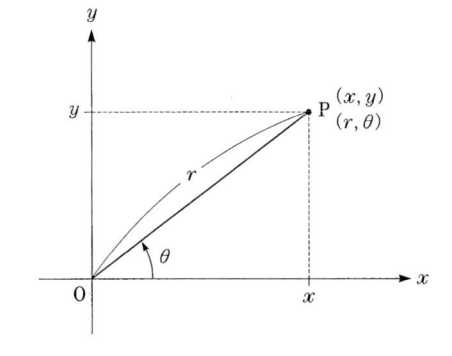

図 6　直交座標 (x, y) と極座標 (r, θ) の関係:
$$x = r\cos\theta, \quad y = r\sin\theta$$
$$(r > 0).$$

例 3　カージオイド（ハート形）:　$r = 1 + \cos\theta$.

$r = 1 + \cos(-\theta) = 1 + \cos\theta$ であるから，グラフは x-軸に関して対称である．

§12. 曲線の増減・凹凸   79

$$\frac{dr}{d\theta} = -\sin\theta.$$

したがって，$0 < \theta < \pi$ で $-\sin\theta < 0$ であるから，そこで，$r = 1 + \cos\theta$ は減少の状態にある．　つぎの表は，r の減少のようすをしめし，そのつぎの図7は，グラフの概形をしめす．

θ	0	$\cdots$	$\dfrac{\pi}{4}$	$\cdots$	$\dfrac{\pi}{2}$	$\cdots$	$\dfrac{3\pi}{4}$	$\cdots$	π
$\dfrac{dr}{d\theta}$	0	$-$	$-$	$-$	$-$	$-$	$-$	$-$	0
r	2	↘	$1 + \dfrac{1}{\sqrt{2}}$	↘	1	↘	$1 - \dfrac{1}{\sqrt{2}}$	↘	0

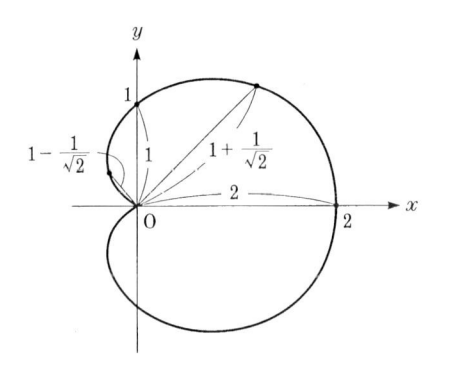

図7

問1　例1，例2にならって，つぎの関数の増減，凹凸，極値，漸近線，などをしらべて，曲線の概形をかけ．

1　$y = x^4 - 2x^2 + 1$

2　$y = x - \sqrt{x}$　$(x \geqq 0)$　〔ヒント：$y \to \infty$ $(x \to \infty)$，$y' \to -\infty$ $(x \to +0)$ をみちびけ．〕

3　$y = x - \log x$　$(x > 0)$　〔ヒント：$y \to \infty$ $(x \to +0)$．ロピタルの定理 (68ページの定理4) によって，$y \to \infty$ $(x \to \infty)$ をみちびけ．〕

4　$y = e^{-x^2}$　〔ヒント：$y \to 0$ $(x \to \pm\infty)$〕

5　$y = x^2 e^{-x}$　〔ヒント：ロピタルの定理 (68ページの定理4) によって，$y \to$

0 $(x\to\infty)$.〕

$\boxed{6}$ $y = x + \dfrac{1}{x}$ $\boxed{7}$ $y = \dfrac{x}{x^2-1}$

$\boxed{8}$ $y = x\log x$ $(x>0)$ 〔ヒント：ロピタルの定理 (68 ページの定理 3) によって，$y \to 0$ $(x \to +0)$.〕

$\boxed{9}$ $y = \dfrac{e\log x}{x}$ $(x>0)$ 〔ヒント：ロピタルの定理 (68 ページの定理 4) によって，$y \to 0$ $(x\to\infty)$.〕

*$\boxed{10}$ $y = \dfrac{2x}{x^2+1}$

$\boxed{問\,2}$ 例 3 にならって，つぎの極方程式によって定義される曲線の概形をかけ
〔ヒント：$r \geqq 0$ に注意〕．
$\boxed{1}$ $r = \cos 2\theta$ $\boxed{2}$ $r = \cos 3\theta$

§13. 関数の近似

$\boxed{1}$ テイラーの定理とは？

$\boxed{例\,1}$ $f(x) \equiv e^x$ を，$x = 0$ の近くで，2 次の整式：

(1) $\qquad p(x) \equiv a_0 + a_1 x + a_2 x^2$

で近似することを考えよう．[*] 具体的には，

(2) $\qquad p(0) = f(0), \quad p'(0) = f'(0), \quad p''(0) = f''(0)$

をみたすように，係数：a_0, a_1, a_2 を定める．

(3) $\qquad f(x) = e^x, \quad f'(x) = e^x, \quad f''(x) = e^x;$

(4) $\quad p(x) = a_0 + a_1 x + a_2 x^2, \quad p'(x) = a_1 + 2a_2 x, \quad p''(x) = 2a_2$

であるから，(2) 式，(3) 式，(4) 式から，

$$a_0 = 1, \quad a_1 = 1, \quad a_2 = \dfrac{1}{2}.$$

$$\therefore \quad p(x) = 1 + x + \dfrac{x^2}{2} \qquad (\text{つぎのページの図 1}).$$

---

[*] $p(x)$ の p は，polynomial（整式）の頭文字を採っている．

§13. 関数の近似

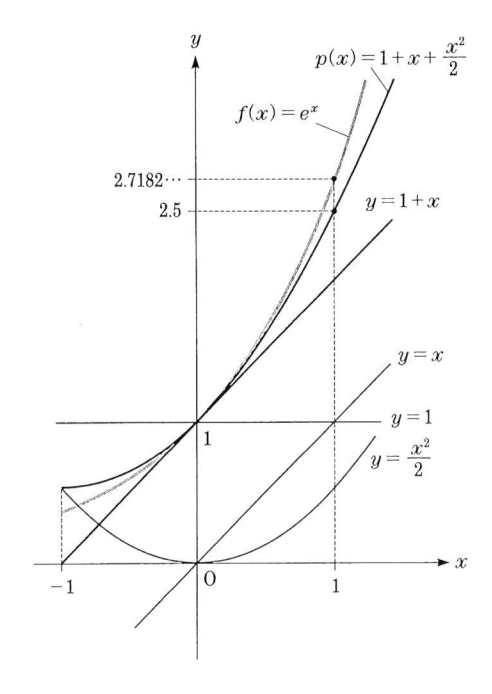

図1 関数: $f(x) = e^x$ の, $x = 0$ の近くでの, 整式:
$$p(x) = a_0 + a_1 x + a_2 x^2$$
による近似. $a_0 = 1$, $a_1 = 1$, $a_2 = \dfrac{1}{2}$ で,
$$p(x) = 1 + x + \dfrac{x^2}{2}.$$

たとえば, $x = 1$ のとき,
$$f(1) = e^1 = 2.7182\cdots, \quad p(1) = 2.5 \quad (\text{図}1).$$
同様にして, $f(x) \equiv e^x$ を, $x = 0$ の近くで, n 次の整式:
$$(5) \quad p(x) = a_0 + a_1 x + a_2 x^2 + \cdots + a_k x^k + \cdots + a_n x^n$$
で近似するために,
$$p^{(k)}(x) = k(k-1)\cdots 2\cdot 1\, a_k + \cdots + n(n-1)\cdots(n-k+1) a_n x^{n-k}$$
$$(k = 1, \cdots, n)$$
であることに注意して,
$$p(0) = f(0), \quad p^{(k)}(0) = f^{(k)}(0) \quad (k = 1, \cdots, n)$$
とおけば,
$$a_0 = 1, \quad k(k-1)\cdots 2\cdot 1\, a_k = 1 \quad (k = 1, \cdots, n)$$
がえられる. したがって,

(6) $$p(x) = 1 + x + \frac{x^2}{2} + \frac{x^3}{3!} + \cdots + \frac{x^n}{n!}.$$

このように，おのおのの階数の微分の係数が一致するように定めて，関数を整式で近似し，その誤差を求めるのが，**テイラーの定理**である．

(例 2 につづく)

2 テイラーの定理 $f(x)$ は，$x = 0$ をふくむ範囲で，2 回微分可能であるとする．その範囲で，

(7) $$f(x) = f(0) + f'(0)x + \frac{A}{2}x^2$$

とおいて，A を決定しよう．

$$F(t) \equiv f(x) - \left\{ f(t) + f'(t)(x-t) + \frac{A}{2}(x-t)^2 \right\}$$

とおけば，

$$F(0) = 0, \quad F(x) = 0.$$

ゆえに，$F(t)$ は，$[0, x]$ または $[x, 0]$ でロールの定理 (55 ページ) の仮定をみたしている．したがって，ロールの定理によって，

(8) $$F'(\xi) = 0 \quad (0 \leq \xi \leq x)$$

をみたす ξ が存在する．

$$F'(t) = -[f'(t) + \{f''(t)(x-t) - f'(t)\} - A(x-t)]$$
$$= \{A - f''(t)\}(x-t)$$

であるから，(8)式によって，

$$A = f''(\xi) \quad (0 \leq \xi \leq x).$$

したがって，(7)式から，

$$f(x) = f(0) + f'(0)x + \frac{f''(\xi)}{2}x^2 \quad (0 \leq \xi \leq x).$$

同様な方法で，つぎの定理がなりたつことが，しめされる：

§13. 関数の近似

[定理 1] ─────────────── **[テイラーの定理]**

$f(x)$ が，$x = 0$ をふくむ範囲で，$(n+1)$ 回微分可能ならば，その範囲で，つぎの関係式をみたす ξ が存在する：

$$(9) \quad f(x) = f(0) + f'(0)x + \frac{f''(0)}{2!}x^2 + \cdots + \frac{f^{(n)}(0)}{n!}x^n$$
$$+ \frac{f^{(n+1)}(\xi)}{(n+1)!}x^{n+1} \quad (0 \leqq \xi \leqq x).$$

(9)式において，

$$(10) \quad p_n(x) \equiv f(0) + f'(0)x + \frac{f''(0)}{2!}x^2 + \cdots + \frac{f^{(n)}(0)}{n!}x^n$$

が，$f(x)$ を近似する n 次の整式，剰余項：

$$(11) \quad r(x;\xi) \equiv \frac{f^{(n+1)}(\xi)}{(n+1)!}x^{n+1} \quad (0 \leqq \xi \leqq x)$$

が，誤差をあたえる．[*]

[例 2]（例1のつづき）（9）式で，$f(x) = e^x$ とおけば，

$$(12) \quad e^x = 1 + x + \frac{x^2}{2!} + \cdots + \frac{x^n}{n!} + \frac{e^\xi}{(n+1)!}x^{n+1} \quad (0 \leqq \xi \leqq x)$$

この式を利用して，e の値を，4捨5入によって，小数第3位まで求めよう．

(12)式で，$x = 1$ とおけば，

$$e = 1 + 1 + \frac{1}{2!} + \cdots + \frac{1}{n!} + \frac{e^\xi}{(n+1)!} \quad (0 < \xi < 1).$$

$8! = 40320$, $9! = 362880$ に注意すれば，

$$\frac{e^\xi}{(n+1)!} < \frac{3}{(n+1)!} < 0.00005$$

をみたす最小の n は，$n = 8$．

4捨5入によって，各項を小数第5位まで計算すれば，

$$\frac{1}{2!} = 0.5, \quad \frac{1}{3!} = 0.16667, \quad \frac{1}{4!} = 0.04167, \quad \frac{1}{5!} = 0.00833,$$

─────────────
[*] $r(x;\xi)$ の r は，residual term（剰余項）の頭文字を採っている．

$$\frac{1}{6!} = 0.00139, \quad \frac{1}{7!} = 0.00020, \quad \frac{1}{8!} = 0.00002.$$

$$\therefore \quad e \fallingdotseq 2 + 0.5 + 0.16667 + 0.04167 + 0.00833$$
$$+ 0.00139 + 0.00020 + 0.00002$$
$$= 2.71828.$$

$$\therefore \quad e \fallingdotseq 2.718.$$

3 テイラー展開　$f(x)$ が，区間: $|x| < R$ ($-R < x < R$) で，何回でも微分可能(**無限回微分可能**)であるとき，テイラーの定理によって，任意の自然数 n に対して，$|x| < R$ で(9)式(83ページ)をみたす ξ が存在する．　(9)式において，もし，

――――――――――――― テイラー展開可能であるための条件 ―
$$(13) \quad r(x; \xi) = \frac{f^{(n+1)}(\xi)}{(n+1)!} x^{n+1} \to 0 \quad (n \to \infty;\ |x| < R)$$

がみたされるならば，(9)式によって，(10)式(83ページ)の整式 $p_n(x)$ に対して，

$$p_n(x) \to f(x) \quad (n \to \infty;\ |x| < R).$$

このとき，$f(x)$ は，区間: $|x| < R$ で，**テイラー展開可能**であるといい，

――――――――――――――――― テイラー展開の定義式 ―
$$(14) \quad f(x) = f(0) + f'(0)x + \frac{f''(0)}{2!}x^2 + \cdots + \frac{f^{(n)}(0)}{n!}x^n + \cdots$$
$$\equiv \sum_{n=0}^{\infty} \frac{f^{(n)}(0)}{n!} x^n \quad (|x| < R)^{*)}$$

によって表す．　(14)式を，$f(x)$ の**テイラー展開**または**テイラー級数**といい，(14)式が収束する区間: $|x| < R$ の R の最大値を**収束半径**，そのとき

――――
*)　総和記号 $\sum$ は，ギリシャ文字：　大文字　小文字　対応する英文字　読み方
　　　　　　　　　　　　　　　　　　　　Σ　　σ　　　　S　　　　　シグマー
の Σ の変形．　Summation (総和) の頭文字 S に対応するギリシャ文字を採っている．

§13. 関数の近似

の $|x|<R$ を収束域という．

4 テイラー展開可能であるための十分条件　$f(x)$ は，$|x|<R$ ($\leqq \infty$) で，無限回微分可能で，

(15) $\qquad |f^{(k)}(x)| \leqq M \qquad (|x|<R;\ k=1,2,\cdots)$

をみたす定数 M が存在すると仮定する．　そのとき，

$$|r(x;\xi)| = \left|\frac{f^{(n+1)}(\xi)}{(n+1)!}x^{n+1}\right| \leqq M\frac{|x|^{n+1}}{(n+1)!} = * \qquad (|x|<R).$$

ここで，$|x|<R$ の内部に，任意に固定した x に対して，$m>|x|$ をみたす自然数 m が存在する．　ゆえに，

$$* = M \cdot \frac{|x|^{m-1}}{(m-1)!} \cdot \frac{|x|}{m} \cdot \frac{|x|}{m+1} \cdot \cdots \cdot \frac{|x|}{n} \cdot \frac{|x|}{n+1}$$
$$\leqq M \cdot \frac{|x|^{m-1}}{(m-1)!} \cdot \frac{|x|}{n+1} \to 0 \qquad (n\to\infty;\ n>m).$$

ゆえに，(13)式がみたされる．　したがって，$f(x)$ は，$|x|<R$ で，テイラー展開可能である．

したがって，つぎの定理がえられる：

定理 2

　$f(x)$ は，$|x|<R$ で無限回微分可能で，(15)式をみたす M が存在するような関数とする．　そのとき，$f(x)$ は，$|x|<R$ で，テイラー展開可能である：

(16) $\qquad f(x) = \sum_{k=0}^{\infty} \frac{f^{(k)}(0)}{k!} x^k \qquad (|x|<R).$

---

5 一般な点でのテイラー展開　$f(x)$ の，一般な点 $x=a$ でのテイラー展開は，

(17) $\qquad f(x) = \sum_{n=0}^{\infty} \frac{f^{(n)}(a)}{n!}(x-a)^n \qquad (|x-a|<R)$

によってあたえられる．　このテイラー展開 (17) は，変数変換: $x=a+t$

を行えば，$t=0$ でのテイラー展開（(14)式で $x=t$ とおいたもの）に帰着する．したがって，(14)式の形のテイラー展開について，考えれば十分である．　(14)式の形の $x=0$ でのテイラー展開を，一般な点でのテイラー展開と区別するために，**マクローリン展開**（**マクローリン級数**）ともよぶ．

[例]3　問3の[4]（90ページ）によって，

(18)　$\log(1+t) = t - \dfrac{t^2}{2} + \dfrac{t^3}{3} - \cdots + (-1)^{n-1}\dfrac{t^n}{n} + \cdots$　　$(|t|<1)$．

この式で，$1+t=x$, $t=x-1$ とおけば，$\log x$ の $x=1$ でのテイラー展開がえられる：

(19)　　$\log x = (x-1) - \dfrac{(x-1)^2}{2} + \dfrac{(x-1)^3}{3} - \cdots$

$\qquad\qquad + (-1)^{n-1}\dfrac{(x-1)^n}{n} + \cdots$　　$(|x-1|<1)$．

したがって，逆に，(19)式から，$t=x-1$ の変数変換で，(18)式がえられる．

[6] 初等関数のテイラー展開

[例]4　$f(x) = e^x$．

任意の正数 R に対して，

$$|f^{(n)}(x)| = e^x < e^R \qquad (|x|<R; n=1,2,\cdots)$$

がなりたつから，定理2（85ページ）によって，$f(x)=e^x$ は，$|x|<R$ で，テイラー展開可能である．　R は任意であったから，$|x|<\infty$ で，テイラー展開可能で，(12)式（83ページ）によって，つぎのテイラー展開がなりたつ：

(20)　　$e^x = 1 + x + \dfrac{x^2}{2!} + \cdots + \dfrac{x^n}{n!} + \cdots$　　$(|x|<\infty)$．

§13. 関数の近似

例 5 $f(x) = \sin x$.

§5 の **5** 項 (28 ページ) によって,

(21) $\begin{cases} f = \sin x, \quad f' = \cos x, \quad f'' = -\sin x, \quad f''' = -\cos x, \\ f^{(4)} = \sin x, \quad f^{(5)} = \cos x, \quad f^{(6)} = -\sin x, \quad f^{(7)} = -\cos x, \\ \quad\quad\quad\quad\quad\cdots\cdots\cdots\cdots. \end{cases}$

(22) $\therefore \begin{cases} f(0) = 0, \quad f'(0) = 1, \quad f''(0) = 0, \quad f'''(0) = -1, \\ f^{(4)}(0) = 0, \quad f^{(5)}(0) = 1, \quad f^{(6)}(0) = 0, \quad f^{(7)}(0) = -1, \\ \quad\quad\quad\quad\quad\cdots\cdots\cdots\cdots. \end{cases}$

(21)式によって,

$$|f^{(n)}(x)| \leqq 1 \quad (|x| < \infty; \ n = 0, 1, \cdots)$$

がなりたつから,定理 2 (85 ページ) によって,$f(x) = \sin x$ は,$|x| < \infty$ で,テイラー展開可能であって,(22)式によって,

$$\sin x = 0 + 1 \cdot x + 0 + \frac{-1}{3!} x^3 + 0 + \frac{1}{5!} x^5 + 0 + \frac{-1}{7!} x^7 + \cdots$$

$$(|x| < \infty).$$

(23) $\therefore \quad \sin x = x - \dfrac{x^3}{3!} + \dfrac{x^5}{5!} - \dfrac{x^7}{7!} + \cdots \quad (|x| < \infty).$

例 6 $f(x) = \cos x$.

§5 の **5** 項 (28 ページ) によって,

(24) $\begin{cases} f = \cos x, \quad f' = -\sin x, \quad f'' = -\cos x, \quad f''' = \sin x, \\ f^{(4)} = \cos x, \quad f^{(5)} = -\sin x, \quad f^{(6)} = -\cos x, \quad f^{(7)} = \sin x, \\ \quad\quad\quad\quad\quad\cdots\cdots\cdots\cdots. \end{cases}$

であることに注意すれば,上の例 5 と同様にして,つぎの公式がえられる:

(25) $\quad \cos x = 1 - \dfrac{x^2}{2!} + \dfrac{x^4}{4!} - \dfrac{x^6}{6!} + \cdots \quad (|x| < \infty).$

例 7 $f(x) = \dfrac{1}{1-x}$.

$f(x) = (1-x)^{-1}$ と書けることに注意すれば,
$f'(x) = (1-x)^{-2}$, $f''(x) = 2(1-x)^{-3}$, $f'''(x) = 3!\,(1-x)^{-4}$,
$\cdots$, $f^{(k)}(x) = k!\,(1-x)^{-(k+1)}$, $\cdots$.

$\therefore\quad f(0) = 1, \quad f^{(k)}(0) = k!\quad (k = 1, \cdots, n+1)$.

したがって, 定理 1 (83 ページ) によって,

$$\frac{1}{1-x} = 1 + x + x^2 + \cdots + x^n + \frac{x^{n+1}}{(1-\xi)^{n+2}} \quad (0 \leqq \xi \leqq x)$$

をみたす ξ が存在する. ここで, $|x| < 1$ の範囲で,

$$\frac{x^{n+1}}{(1-\xi)^{n+2}} \to 0 \quad (n \to \infty)$$

であることがしめされる. したがって, つぎのテイラー展開がえられる:

(26) $\quad \dfrac{1}{1-x} = 1 + x + x^2 + \cdots + x^n + \cdots \quad (|x| < 1)$.

(26)式で, x を $-x$ でおきかえて, つぎのテイラー展開がえられる:

(27) $\quad \dfrac{1}{1+x} = 1 - x + x^2 - \cdots + (-1)^n x^n + \cdots \quad (|x| < 1)$.

例 8 $f(x) = \dfrac{1}{\sqrt{1-x}}$.

$f(x) = (1-x)^{-\frac{1}{2}}$ と書けることに注意すれば,

$$f'(x) = \frac{1}{2}(1-x)^{-\frac{3}{2}}, \quad f''(x) = \frac{3}{2} \cdot \frac{1}{2}(1-x)^{-\frac{5}{2}},$$

$$f'''(x) = \frac{5 \cdot 3 \cdot 1}{2^3}(1-x)^{-\frac{7}{2}}, \quad \cdots,$$

$$f^{(k)}(x) = \frac{(2k-1)(2k-3)\cdots 3 \cdot 1}{2^k}(1-x)^{-\frac{2k+1}{2}}, \quad \cdots.$$

$\therefore\quad f(0) = 1, \quad f'(0) = \dfrac{1}{2}, \quad f''(0) = \dfrac{3 \cdot 1}{2^2}, \quad f'''(0) = \dfrac{5 \cdot 3 \cdot 1}{2^3}, \quad \cdots,$

§13. 関数の近似

$$f^{(k)}(0) = \frac{(2k-1)(2k-3)\cdots 3\cdot 1}{2^k}, \quad \cdots.$$

したがって，定理1（83ページ）によって，

$$\frac{1}{\sqrt{1-x}} = 1 + \frac{1}{2}x + \frac{3\cdot 1}{2^2\, 2!}x^2 + \frac{5\cdot 3\cdot 1}{2^3\, 3!}x^3 + \cdots$$

$$+ \frac{(2n-1)(2n-3)\cdots 3\cdot 1}{2^n\, n!}x^n$$

$$+ \frac{(2n+1)(2n-1)\cdots 3\cdot 1}{2^{n+1}(n+1)!}(1-\xi)^{-\frac{2n+3}{2}} \cdot x^{n+1} \quad (0 \leqq \xi \leqq x)$$

をみたす ξ が存在する．ここで，$|x|<1$ の範囲で，

$$\frac{(2n+1)(2n-1)\cdots 3\cdot 1}{2^{n+1}(n+1)!}(1-\xi)^{-\frac{2n+3}{2}} \cdot x^{n+1} \to 0 \quad (n \to \infty)$$

であることがしめされる．したがって，つぎのテイラー展開がえられる：

---

(28) $\dfrac{1}{\sqrt{1-x}}$

$= 1 + \dfrac{1}{2}x + \dfrac{3\cdot 1}{2^2\, 2!}x^2 + \cdots + \dfrac{(2n-1)(2n-3)\cdots 3\cdot 1}{2^n\, n!}x^n + \cdots$

$(|x|<1)$.

ここで，(28) 式の x^n の係数は，つぎのように，より短い形に表すこともできる：

(29) $\dfrac{(2n-1)(2n-3)\cdots 3\cdot 1}{2^n\, n!}$

$= \dfrac{2n(2n-1)(2n-2)(2n-3)\cdots 3\cdot 2\cdot 1}{2n(2n-2)\cdots 4\cdot 2\cdot 2^n\, n!}$

$= \dfrac{(2n)!}{2^{2n}(n!)^2}.$

(28) 式で，x を $-x$ でおきかえて，つぎのテイラー展開がえられる：

---

(30) $\dfrac{1}{\sqrt{1+x}}$

$$= 1 - \frac{1}{2}x + \frac{3\cdot 1}{2^2 2!}x^2 - \cdots + (-1)^n \frac{(2n-1)(2n-3)\cdots 3\cdot 1}{2^n n!}x^n + \cdots$$
$$(|x|<1).$$

§24 (158ページ) で，この節のつづきをのべる．

問1 例2 (83ページ) にならって，つぎの関数 $f(x)$ にテイラーの定理の (9) 式 (83ページ) を適用した式を求め，その式を利用して，付記の x の値での $f(x)$ の値を，4捨5入によって，小数第3位まで求めよ．

1 $f(x) = \dfrac{1}{1+x}$ ($x = 0.1$)

2 $f(x) = \sinh x$ ($x = 1$)

3 $f(x) = \sin x$ ($x = 1$)

[注意: $x = 1$ は60分法の $1 \cdot \dfrac{180°}{\pi} \fallingdotseq 57.2958°$ (24ページ)]

問2 (26), (27), (28), (30) の各式で，x を x^2 でおきかえることによって，それぞれの式に対応する，つぎの各式のマクローリン展開を求めよ．

1 $\dfrac{1}{1-x^2}$ 　　　　2 $\dfrac{1}{1+x^2}$

3 $\dfrac{1}{\sqrt{1-x^2}}$ 　　　　4 $\dfrac{1}{\sqrt{1+x^2}}$

問3 つぎの関数のマクローリン展開とその収束域を求めよ．

1 $f(x) = a^x$ ($a > 0$) 　　2 $f(x) = \sinh x$

3 $f(x) = \cosh x$ 　　4 $f(x) = \log(1+x)$

問4 つぎの関数のマクローリン展開の x^3 の項までを求めよ．

1 $f(x) = \tan x$ 〔ヒント: §10の問3 (64ページ)〕

2 $f(x) = \sec x$ 〔ヒント: §10の問4 (64ページ)〕

3 $f(x) = e^x \cos x$ 　　4 $f(x) = e^{-x} \sin x$

5 $f(x) = \log(1 + \sin x)$

第 4 章　不定積分

§14.　不定積分

1　$f'(x) \equiv 0$ ならば $f(x) \equiv c$

定理 1

$f(x)$ が $[a, b]$ で連続で，(a, b) で
(1) $\qquad f'(x) \equiv 0$
ならば，
(2) $\qquad f(x) \equiv c \qquad (c は定数)$．

【証明】　§9 の (4) 式の平均値の定理 (57ページ) によって，任意の $x \in [a, b]$ に対して，
$$f(x) = f(a) + (x - a) f'(\xi) \qquad (a < \xi < x)$$
をみたす ξ が存在する．(1) 式によって，$f'(\xi) = 0$ だから，
$$f(x) = f(a).$$
x は任意であったから，(2) 式がしたがう．　　　　　　　　　（証明終）

2　不定積分とは？

例 1　$F'(x) = \cos x$ となる関数 $F(x)$ を，$\cos x$ の**原始関数**という．$\cos x$ の原始関数 $F(x)$ の，一般な形を求めよう．$(\sin x)' = \cos x$ だから，$\sin x$ は，$\cos x$ の 1 つの原始関数である．C を定数とするとき，$(\sin x + C)' = \cos x$ であるから，$\sin x + C$ も $\cos x$ の原始関数である．$F(x)$ を，$\cos x$ の任意の原始関数とすれば，

$$\{F(x) - \sin x\}' = F'(x) - (\sin x)' = \cos x - \cos x = 0.$$
ゆえに，定理1によって，$F(x) - \sin x = C$（C は定数）．したがって，$\cos x$ の任意の原始関数は，$\sin x + C$ の形に書ける． $\cos x$ の任意の原始関数を，$\cos x$ の**不定積分**といい，
$$\int \cos x \, dx$$
で表す．[*] そのとき，
$$\int \cos x \, dx = \sin x + C \quad (\text{C は任意定数}).$$

3 原始関数と不定積分

一般に，関数 $f(x)$ に対して，
$$F'(x) = f(x)$$
となる関数 $F(x)$ を，$f(x)$ の**原始関数**という．$F(x)$ が $f(x)$ の原始関数ならば，$F(x) + C$（C は定数）も $f(x)$ の原始関数である．

逆に，つぎの定理がなりたつ：

定理 2

$F(x)$, $G(x)$ が，ともに，$f(x)$ の原始関数ならば，
$$G(x) = F(x) + C \quad (\text{C は定数}).$$

【証明】 $F(x)$, $G(x)$ が，ともに，$f(x)$ の原始関数であるから，
$$\{G(x) - F(x)\}' = G'(x) - F'(x) = f(x) - f(x) = 0.$$
したがって，定理1によって，
$$G(x) - F(x) \equiv C. \qquad (\text{証明終})$$

この定理によって，$F(x)$ を $f(x)$ の1つの原始関数とすれば，任意の原始関数は，$F(x) + C$ の形に書ける． $f(x)$ の任意の原始関数を，$f(x)$ の**不定積分**といい，

---
[*] 積分記号 $\int$ は，S を変形したもの．S は Sum（和）の頭文字．

§14. 不定積分

$$\int f(x)\,dx$$

で表す． そのとき，

(3) $\qquad \int f(x)\,dx = F(x) + C \qquad$ （C は任意定数）．

$f(x)$ の不定積分を求めることを，$f(x)$ を**積分する**といい，$f(x)$ を**被積分関数**という． また，(3)式の C を，**積分定数**という．[*] 例1は，$f(x) \equiv \cos x$ の場合．

定理 3

(4) $\qquad \dfrac{d}{dx}\int f(x)\,dx = f(x)$,

(5) $\qquad \int \dfrac{dF(x)}{dx}\,dx = F(x) + C$.

【証明】 (3)式によって，

$$\frac{d}{dx}\int f(x)\,dx = \{F(x) + C\}' = F'(x) = f(x),$$

$$\int \frac{dF(x)}{dx}\,dx = \int f(x)\,dx = F(x) + C. \qquad \text{（証明終）}$$

4　初等関数の不定積分　　定理3によって，<u>積分することは，微分することの逆演算である</u>．したがって，初等関数の微分の公式を利用して，逆に，初等関数の不定積分を求めることができる． 基本的なものを，あげておこう．

$(x^{n+1})' = (n+1)x^n$ 　　(16 ページ) ⇨ $\quad \displaystyle\int x^n\,dx = \dfrac{1}{n+1}x^{n+1} + C$

$(e^x)' = e^x$ 　　(40 ページ) ⇨ $\quad \displaystyle\int e^x\,dx = e^x + C$

---

[*]　C は，Constant（定数）の頭文字を採っている．

微分	積分
$(a^x)' = a^x \log a$　(42ページ)	$\displaystyle\int a^x\,dx = \dfrac{a^x}{\log a} + C$　$(a>0,\ a\ne 1)$
$(\log|x|)' = \dfrac{1}{x}$　(39ページ)	$\displaystyle\int \dfrac{1}{x}\,dx = \log|x| + C$
$(\cos x)' = -\sin x$　(29ページ)	$\displaystyle\int \sin x\,dx = -\cos x + C$
$(\sin x)' = \cos x$　(29ページ)	$\displaystyle\int \cos x\,dx = \sin x + C$
$(\tan x)' = \sec^2 x$　(29ページ)	$\displaystyle\int \sec^2 x\,dx = \tan x + C$
$(\cot x)' = -\operatorname{cosec}^2 x$　(30ページ)	$\displaystyle\int \operatorname{cosec}^2 x\,dx = -\cot x + C$
$(\sin^{-1} x)' = \dfrac{1}{\sqrt{1-x^2}}$　(49ページ)	$\displaystyle\int \dfrac{1}{\sqrt{1-x^2}}\,dx = \sin^{-1} x + C$
$(\tan^{-1} x)' = \dfrac{1}{1+x^2}$　(51ページ)	$\displaystyle\int \dfrac{1}{1+x^2}\,dx = \tan^{-1} x + C$
$(\cosh x)' = \sinh x$　(47ページ)	$\displaystyle\int \sinh x\,dx = \cosh x + C$
$(\sinh x)' = \cosh x$　(47ページ)	$\displaystyle\int \cosh x\,dx = \sinh x + C$
$(\tanh x)' = \operatorname{sech}^2 x$　(47ページ)	$\displaystyle\int \operatorname{sech}^2 x\,dx = \tanh x + C$
$(\coth x)' = -\operatorname{cosech}^2 x$　(47ページ)	$\displaystyle\int \operatorname{cosech}^2 x\,dx = -\coth x + C$
$(\log|x+\sqrt{x^2+a}|)' = \dfrac{1}{\sqrt{x^2+a}}$　$(a\ne 0)$　(42ページ)	$\displaystyle\int \dfrac{1}{\sqrt{x^2+a}}\,dx = \log|x+\sqrt{x^2+a}| + C$　$(a\ne 0)$

上記の□内の積分公式は，今後，いちいち引用することなく利用する．

5 基本定理

つぎの定理は，不定積分の定義から，容易に，したがう：

定理 4 ─────────────── **不定積分の基本定理**

(i) $\quad \int cf(x)\,dx = c\int f(x)\,dx \quad$ (c は定数で，$c \neq 0$);

(ii) $\quad \int \{f(x) \pm g(x)\}\,dx = \int f(x)\,dx \pm \int g(x)\,dx$

$\hspace{6em}$（複号同順）．

例 2 $\quad \displaystyle\int \frac{1}{x^2-1}\,dx = \int \frac{1}{2}\left(\frac{1}{x-1} - \frac{1}{x+1}\right)dx = *.$

定理 4 の (i) と (ii) によって，

$$* = \frac{1}{2}\left(\int \frac{dx}{x-1} - \int \frac{dx}{x+1}\right)$$
$$= \frac{1}{2}\{\log|x-1| - \log|x+1|\} + C = \frac{1}{2}\log\left|\frac{x-1}{x+1}\right| + C.$$

(6) $\quad \therefore \quad \displaystyle\int \frac{1}{x^2-1}\,dx = \frac{1}{2}\log\left|\frac{x-1}{x+1}\right| + C.$

例 3 $\quad \displaystyle\int \cot x\,dx = \int \frac{\cos x}{\sin x}\,dx = \int \frac{(\sin x)'}{\sin x}\,dx = *.$

対数微分の公式 (41 ページ) によって，

$$(\log|\sin x|)' = \frac{(\sin x)'}{\sin x}$$

であることに注意すれば，

$$* = \log|\sin x| + C.$$

一般に，対数微分の公式によって，つぎの積分公式がえられる：

(7) $\quad \displaystyle\int \frac{f'(x)}{f(x)}\,dx = \log|f(x)| + C \quad (f(x) \neq 0).$

第4章 不定積分

問1 つぎの不定積分を求めよ．

[1] $\int (x^2 - 3x)\, dx$
[2] $\int \left(\dfrac{1}{x^3} - \dfrac{1}{x^2}\right) dx$

[3] $\int \left(\sqrt{x} - \dfrac{1}{\sqrt{x}}\right) dx$
[4] $\int \left(\sqrt[3]{x} + \dfrac{1}{\sqrt[3]{x}}\right) dx$

[5] $\int \dfrac{dx}{\sqrt{x-1}}$
[6] $\int e^{2x+1}\, dx$

[7] $\int (e^x - e^{-x})^2\, dx$
[8] $\int 2^x\, dx$

[9] $\int \dfrac{dx}{2x+1}$
[10] $\int \dfrac{x}{x^2+1}\, dx$

[11] $\int \tan x\, dx$ 〔[10]と[11]のヒント：例3〕

[12] $\int \dfrac{x}{x-1}\, dx$ $\left[\text{ヒント}: \dfrac{x}{x-1} = 1 + \dfrac{1}{x-1}\right]$

[13] $\int \cos 2x\, dx$
[14] $\int \sin(3x-1)\, dx$

[15] $\int \cos^2 \dfrac{x}{2}\, dx$
[16] $\int \sin^2 \dfrac{x}{2}\, dx$

〔[15], [16]のヒント：半角の公式（26ページ）〕

[17] $\int \sin x \cos x\, dx$ 〔ヒント：2倍角の公式（26ページ）〕

[18] $\int \sin 2x \cos x\, dx$ 〔ヒント：積を和・差になおす公式（26ページ）〕

[19] $\int (\sin x - \cos x)^2\, dx$ 〔ヒント：展開して，2倍角の公式〕

[20] $\int \tan^2 \dfrac{x}{2}\, dx$ $\left[\text{ヒント}: \tan^2 \dfrac{x}{2} = \sec^2 \dfrac{x}{2} - 1\right]$

[21] $\int \cosh 2x\, dx$
[22] $\int \sinh(2x-1)\, dx$

[23] $\int \sinh x \cosh x\, dx$
[24] $\int \cosh^2 x\, dx$

[25] $\int \sinh^2 x\, dx$ 〔[23], [24], [25]のヒント：双曲線関数の 2倍角の公式（47ページ）〕

[26] $\int \dfrac{dx}{x(x-1)}$
[27] $\int \dfrac{dx}{x^2+x-2}$

〔[26]と[27]のヒント：例2（95ページ）〕

§15. 置換積分法

1 置換積分法とは？

例1 $F(x) = \dfrac{1}{3} x^3$ は，$f(x) = x^2$ の原始関数の1つ．

$$\therefore \quad \int x^2\, dx = \int f(x)\, dx = F(x) + C = \dfrac{1}{3} x^3 + C.$$

$x = \sin t$ とおけば，$F(\sin t) = \dfrac{1}{3} \sin^3 t$．　合成関数の微分の公式 (19ページ) によって，

$$\dfrac{d\,F(\sin t)}{dt} = \dfrac{dF}{dx}\dfrac{dx}{dt} = f(x)\dfrac{dx}{dt} = x^2 \dfrac{dx}{dt} = \sin^2 t \cos t.$$

ゆえに，$F(\sin t)$ は，$f(x) \dfrac{dx}{dt} = \sin^2 t \cos t$ の原始関数の1つである．したがって，

$$\int \sin^2 t \cos t\, dt = \int \sin^2 t\, \dfrac{d(\sin t)}{dt}\, dt$$
$$= F(\sin t) + C = \dfrac{1}{3} \sin^3 t + C.$$

このようにして，積分を求める方法を，**置換積分法**という．　置換積分法は，合成関数の微分の公式の逆演算といえる．

2 置換積分法
$f(x)$ の原始関数の1つを $F(x)$ とすれば，

(1) $$\int f(x)\, dx = F(x) + C.$$

$x = \varphi(t)$ が微分可能ならば，合成関数の微分の公式 (19ページ) によって，

$$\dfrac{dF(\varphi(t))}{dt} = F'(\varphi(t))\,\varphi'(t) = f(\varphi(t))\,\varphi'(t).$$

ゆえに，$F(\varphi(t))$ は，$f(\varphi(t))\,\varphi'(t)$ の原始関数の1つである．したがって，

(2) $$\int f(\psi(t))\,\varphi'(t)\,dt = F(\varphi(t)) + C.$$

(1)式と(2)式によって,
$$\int f(x)\,dx = \int f(\varphi(t))\,\varphi'(t)\,dt.$$

したがって,つぎの定理がえられる:

定理 1 ──────────────── **不定積分の置換積分法**

$x = \varphi(t)$ が微分可能ならば,

(3) $$\int f(x)\,dx = \int f(\varphi(t))\,\varphi'(t)\,dt = \int f(x)\,\frac{dx}{dt}\,dt.$$

置換積分法は,つぎの形でもよく使われる:

積分が,$\int f(\varphi(x))\,\varphi'(x)\,dx$ の形に書けるとき,$u = \varphi(x)$ とおけば,(3)式によって,

(4) $$\int f(\varphi(x))\,\varphi'(x)\,dx = \int f(u)\,\frac{du}{dx}\,dx = \int f(u)\,du.$$

3 応用例

例 2 $\displaystyle\int \frac{dx}{x^2 - a^2} = \frac{1}{a}\int \frac{1}{\left(\frac{x}{a}\right)^2 - 1}\cdot\frac{1}{a}\,dx = *$ $(a > 0)$.

$u = \dfrac{x}{a}$ とおけば,

(5) $$du = \frac{1}{a}\,dx.$$

ゆえに,置換積分法 (4) と §14 の (6) 式 (95 ページ) によって,

$$* = \frac{1}{a}\int \frac{du}{u^2 - 1} = \frac{1}{2a}\log\left|\frac{u-1}{u+1}\right| + C = \frac{1}{2a}\log\left|\frac{x-a}{x+a}\right| + C.$$

§15. 置換積分法

$$(6) \quad \therefore \quad \int \frac{dx}{x^2 - a^2} = \frac{1}{2a} \log \left| \frac{x-a}{x+a} \right| + C \quad (a > 0).$$

なお，(5)式の記法は，**微分形式**の記法で，一般に，

$$\frac{du}{dx} = \varphi'(x). \iff du = \varphi'(x)\, dx.$$

すなわち，左の式を，形式的に，右の微分形式の形に表示する，ことを意味する．　置換積分法では，間違いが少なくて，利用すると便利である．

例 3　$\int \sqrt{1-x^2}\, dx$.

$x = \sin t$ とおいて，置換積分法 (3) を利用．x の変わりうる範囲が，$-1 \leqq x \leqq 1$ であるから，t の変わる範囲を，$-\frac{\pi}{2} \leqq t \leqq \frac{\pi}{2}$ としてよい（図 1）．$dx = \cos t\, dt$ であるから，

$$\int \sqrt{1-x^2}\, dx = \int \sqrt{1-\sin^2 t} \cdot \cos t\, dt = *.$$

ここで，$-\frac{\pi}{2} \leqq t \leqq \frac{\pi}{2}$ の範囲では，$\cos t \geqq 0$ となるから，

$$\sqrt{1-\sin^2 t} = \sqrt{\cos^2 t} = \cos t.$$

したがって，2倍角の公式 (26 ページ) を利用すれば，

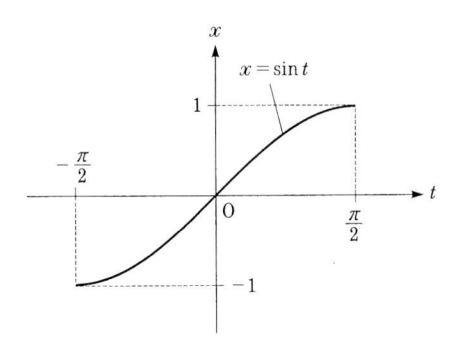

図1　t が $-\frac{\pi}{2}$ から $\frac{\pi}{2}$ まで変わる間に，x は -1 から 1 まで変わる．

$$* = \int \cos^2 t\, dt = \int \frac{1+\cos 2t}{2}\, dt$$
$$= \frac{1}{2}\left(t + \frac{1}{2}\sin 2t\right) + C = \frac{1}{2}(t + \sin t \cos t) + C$$
$$= \frac{1}{2}(t + \sin t\, \sqrt{1-\sin^2 t}\,) + C$$
$$= \frac{1}{2}(\sin^{-1} x + x\sqrt{1-x^2}\,) + C.$$

(7) $\therefore \quad \int \sqrt{1-x^2}\, dx = \frac{1}{2}(x\sqrt{1-x^2} + \sin^{-1} x) + C.$

問1 例2 (98ページ) にならって，$u = \dfrac{x}{a}$ とおく置換積分法 (4) (98ページ) によって，指示された公式から，つぎの公式 (8), (9), (10) をみちびけ．

1 公式: $\int \dfrac{dx}{1+x^2} = \tan^{-1} x + C$ から，つぎの公式をみちびけ：

(8) $\quad \int \dfrac{dx}{a^2+x^2} = \dfrac{1}{a} \tan^{-1} \dfrac{x}{a} + C \quad (a > 0).$

2 公式: $\int \dfrac{dx}{\sqrt{1-x^2}} = \sin^{-1} x + C$ から，つぎの公式をみちびけ：

(9) $\quad \int \dfrac{dx}{\sqrt{a^2-x^2}} = \sin^{-1} \dfrac{x}{a} + C \quad (a > 0).$

3 公式 (7) から，つぎの公式をみちびけ：

(10) $\quad \int \sqrt{a^2-x^2}\, dx = \dfrac{1}{2}\left(x\sqrt{a^2-x^2} + a^2 \sin^{-1} \dfrac{x}{a}\right) + C \quad (a > 0).$

問2 置換積分法によって，つぎの不定積分を求めよ．

1 $\int (2x-1)^3\, dx$ 　　　 2 $\int \dfrac{dx}{(2x+1)^2}$

3 $\int \sqrt{2x-1}\, dx$ 　　　 4 $\int \dfrac{dx}{x^2+2x+2}$

§15. 置換積分法

[5] $\displaystyle\int x(x^2+1)^3\,dx$ [6] $\displaystyle\int \frac{x}{\sqrt{1-x^4}}\,dx$

[7] $\displaystyle\int \frac{x}{1+x^4}\,dx$ [8] $\displaystyle\int \frac{x}{x^4-1}\,dx$

[9] $\displaystyle\int \frac{x-1}{\sqrt{3+2x-x^2}}\,dx$ 〔ヒント: $u=3+2x-x^2$ とおけ〕

[10] $\displaystyle\int \frac{dx}{\sqrt{3+2x-x^2}}$ 〔ヒント: $3+2x-x^2=2^2-(x-1)^2$〕

[11] $\displaystyle\int \frac{2x-1}{x^2-x+1}\,dx$ 〔ヒント: $u=x^2-x+1$ とおけ〕

*[12] $\displaystyle\int \frac{dx}{x^2-x+1}$ $\left[\text{ヒント}: x^2-x+1=\left(x-\dfrac{1}{2}\right)^2+\left(\dfrac{\sqrt{3}}{2}\right)^2\right]$

*[13] $\displaystyle\int \frac{x-2}{x^2-x+1}\,dx$

$\left[\text{ヒント}: x-2=\dfrac{1}{2}(2x-1)-\dfrac{3}{2}\ \text{とおいて、}\ [11]\ \text{と}\ [12]\ \text{を利用}\right]$

*[14] $\displaystyle\int \frac{x+2}{x^2+x+1}\,dx$

$\left[\text{ヒント}: x+2=\dfrac{1}{2}(2x+1)+\dfrac{3}{2}\ \text{とおいて、}\ [13]\ \text{にならえ}\right]$

[15] $\displaystyle\int \cos^2 x \sin x\,dx$ [16] $\displaystyle\int \frac{\sin x}{1+\cos x}\,dx$

[17] $\displaystyle\int \cos^3 x\,dx$ [18] $\displaystyle\int \sin^3 x\,dx$

〔[17] と [18] のヒント: $\cos^3 x=(1-\sin^2 x)\cos x,\ \sin^3 x=(1-\cos^2 x)\sin x$〕

[19] $\displaystyle\int \frac{\sec^2 x}{1-\tan^2 x}\,dx$ [20] $\displaystyle\int x e^{-x^2}\,dx$

[21] $\displaystyle\int \frac{dx}{\cos x}$ [22] $\displaystyle\int \frac{dx}{\sin x}$

$\left[\begin{array}{l}[21]\ \text{と}\ [22]\ \text{のヒント}:\ \dfrac{1}{\cos x}=\dfrac{\cos x}{1-\sin^2 x},\ \dfrac{1}{\sin x}=\dfrac{\sin x}{1-\cos^2 x}\\ ([21]\ \text{と}\ [22]\ \text{は、それぞれ、§18 の例 1 と例 2 に再出})\end{array}\right]$

[23] $\displaystyle\int (e^x-1)^2 e^x\,dx$ [24] $\displaystyle\int \frac{dx}{e^x-1}$

[25] $\displaystyle\int \frac{(\log x)^2}{x}\,dx$ [26] $\displaystyle\int \sinh^2 x \cosh x\,dx$

§16. 部分積分法

1 部分積分法とは？

例1 積の微分の公式 (15ページ) によって,
$$(x\sin x)' = (x)'\sin x + x(\sin x)'$$
$$= 1\cdot\sin x + x\cos x.$$

この両辺の不定積分を求めれば,
$$\int (x\sin x)' \, dx = \int 1\cdot\sin x \, dx + \int x\cos x \, dx.$$
$$\therefore \quad \int x\cos x \, dx = \int (x\sin x)' \, dx - \int 1\cdot\sin x \, dx = *.$$

§14 の定理 3 の (5)式 (93 ページ) によって,
$$* = x\sin x + C - \int \sin x \, dx.$$

ここで, 積分定数 C は, それにつづく不定積分に, ふくめてしまってよいから,
$$\int x\cos x \, dx = x\sin x - \int \sin x \, dx$$
$$= x\sin x + \cos x + C.$$

例 1 のようにして, 積分を求める方法を, **部分積分法**という. 部分積分法は, 積の微分の公式の逆演算といえる.

2 **部分積分法** 積の微分の公式 (15ページ) によって,
$$\{f(x)g(x)\}' = f'(x)g(x) + f(x)g'(x).$$
この両辺の不定積分を求めれば (簡単のため, $f(x), g(x)$ を f, g とかく),
$$\int \{fg\}' dx = \int f'g \, dx + \int fg' \, dx.$$
$$\therefore \quad \int fg' \, dx = \int \{fg\}' dx - \int f'g \, dx = *.$$

§14 の定理 3 の (5)式 (93 ページ) によって,
$$* = fg + C - \int f'g \, dx.$$

ここで、積分定数 C は、それにつづく、不定積分にふくめてしまってよいから、
$$\int f g' \, dx = f g - \int f' g \, dx.$$
したがって、つぎの定理がえられる:

定理 1 ────────────────── 不定積分の部分積分法

$f(x)$, $g(x)$ が、微分可能ならば、

(1) $\quad \int f(x) \, g'(x) \, dx = f(x) \, g(x) - \int f'(x) \, g(x) \, dx.$

例 1 は、$f(x) = x$, $g'(x) = \cos x$ の場合.

3　応用例

例 2　$\int x^2 \sin x \, dx.$

$f(x) = x^2$, $g'(x) = \sin x$ とおいて、部分積分法を用いれば、

$$\int \underset{g'}{\underset{|}{x^2}} \underset{}{\sin x} \, dx = \underset{g}{\underset{|}{x^2}}(-\cos x) - \int \underset{g}{\underset{|}{2x}}(-\cos x) \, dx$$

$$= -x^2 \cos x + 2 \int x \cos x \, dx = *.$$

例 1 (102 ページ) によって,

$$\int x \cos x \, dx = x \sin x + \cos x + C_1.$$

$\therefore \quad * = -x^2 \cos x + 2(x \sin x + \cos x + C_1)$
$\quad\quad\quad = -x^2 \cos x + 2x \sin x + 2 \cos x + C \quad (C = 2C_1).$

部分積分法が 2 回用いられている.

例 3　$I = \int \sqrt{1 - x^2} \, dx \quad$ (§15 の例 3 (99 ページ) の再出).*)

$f(x) = \sqrt{1 - x^2}$, $g'(x) = 1$ とおいて、部分積分法を用いれば、

───────────────
*) I は、Integral (積分) の頭文字を採っている.

$$I = \int 1 \cdot \underset{f}{\underline{\sqrt{1-x^2}}}\,dx = x\underset{f}{\underline{\sqrt{1-x^2}}} - \int x \cdot \underbrace{\frac{1}{2}(1-x^2)^{-\frac{1}{2}}(-2x)}_{f'}\,dx$$

$$= x\sqrt{1-x^2} + \int \frac{x^2}{\sqrt{1-x^2}}\,dx = x\sqrt{1-x^2} + \int \frac{(x^2-1)+1}{\sqrt{1-x^2}}\,dx$$

$$= x\sqrt{1-x^2} - \underbrace{\int \sqrt{1-x^2}\,dx}_{I} + \int \frac{dx}{\sqrt{1-x^2}}\,.$$

$$\therefore \quad 2I = x\sqrt{1-x^2} + \int \frac{dx}{\sqrt{1-x^2}} = x\sqrt{1-x^2} + \sin^{-1}x + 2C\,.$$

$$\boxed{\;(2)\quad \therefore \quad \int \sqrt{1-x^2}\,dx = \frac{1}{2}\left(x\sqrt{1-x^2} + \sin^{-1}x\right) + C\,.\;}$$

例 4 $I = \int e^{2x}\sin 3x\,dx$.

$f(x) = \sin 3x,\ g'(x) = e^{2x}$ とおいて，部分積分法を用いれば，

$$I = \int \underset{g'}{\underline{e^{2x}}}\underset{f}{\underline{\sin 3x}}\,dx = \frac{1}{2}\underset{g}{\underline{e^{2x}}}\underset{f}{\underline{\sin 3x}} - \int \frac{1}{2}\underset{g}{\underline{e^{2x}}} \cdot \underset{f'}{\underline{3\cos 3x}}\,dx = *.$$

$f(x) = \cos 3x,\ g'(x) = e^{2x}$ とおいて，部分積分法を用いれば，

$$\int \underset{g'}{\underline{e^{2x}}}\underset{f}{\underline{\cos 3x}}\,dx = \frac{1}{2}\underset{g}{\underline{e^{2x}}}\underset{f}{\underline{\cos 3x}} - \int \frac{1}{2}\underset{g}{\underline{e^{2x}}} \cdot \underset{f'}{\underline{(-3\sin 3x)}}\,dx\,.$$

$$\therefore\quad * = \frac{1}{2}e^{2x}\sin 3x - \frac{3}{2}\left(\frac{1}{2}e^{2x}\cos 3x + \frac{3}{2}\int e^{2x}\sin 3x\,dx\right)$$

$$= \frac{e^{2x}}{2^2}(2\sin 3x - 3\cos 3x) - \frac{3^2}{2^2}I\,.$$

両辺を，2^2 倍すれば，

$$2^2 I = e^{2x}(2\sin 3x - 3\cos 3x) - 3^2 I\,.$$

$$\therefore\quad I = \frac{e^{2x}}{2^2 + 3^2}(2\sin 3x - 3\cos 3x) + C\,.$$

§16. 部分積分法

例 4 において，2, 3（$2^2, 3^2$ の指数の 2 は別）を，それぞれ，a, b でおきかえることによって，つぎの公式がえられる：

$$\int e^{ax} \sin bx \, dx = \frac{e^{ax}}{a^2 + b^2} (a \sin bx - b \cos bx) + C$$

$$(a, b \text{ は定数で，} a^2 + b^2 \neq 0).$$

例 5 $I_4 = \int \sin^4 x \, dx.$

$$I_4 = \int \sin^2 x \, (1 - \cos^2 x) \, dx = \int \sin^2 x \, dx - \int \sin^2 x \cos^2 x \, dx = *,$$

$$\int \sin^2 x \cos^2 x \, dx = \int \cos x \cdot \sin^2 x \cos x \, dx = \#.$$

$f(x) = \cos x, \ g'(x) = \sin^2 x \cos x$ とおく部分積分法によって，

$$\# = \cos x \cdot \frac{1}{3} \sin^3 x - \int (-\sin x) \cdot \frac{1}{3} \sin^3 x \, dx$$

$$= \frac{1}{3} \sin^3 x \cos x + \frac{1}{3} I_4.$$

$\therefore \quad * = \int \sin^2 x \, dx - \left(\frac{1}{3} \sin^3 x \cos x + \frac{1}{3} I_4 \right).$

$\therefore \quad I_4 = -\frac{1}{4} \sin^3 x \cos x + \frac{3}{4} I_2 \quad \left(I_2 = \int \sin^2 x \, dx \right).$

一般に，

$$I_n = \int \sin^n x \, dx \quad (n = 1, 2, \cdots)$$

とおけば，例5で，4 を n でおきかえて，まったく，同様な方法で，つぎの**漸化式**がみちびかれる：

(3) $\quad I_n = -\frac{1}{n} \sin^{n-1} x \cos x + \frac{n-1}{n} I_{n-2} \quad (n = 3, 4, \cdots).$

問1 例1 (102ページ) にならって, $\int x \sin x \, dx$ を求めよ.

問2 問1の結果を利用して, 例2 (103ページ) にならって, $\int x^2 \cos x \, dx$ を求めよ.

問3 例4 (104ページ) にならって, $\int e^{2x} \cos 3x \, dx$ を求めよ.

問4 部分積分法によって, つぎの不定積分を求めよ.

[1] $\int x(x+1)^5 \, dx$ [2] $\int x e^{-x} \, dx$

[3] $\int x^2 e^x \, dx$ 〔ヒント: 部分積分法を2回利用〕

[4] $\int \log x \, dx$ 〔ヒント: $g'=1$〕   [5] $\int \frac{\log x}{x} \, dx$

[6] $\int \frac{1}{\sqrt{x}} \log x \, dx$ [7] $\int x \sec^2 x \, dx$

[8] $\int \frac{x \sin^{-1} x}{\sqrt{1-x^2}} \, dx$ 〔ヒント: $f = \sin^{-1} x$, $g' = \frac{x}{\sqrt{1-x^2}}$〕

[9] $\int \tan^{-1} x \, dx$ 〔ヒント: $g'=1$〕   *[10] $\int x \tan^{-1} x \, dx$

[11] $\int \sin^{-1} x \, dx$ 〔ヒント: $g'=1$〕   [12] $\int x \sin^2 x \, dx$

[13] $\int e^{-x} \sin x \, dx$ [14] $\int e^{-x} \cos x \, dx$

〔[13]と[14]のヒント: 例4 (104ページ) にならえ〕

*[15] $\int \log(x^2+1) \, dx$ *[16] $\int \log^2 x \, dx$

〔[15]と[16]のヒント: $g'=1$ とおいて, 部分積分法を2回利用〕

問5 例3 (103ページ) にならって, 部分積分法によって, つぎの公式をみちびけ:

(4) $\int \sqrt{x^2+1} \, dx = \frac{1}{2} \{ x\sqrt{x^2+1} + \log(x+\sqrt{x^2+1}) \} + C.$

*問 6 $J_n = \int \cos^n x \, dx$ ($n = 1, 2, \cdots$)

とおくとき，漸化式:

$$(5) \quad J_n = \frac{1}{n} \cos^{n-1} x \sin x + \frac{n-1}{n} J_{n-2} \quad (n = 2, 3, \cdots)$$

がなりたつことを，例5にならって，$n = 4$ の場合について，証明せよ．

§17. 分数式の積分

1 分子の次数の方が高い場合

例 1 $\dfrac{p(x)}{q(x)} \equiv \dfrac{2x^3 + 3x^2 - 2x - 1}{x^2 + x - 2}$ の不定積分を求める．

$p(x)$ を $q(x)$ で割るわり算を行えば，

$$\begin{array}{r} s(x) = 2x + 1 \\ q(x) = x^2 + x - 2 \overline{\smash{\big)}\, 2x^3 + 3x^2 - 2x - 1} = p(x) \\ \underline{2x^3 + 2x^2 - 4x } \\ x^2 + 2x - 1 \\ \underline{x^2 + x - 2} \\ x + 1 = r(x) \end{array}$$

$\therefore \quad \displaystyle\int \frac{p(x)}{q(x)} \, dx = \int \left(s(x) + \frac{r(x)}{q(x)} \right) dx$

$\phantom{\therefore \quad \int \frac{p(x)}{q(x)} \, dx} = \displaystyle\int \left(2x + 1 + \frac{x+1}{x^2 + x - 2} \right) dx$

$\phantom{\therefore \quad \int \frac{p(x)}{q(x)} \, dx} = x^2 + x + \displaystyle\int \frac{x+1}{x^2 + x - 2} \, dx.$

⌒ （例2につづく）

例1のように，一般に，分数式:

(1) $\dfrac{p(x)}{q(x)}$ ($p(x), q(x)$ は整式)

の積分において，$p(x)$ の次数が，$q(x)$ の次数と同じか，より高い場合に

は，$p(x)$ を $q(x)$ で割るわり算を行えば，整式 $s(x)$ の積分と，分子の次数が分母の次数より低い分数式 $\dfrac{r(x)}{q(x)}$ の積分の和に，帰着させることができる．

2 部分分数展開　分数式 (1) の積分において，$p(x)$ の次数が，$q(x)$ の次数より低い場合には，(1)式を，部分分数に展開して，積分すればよい．一般の分数式の部分分数展開については，省略して，典型的な場合について，その部分分数展開の具体的な形をしめす（以下において，$p(x)$ は，分母より次数の低い整式を表す）：

(ⅰ) $\dfrac{p(x)}{(x-a)(x-b)(x-c)} = \dfrac{A}{x-a} + \dfrac{B}{x-b} + \dfrac{C}{x-c}$;

(ⅱ) $\dfrac{p(x)}{(x^2+ax+b)(x^2+cx+d)} = \dfrac{Ax+B}{x^2+ax+b} + \dfrac{Cx+D}{x^2+cx+d}$;

(ⅲ) $\dfrac{p(x)}{(x-a)^3} = \dfrac{A}{(x-a)^3} + \dfrac{B}{(x-a)^2} + \dfrac{C}{x-a}$;

(ⅳ) $\dfrac{p(x)}{(x^2+ax+b)^2} = \dfrac{Ax+B}{(x^2+ax+b)^2} + \dfrac{Cx+D}{x^2+ax+b}$;

(ⅴ) $\dfrac{p(x)}{(x-a)^2(x^2+bx+c)^2} = \dfrac{A}{(x-a)^2} + \dfrac{B}{x-a}$
$\qquad\qquad + \dfrac{Cx+D}{(x^2+bx+c)^2} + \dfrac{Ex+F}{x^2+bx+c}$

（A, B, C, D, E, F は定数）．

3 (ⅰ) の形の積分

例 2（例1のつづき）　例1によって，
$$I \equiv \int \dfrac{2x^3+3x^2-2x-1}{x^2+x-2}\,dx = x^2 + x + \int \dfrac{x+1}{x^2+x-2}\,dx.$$
最後の積分: $J \equiv \displaystyle\int \dfrac{x+1}{x^2+x-2}\,dx$　を求めよう．　(ⅰ) によって，
$$\dfrac{x+1}{x^2+x-2} = \dfrac{x+1}{(x-1)(x+2)} = \dfrac{A}{x-1} + \dfrac{B}{x+2}$$

とおいて，A, B を決定する．右辺を通分して，分子どうしを比較すれば，
$$A(x+2) + B(x-1) = x+1.$$
x の係数をくらべて， $\quad A + B = 1.$

定数項をくらべて， $\quad 2A - B = 1.$

この連立方程式を解けば，
$$A = \frac{2}{3}, \qquad B = \frac{1}{3}.$$
$$\therefore \quad J = \frac{2}{3}\int \frac{dx}{x-1} + \frac{1}{3}\int \frac{dx}{x+2}$$
$$= \frac{2}{3}\log|x-1| + \frac{1}{3}\log|x+2| + C$$
$$= \frac{1}{3}\log\{(x-1)^2|x+2|\} + C.$$

したがって，
$$I = x^2 + x + \frac{1}{3}\log\{(x-1)^2|x+2|\} + C.$$

4 (v) の形の積分

例 3 $I = \displaystyle\int \frac{2x^2 + x + 1}{(x+1)(x^2+1)}\, dx.$

(2) $\quad\displaystyle \frac{2x^2 + x + 1}{(x+1)(x^2+1)} = \frac{A}{x+1} + \frac{Bx + C}{x^2+1}$

とおいて，A, B, C を決定する．右辺を通分して，分子どうしを比較すれば，

(3) $\quad A(x^2+1) + (Bx+C)(x+1) = 2x^2 + x + 1.$

例 2 と同様に，A, B, C についての連立方程式をつくって，解いてもよいが，このように，未定係数を決定する方程式が，ある程度，複雑になった場合には，つぎのように，被積分関数の分数式の分母: $(x+1)(x^2+1) = 0$ の解: $x = -1$, $x = i$（i は虚数単位: $i^2 = -1$）を (3) 式に代入して，A, B, C を求める方法が有効である．

 $x = -1$ を (3) 式に代入すれば，
$$2A = 2(-1)^2 + (-1) + 1 = 2. \qquad \therefore \quad A = 1.$$

$x=i$ を (3)式に代入すれば,
$$(Bi+C)(i+1) = 2i^2+i+1 = -1+i.$$
$$\therefore \quad -B+C = -1, \quad B+C = 1. \quad \therefore \quad C=0, \quad B=1.$$
これらを, (2)式に代入すれば,
$$\frac{2x^2+x+1}{(x+1)(x^2+1)} = \frac{1}{x+1} + \frac{x}{x^2+1}.$$
したがって,
$$I = \int \frac{dx}{x+1} + \frac{1}{2}\int \frac{2x}{x^2+1}\,dx$$
$$= \log|x+1| + \frac{1}{2}\log(x^2+1) + C$$
$$= \frac{1}{2}\log\{(x+1)^2(x^2+1)\} + C.$$

5 (iii) の形の積分

例 4 $I = \int \dfrac{x^2-x+2}{(x-1)^3}\,dx.$

$$\frac{x^2-x+2}{(x-1)^3} = \frac{A}{(x-1)^3} + \frac{B}{(x-1)^2} + \frac{C}{x-1}$$
$$= \frac{A+B(x-1)+C(x-1)^2}{(x-1)^3}.$$

(4) $\quad \therefore \quad A+B(x-1)+C(x-1)^2 = x^2-x+2.$

この式に, $(x-1)^3=0$ の解: $x=1$ を代入すれば,
$$A = 1^2-1+2 = 2.$$
つぎに, (4)式の両辺を微分すれば,
(5) $\quad\quad\quad B+2C(x-1) = 2x-1$
この式に, $x=1$ を代入すれば,
$$B=1.$$
さらに, (5)式の両辺を微分すれば,
$$2C = 2 \quad \therefore \quad C=1.$$
したがって,

$$I = \int \frac{2}{(x-1)^3}\,dx + \int \frac{dx}{(x-1)^2} + \int \frac{dx}{x-1}$$

$$= 2 \cdot \frac{1}{-2}(x-1)^{-2} + \frac{1}{-1}(x-1)^{-1} + \log|x-1| + C$$

$$= -\frac{1}{(x-1)^2} - \frac{1}{x-1} + \log|x-1| + C.$$

6 (iv)の形の積分

例 5 $I = \int \dfrac{dx}{(1+x^2)^2}.$

$x = \tan t$ とおいて, §15 の置換積分法 (3)式 (98 ページ) を利用. $dx = \sec^2 t\,dt$ だから,

$$I = \int \frac{\sec^2 t}{(1+\tan^2 t)^2}\,dt = \int \frac{\sec^2 t}{\sec^4 t}\,dt = \int \frac{dt}{\sec^2 t}$$

$$= \int \cos^2 t\,dt = \frac{1}{2}\int(1+\cos 2t)\,dt \quad (\because 2\text{倍角の公式 (26 ページ)})$$

$$= \frac{1}{2}\Big(t + \frac{1}{2}\sin 2t\Big) + C = \frac{1}{2}(t + \sin t \cos t) + C \quad (\because 2\text{倍角の公式})$$

$$= \frac{1}{2}(t + \tan t \cos^2 t) + C = \frac{1}{2}\Big(t + \frac{\tan t}{1+\tan^2 t}\Big) + C$$

$$\stackrel{*}{=} \frac{1}{2}\Big(\tan^{-1} x + \frac{x}{1+x^2}\Big) + C.$$

$$(6) \quad \therefore \quad \int \frac{dx}{(1+x^2)^2} = \frac{1}{2}\Big(\tan^{-1} x + \frac{x}{1+x^2}\Big) + C.$$

注意: *印の等号について, $\tan^{-1} x$ は,主値: $-\dfrac{\pi}{2} < \tan^{-1} x < \dfrac{\pi}{2}$ に制限されるため,一般には,$t = \tan^{-1} x$ とはならない. しかし,主値との定数のちがい: $t - \tan^{-1} x$ は,積分定数 C で調節される.

問 1 例 1 と例 2 (107, 108 ページ) にならって,つぎの不定積分を求めよ.

① $\displaystyle\int \frac{x^2+x-1}{x-1}\,dx$ ② $\displaystyle\int \frac{2x^2-5}{x^2-x-2}\,dx$
③ $\displaystyle\int \frac{2x^3-5x^2+x+3}{x^2-3x+2}\,dx$ ④ $\displaystyle\int \frac{x^3+2x^2+3x+2}{x^2+2x+2}\,dx$

問 2 (ⅰ) の形の展開式 (108 ページ) を利用し，例 2 にならって，つぎの不定積分を求めよ．

① $\displaystyle\int \frac{x+3}{x^2-1}\,dx$ ② $\displaystyle\int \frac{x+3}{x^2+3x+2}\,dx$
③ $\displaystyle\int \frac{x^2-2}{x(x+1)(x+2)}\,dx$ ④ $\displaystyle\int \frac{x^2+1}{x(x^2-1)}\,dx$

問 3 例 3 (109 ページ) にならって，つぎの不定積分を求めよ．

① $\displaystyle\int \frac{dx}{(x+1)(x^2+1)}$ ② $\displaystyle\int \frac{x^2+x+1}{(x+1)(x^2+1)}\,dx$

③ $\displaystyle\int \frac{x^2+2}{x^3-1}\,dx$ 〔ヒント: $x^3-1=(x-1)(x^2+x+1)$〕

④ $\displaystyle\int \frac{x-1}{x^3+1}\,dx$ 〔ヒント: $x^3+1=(x+1)(x^2-x+1)$〕

⑤ $\displaystyle\int \frac{dx}{x^3-1}$ 〔ヒント: ③と同じ〕

問 4 例 4 (110 ページ) にならって，つぎの不定積分を求めよ．

① $\displaystyle\int \frac{2x-1}{(x-1)^2}\,dx$ ② $\displaystyle\int \frac{x^2+x+1}{(x+1)^3}\,dx$
③ $\displaystyle\int \frac{x^2+1}{(x+1)(x-1)^2}\,dx$ ④ $\displaystyle\int \frac{x^3+2x^2-x+2}{(x^2-1)^2}\,dx$

問 5 (ⅳ) の形の展開式 (108 ページ) を利用して，つぎの不定積分を求めよ
〔ヒント: (6)式 (111 ページ) を利用せよ〕．

① $\displaystyle\int \frac{x^3}{(x^2+1)^2}\,dx$ *② $\displaystyle\int \frac{x(x+1)(x+2)}{(x^2+1)^2}\,dx$
*③ $\displaystyle\int \frac{x^2(x-1)}{(x^2+1)^2}\,dx$

問 6 (ⅱ) の形の展開式 (108 ページ) を利用して，つぎの不定積分を求めよ．

① $\displaystyle\int \frac{dx}{(x^2+1)(x^2+4)}$ ② $\displaystyle\int \frac{x+1}{(x^2+1)(x^2+4)}\,dx$

§18. $\sin x$, $\cos x$ の分数式の積分

1 $\dfrac{1}{\sin x}$ の積分

例 1 $\quad I = \displaystyle\int \dfrac{dx}{\sin x} \qquad$ (§15 の問 2 の 22 (101 ページ) に既出).

置換積分法を利用して, $\tan\dfrac{x}{2} = t$ とおいて, この積分を, 変数 t の積分に変換して, 求めよう.

§5 の 2 倍角の公式 (7) (26 ページ) と公式 (19) (27 ページ) によって,

(1) $\quad \sin x = 2\sin\dfrac{x}{2}\cos\dfrac{x}{2} = 2\dfrac{\sin\dfrac{x}{2}}{\cos\dfrac{x}{2}}\cdot\cos^2\dfrac{x}{2}$

$\qquad\qquad = \dfrac{2\tan\dfrac{x}{2}}{\sec^2\dfrac{x}{2}} = \dfrac{2\tan\dfrac{x}{2}}{1+\tan^2\dfrac{x}{2}} = \dfrac{2t}{1+t^2}.$

$\dfrac{dt}{dx} = \dfrac{1}{2}\sec^2\dfrac{x}{2} = \dfrac{1}{2}\left(1+\tan^2\dfrac{x}{2}\right) = \dfrac{1+t^2}{2}.$

したがって, 逆関数の微分の公式 (36 ページ) によって,

(2) $\qquad\qquad dx = \dfrac{2}{1+t^2}\,dt.$

(1)式と (2)式と置換積分法によって,

$\qquad I = \displaystyle\int \dfrac{1+t^2}{2t}\cdot\dfrac{2}{1+t^2}\,dt = \int \dfrac{dt}{t} = \log|t| + C$

$\qquad\quad = \log\left|\tan\dfrac{x}{2}\right| + C.$

2 $\dfrac{1}{\cos x}$ の積分

例 2 $\quad I = \displaystyle\int \dfrac{dx}{\cos x} \qquad$ (§15 の問 2 の 21 (101 ページ) に既出).

例 1 と同様に, $\tan\dfrac{x}{2} = t$ とおいて, 変数 t の積分に変換して求める.

§5 の 2 倍角の公式 (8)(26 ページ)と公式 (19)(27 ページ)によって,

(3) $\quad \cos x = \cos^2 \dfrac{x}{2} - \sin^2 \dfrac{x}{2} = \left(1 - \dfrac{\sin^2 \dfrac{x}{2}}{\cos^2 \dfrac{x}{2}}\right) \cos^2 \dfrac{x}{2}$

$\qquad = \dfrac{1 - \tan^2 \dfrac{x}{2}}{\sec^2 \dfrac{x}{2}} = \dfrac{1 - \tan^2 \dfrac{x}{2}}{1 + \tan^2 \dfrac{x}{2}} = \dfrac{1 - t^2}{1 + t^2}.$

(2)式と (3)式と置換積分法,および,§14 の (6)式(95 ページ)によって,

$$I = \int \dfrac{1 + t^2}{1 - t^2} \cdot \dfrac{2}{1 + t^2}\ dt = \int \dfrac{2}{1 - t^2}\ dt$$

$$= \log \left| \dfrac{1 + t}{1 - t} \right| + C = \log \left| \dfrac{1 + \tan \dfrac{x}{2}}{1 - \tan \dfrac{x}{2}} \right| + C.$$

↳ §14 の (6)式(95 ページ)

③ $\sin x$, $\cos x$ の分数式の積分

例 3 $\quad I = \displaystyle\int \dfrac{dx}{2 \cos x - \sin x + 3}.$

例 1,例 2 と同様に,$\tan \dfrac{x}{2} = t$ とおけば,(1)式,(2)式,(3)式と置換積分法によって,

$$I = \int \dfrac{1}{2 \cdot \dfrac{1 - t^2}{1 + t^2} - \dfrac{2t}{1 + t^2} + 3} \cdot \dfrac{2}{1 + t^2}\ dt$$

$$= \int \dfrac{2\ dt}{2(1 - t^2) - 2t + 3(1 + t^2)}$$

$$= \int \dfrac{2\ dt}{(t - 1)^2 + 4}$$

$$= \int \dfrac{1}{1 + \left(\dfrac{t - 1}{2}\right)^2} \cdot \dfrac{1}{2}\ dt = *.$$

ここで,$u = \dfrac{t - 1}{2}$ とおけば,$du = \dfrac{1}{2}\ dt.$

$$\therefore \quad * = \int \frac{du}{1+u^2} = \tan^{-1} u + C = \tan^{-1}\frac{t-1}{2} + C$$
$$= \tan^{-1}\left\{\frac{1}{2}\left(\tan\frac{x}{2} - 1\right)\right\} + C.$$

例 3 からわかるように，一般に，つぎのことがいえる：

$\sin x$ と $\cos x$ の分数式（$\sin x$ と $\cos x$ の整式の商）の積分は，

(4) $$\tan\frac{x}{2} = t$$

とおけば，

(5) $$\sin x = \frac{2t}{1+t^2}, \quad \cos x = \frac{1-t^2}{1+t^2}, \quad dx = \frac{2\,dt}{1+t^2}$$

となり，t の分数式の積分に帰着させることができる．

問 1 例 3 にならって，つぎの不定積分を求めよ．

1. $\int \dfrac{dx}{1-\cos x}$ 　　　　2. $\int \dfrac{dx}{1-\sin x}$

3. $\int \dfrac{dx}{\sin x + \cos x + 1}$ 　　　4. $\int \dfrac{dx}{\sin x - \cos x + 1}$

5. $\int \dfrac{dx}{2\sin x + \cos x + 2}$ 　*6. $\int \dfrac{\cos x + 1}{\sin x + \cos x + 1}\,dx$

〔6 のヒント：(5)式を利用して，t の積分に変換したのち，§17 の問 3 の 1（112 ページ）の解法にしたがえ．〕

§19. 無理式の積分

1 無理式の積分　　一般的な話は省略して，無理式の積分の，典型的な，いくつかの場合について，その求め方をのべる．

例 1　$I = \int \dfrac{dx}{x\sqrt{x+1}}$．

$\sqrt{x+1} = t$ とおけば，　$x = t^2 - 1.$　$dx = 2t\,dt.$

$$\therefore \quad I = \int \frac{2t}{(t^2-1)\,t}\,dt = \int \frac{2}{t^2-1}\,dt$$

$$= \log\left|\frac{t-1}{t+1}\right| + C \quad (\because \ \S14\ \text{の}\ (6)\text{式}\ (95\ \text{ページ}))$$

$$= \log\left|\frac{\sqrt{x+1}-1}{\sqrt{x+1}+1}\right| + C.\qquad \odot$$

例 2 $I = \displaystyle\int \frac{dx}{\sqrt{x}\,(\sqrt[3]{x}-1)}$.

$x^{\frac{1}{6}} = t$ とおけば,

$\sqrt[3]{x} = x^{\frac{1}{3}} = x^{\frac{2}{6}} = t^2, \quad \sqrt{x} = x^{\frac{1}{2}} = x^{\frac{3}{6}} = t^3, \quad x = t^6, \quad dx = 6t^5\,dt.$

$$\therefore \quad I = \int \frac{6t^5\,dt}{t^3(t^2-1)} = 6\int \frac{t^2}{t^2-1}\,dt = 6\int\left(1 + \frac{1}{t^2-1}\right)dt$$

$$= 6\left(t + \frac{1}{2}\log\left|\frac{t-1}{t+1}\right|\right) + C \quad (\because \ \S14\ \text{の}\ (6)\text{式}\ (95\ \text{ページ}))$$

$$= 6\left(\sqrt[6]{x} + \frac{1}{2}\log\left|\frac{\sqrt[6]{x}-1}{\sqrt[6]{x}+1}\right|\right) + C.\qquad \odot$$

例 3 $I = \displaystyle\int \frac{dx}{\sqrt{2+x-x^2}}$.

$$\sqrt{2+x-x^2} = \sqrt{(x+1)(2-x)} = (x+1)\sqrt{\frac{2-x}{x+1}}.$$

ここで, x の変わりうる範囲 ($(x+1)(2-x) > 0$ になる範囲(つぎのページの図1)) は, $-1 < x < 2$ であることに注意.

$\sqrt{\dfrac{2-x}{x+1}} = t$ とおけば, $\dfrac{2-x}{x+1} = t^2$.

$$\therefore \quad x = \frac{2-t^2}{1+t^2} = \frac{3}{1+t^2} - 1, \quad dx = \frac{-6t}{(1+t^2)^2}\,dt.$$

$$\therefore \quad I = \int \frac{1}{\dfrac{3t}{1+t^2}} \cdot \frac{-6t}{(1+t^2)^2}\,dt = \int \frac{-2}{1+t^2}\,dt$$

$$= -2\tan^{-1} t + C = -2\tan^{-1}\sqrt{\frac{2-x}{x+1}} + C.\qquad \odot$$

§19. 無理式の積分

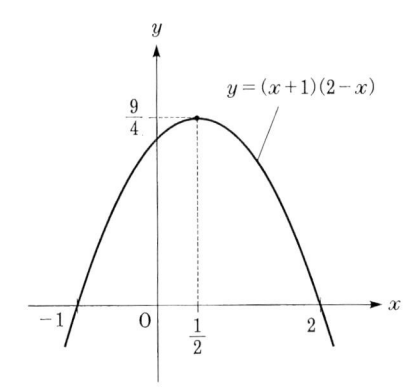

図1 $y=(x+1)(2-x)>0$ となる x の範囲が, $-1<x<2$ であることをしめしている.

例 4 $I = \int \dfrac{dx}{\sqrt{x^2+a}}$ （a は 0 でない定数）.

$\sqrt{x^2+a} = t-x$ とおけば, $x^2+a = (t-x)^2 = t^2 - 2tx + x^2$.

∴ $x = \dfrac{t^2-a}{2t} = \dfrac{1}{2}\left(t - \dfrac{a}{t}\right)$, $dx = \dfrac{1}{2}\left(1 + \dfrac{a}{t^2}\right)dt$.

$\sqrt{x^2+a} = t-x = t - \dfrac{1}{2}\left(t - \dfrac{a}{t}\right) = \dfrac{1}{2}\left(t + \dfrac{a}{t}\right)$.

∴ $I = \int \dfrac{\frac{1}{2}\left(1+\frac{a}{t^2}\right)}{\frac{1}{2}\left(t+\frac{a}{t}\right)} dt = \int \dfrac{dt}{t} = \log|t| + C$

$= \log|x + \sqrt{x^2+a}| + C$.

（1） ∴ $\displaystyle\int \dfrac{dx}{\sqrt{x^2+a}} = \log|x + \sqrt{x^2+a}| + C$ （$a \neq 0$）.

問 1 例1 (115 ページ) にならって, つぎの不定積分を求めよ.

① $\displaystyle\int x\sqrt{x-1}\,dx$ 　　　② $\displaystyle\int \dfrac{dx}{(x-1)\sqrt{x+1}}$

問 2 例2にならって, つぎの不定積分を求めよ.

① $\displaystyle\int \dfrac{dx}{\sqrt[4]{x}(1+\sqrt{x})}$ 　　② $\displaystyle\int \dfrac{dx}{\sqrt{x}(\sqrt[3]{x}-1)}$

問 3 例 3 にならって，つぎの不定積分を求めよ．

(1) $\displaystyle\int \frac{dx}{\sqrt{x(1-x)}}$ (2) $\displaystyle\int \frac{dx}{\sqrt{-x^2+3x-2}}$

(3) $\displaystyle\int \frac{1}{x}\sqrt{\frac{1+x}{1-x}}\,dx$

問 4 例 4 にならって，つぎの不定積分を求めよ．

(1) $\displaystyle\int \frac{dx}{x\sqrt{x^2-1}}$ *(2) $\displaystyle\int \frac{dx}{x\sqrt{x^2+x+1}}$

第 5 章　定 積 分

§20.　定積分

1　定積分とは？　　区間 $[a, b]$ で，$f(x)$ は，連続な増加関数で，$f(x) \geqq 0$ であるとする（たとえば，$f(x) \equiv x + c$（$a + c \geqq 0$; c は定数））．さらに，曲線: $y = f(x)$，直線: $x = a$，直線: $x = b$，および，x-軸，によってかこまれた部分の面積を A とする（図 1）.*⁾

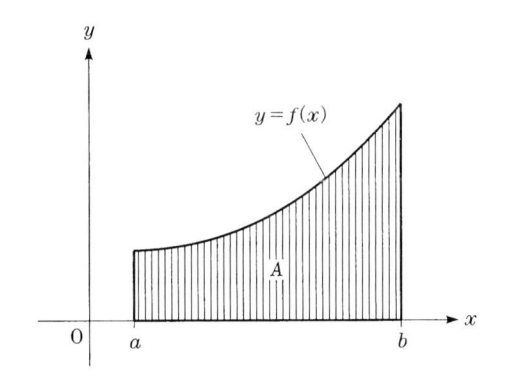

図 1　$f(x)$ は，$[a, b]$ で連続な増加関数で，$f(x) \geqq 0$. 曲線: $y = f(x)$，直線: $x = a$，直線: $x = b$，および，x-軸，によってかこまれた部分（たて線 ||||||の部分）の面積が A.

$[a, b]$ を，任意の幅の有限個の小区間に分割し，その**分割** $\varDelta$ を，**⁾

(1) 　　　$\varDelta: a = a_0 < a_1 < \cdots < a_{n-1} < a_n = b$,

---

*)　A は，Area（面積）の頭文字を採っている．

**)　$\varDelta$ はギリシャ文字:

大文字	小文字	対応する英文字	読み方
$\varDelta$	δ	D	デルタ

　Divide（分割）の頭文字 D に対応している．ギリシャ文字 $\varDelta$ を採っている．

各小区間の幅を，

(2) $\qquad h_i = a_i - a_{i-1} \qquad (i = 1, \cdots, n)$

とする(図2)．さらに，各小区間 $[a_{i-1}, a_i]$ から，任意にえらんだ値 x_i の組を，

(3) $\qquad X = \{x_i\}_{i=1}^{n}$

とする(図2)．

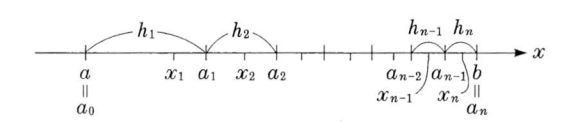

図2 $[a, b]$ の，任意の幅の有限個の小区間への分割 (1) と，各小区間の幅 (2)，各小区間の任意の値の組 (3)，などをしめす．

(1) の分割 $\varDelta$ に対して，つぎの2種類の**近似和**をつくる:

(4) $\qquad s[\varDelta] = f(a_0) h_1 + f(a_1) h_2 + \cdots + f(a_{n-1}) h_n,$

(5) $\qquad S[\varDelta] = f(a_1) h_1 + f(a_2) h_2 + \cdots + f(a_n) h_n \qquad$ (図3)．

さらに，(1) の分割 $\varDelta$ と，各小区間から任意に選んだ値の組 (3) に対して，

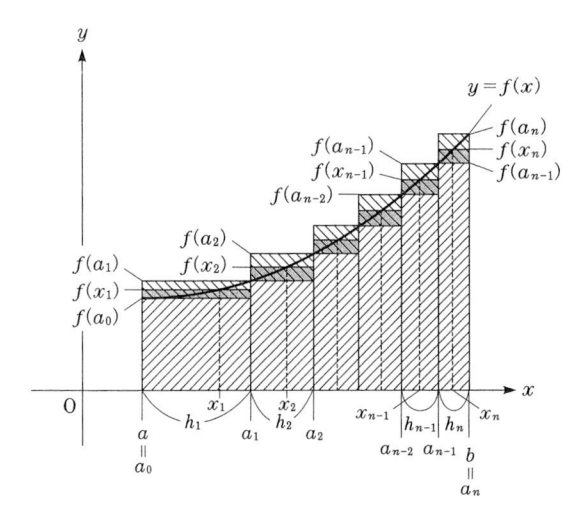

図3 (4) の近似和 $s[\varDelta]$ は，左さがりの斜線////の階段状の部分の面積を表す．(5) の近似和 $S[\varDelta]$ は，左さがりの斜線////の部分に，右さがりの斜線\\\\の部分をくわえた階段状の部分の面積を表す．(6) の近似和 $S[\varDelta, X]$ は，左さがりの斜線////の部分に，うすずみ色■の部分をくわえた階段状の部分の面積を表す．

§20. 定 積 分

つぎの近似和をつくる:

(6) $\qquad S[\varDelta, X] = f(x_1)\,h_1 + f(x_2)\,h_2 + \cdots + f(x_n)\,h_n \qquad$ (図 3).

(6)式で，とくに，$x_i = a_{i-1}$ ($i = 1, \cdots, n$) とえらべば，$S[\varDelta, X] = s[\varDelta]$，$x_i = a_i$ ($i = 1, \cdots, n$) とえらべば，$S[\varDelta, X] = S[\varDelta]$.

$f(x)$ が増加関数であるから，図3からわかるように，

(7) $\qquad\qquad\qquad s[\varDelta] < A < S[\varDelta]$.

また，

$$f(a_{i-1}) \leqq f(x_i) \leqq f(a_i) \qquad (i = 1, \cdots, n)$$

であることに注意すれば，

(8) $\qquad\qquad\qquad s[\varDelta] \leqq S[\varDelta, X] \leqq S[\varDelta]$.

さらに，小区間の幅 h_i ($i = 1, \cdots, n$) のうち，最大のものを $\delta[\varDelta]$ とする;[*] すなわち，$\delta = \delta[\varDelta] = \max(h_1, \cdots, h_n)$.[**] そのとき，

$0 < S[\varDelta] - s[\varDelta]$
$= \{f(a_1) - f(a_0)\}\,h_1 + \{f(a_2) - f(a_1)\}\,h_2 + \cdots + \{f(a_n) - f(a_{n-1})\}\,h_n$
$\leqq \{f(a_1) - f(a_0)\}\,\delta + \{f(a_2) - f(a_1)\}\,\delta + \cdots + \{f(a_n) - f(a_{n-1})\}\,\delta$
$= \{f(a_n) - f(a_0)\}\,\delta = \{f(b) - f(a)\}\,\delta$.

(9) $\qquad \therefore \qquad 0 < S[\varDelta] - s[\varDelta] \leqq \{f(b) - f(a)\}\,\delta[\varDelta]$.

いま，

(10) $\qquad\qquad\qquad \delta[\varDelta] \to 0$

となるように，分割 $\varDelta$ を，かぎりなく細かくしていったとき，(9)式と(7)式によって，

(11) $\qquad s[\varDelta] \to A, \quad S[\varDelta] \to A \qquad (\delta[\varDelta] \to 0)$.

さらに，(11)式と(8)式によって，

(12) $\qquad\qquad\qquad S[\varDelta, X] \to A \qquad (\delta[\varDelta] \to 0)$.

この，$S[\varDelta, X]$ の $\delta[\varDelta] \to 0$ のときの極限値を I とし，$f(x)$ の a から b までの**定積分**といい，

---

[*] ギリシャ文字 デルタ δ は，0に近い正の量を表すのに用いられる.
[**] max は，maximum（最大）の頭3字を採っている.

(13) $$I = \int_a^b f(x)\,dx$$

によって表す;すなわち,

(14) $$\int_a^b f(x)\,dx = \lim_{\delta[\varDelta]\to 0}\{f(x_1)h_1 + f(x_2)h_2 + \cdots + f(x_n)h_n\}.$$

2 定積分　　一般の関数の定積分の定義をのべよう.

関数 $f(x)$ に対して,

$$|f(x)| \leqq M \qquad (a \leqq x \leqq b)$$

をみたす定数 M が存在するとき, $f(x)$ は $[a, b]$ で**有界**である, という.

$f(x)$ は, $[a, b]$ で有界であるとする. この $f(x)$ に対して, 121 ページの (6) 式の近似和 $S[\varDelta, X]$ をつくる. $f(x) \geqq 0$ の場合には, この近似和は, 図 4 のような階段状の部分の面積を表す.

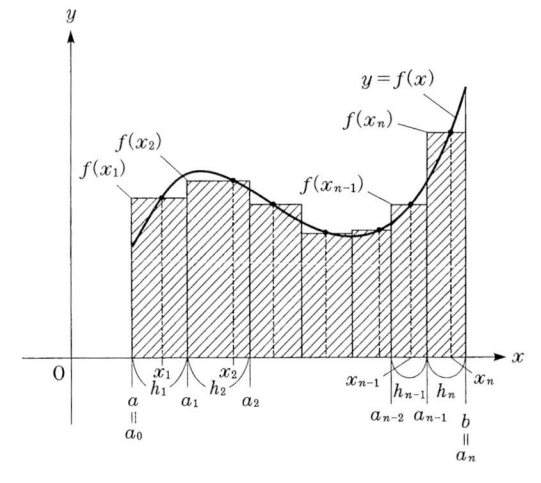

図 4　近似和:
$S[\varDelta, X]$
$= f(x_1)h_1 + f(x_2)h_2$
$\quad + \cdots + f(x_n)h_n$
の幾何学的なイメージ.
$S[\varDelta, X]$ は, 斜線////// の階段状の部分の面積を表す.

いま, $\delta[\varDelta] \to 0$ となるように, 分割をかぎりなく細かくしていったときに,

・分割 $\varDelta$ を細かくするし̇か̇た̇,
・x_i の組: $X = \{x_i\}_{i=1}^{\infty}$ のえ̇ら̇び̇方̇

に無関係に，$S[\varDelta, X]$ が一定の値 I にかぎりなく近づくならば；すなわち，
$$S[\varDelta, X] \to I \quad (\delta[\varDelta] \to 0)$$
ならば，この I を，$f(x)$ の a から b までの**定積分**といい，

(15) $$I = \int_a^b f(x)\, dx$$

によって表す．そして，$f(x)$ は $[a, b]$ で**積分可能**であるといい，$f(x)$ を**被積分関数**という．また，定積分 (15) の値を求めることを，$f(x)$ を $[a, b]$ で**積分する**という．

つぎの定理がなりたつことがしめされる：

定理 1

　$f(x)$ が $[a, b]$ で連続ならば，そこで積分可能である．

例 1 $\displaystyle\int_0^1 x\, dx$．

(16) $\qquad \varDelta: \quad 0 < \dfrac{1}{n} < \dfrac{2}{n} < \cdots < \dfrac{n-1}{n} < \dfrac{n}{n} = 1$．

この分割 $\varDelta$ に対して，近似和：
$$s[\varDelta] \equiv 0 \cdot h + \frac{1}{n} \cdot h + \frac{2}{n} \cdot h + \cdots + \frac{n-1}{n} \cdot h,$$
$$S[\varDelta] \equiv \frac{1}{n} \cdot h + \frac{2}{n} \cdot h + \cdots + \frac{n}{n} \cdot h \quad \left(h = \frac{1}{n}\right)$$

をつくる（つぎのページの図 5）．

$$1 + 2 + \cdots + n = \frac{n(n+1)}{2}$$

であることに注意すれば，
$$\lim_{h \to 0} s[\varDelta] = \lim_{n \to \infty} \frac{1}{n^2} \cdot \frac{n(n-1)}{2} = \frac{1}{2} \lim_{n \to \infty} 1 \cdot \left(1 - \frac{1}{n}\right) = \frac{1}{2},$$
$$\lim_{h \to 0} S[\varDelta] = \lim_{n \to \infty} \frac{1}{n^2} \cdot \frac{n(n+1)}{2} = \frac{1}{2} \lim_{n \to \infty} 1 \cdot \left(1 + \frac{1}{n}\right) = \frac{1}{2}.$$

$$\therefore \quad \int_0^1 x\,dx = \frac{1}{2}.$$

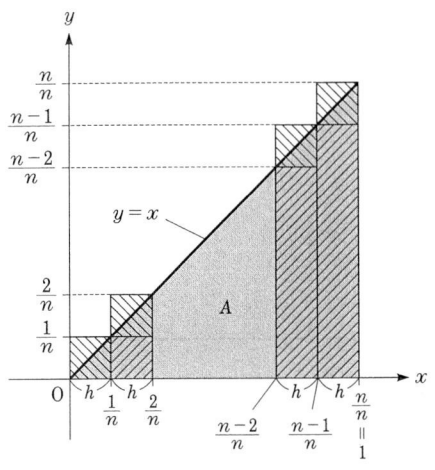

図5 近似和 $s[\varDelta]$ は，左さがりの斜線 ////// の階段状の部分の面積を表す．近似和 $S[\varDelta]$ は，左さがりの斜線の部分に，右さがりの斜線 \\\\\\ の部分を加えた階段状の部分の面積を表す．
$\int_0^1 x\,dx$ は，うすずみ色 ▨ の部分の面積 A に等しい．

3 **定積分と面積**　$f(x)$ は，$[a, b]$ で連続で，$f(x) \geqq 0$ であるとする．曲線: $y = f(x)$，直線: $x = a$，直線: $x = b$，および，x-軸，によってかこまれた部分の面積を A とする（図6）．

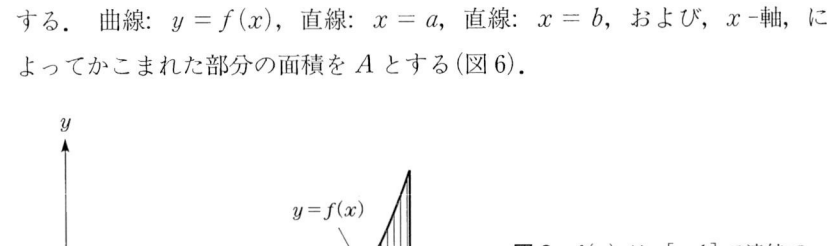

図6 $f(x)$ は，$[a, b]$ で連続で，$f(x) \geqq 0$．曲線: $y = f(x)$，直線: $x = a$，直線: $x = b$，および，x-軸，によってかこまれた部分（たて線 ||||| の部分）の面積が A．

(1)式（119ページ）の分割 $\varDelta$ に対して，
$$M_i = \max_{a_{i-1} \leqq x \leqq a_i} f(x), \quad m_i = \min_{a_{i-1} \leqq x \leqq a_i} f(x) \quad (i = 1, \cdots, n)$$

§20. 定積分

とおき,[*] 近似和:
(17) $$S[\varDelta] = M_1 h_1 + M_2 h_2 + \cdots + M_n h_n,$$
(18) $$s[\varDelta] = m_1 h_1 + m_2 h_2 + \cdots + m_n h_n$$

をつくれば, 図7からわかるように,
(19) $$s[\varDelta] \leqq A \leqq S[\varDelta].$$

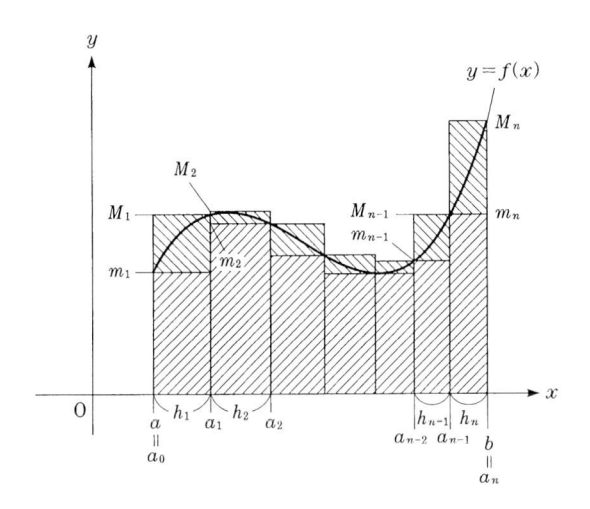

図7 (18)式の近似和 $s[\varDelta]$ は, 図の左さがりの斜線////の階段状部分の面積を表し, (17)式の近似和 $S[\varDelta]$ は, 左さがりの斜線////の部分に, 右さがりの斜線\\\\の部分をくわえた階段状部分の面積を表す. 図から,
$$s[\varDelta] \leqq A \leqq S[\varDelta].$$

定理1によって, $f(x)$ は, $[a, b]$ で積分可能であるから, $S[\varDelta]$ も $s[\varDelta]$ も, (3)式(120ページ)の X の適当な選択によって, (6)式の近似和 $S[\varDelta, X]$ として, 実現できることに注意すれば,

(20) $$\int_a^b f(x)\,dx = \lim_{\delta[\varDelta] \to 0} s[\varDelta] = \lim_{\delta[\varDelta] \to 0} S[\varDelta].$$

(19)式と(20)式によって, つぎの定理がえられる:

定理 2

$f(x)$ が, $[a, b]$ で連続で, $f(x) \geqq 0$ ならば,
$$\int_a^b f(x)\,dx = A.$$

---

[*] min は, minimum (最小) の頭3字を採っている.

4 基本定理

定理 3 ────────────── (定積分の基本定理)

(ⅰ) $\displaystyle\int_a^b \{f(x) \pm g(x)\}\,dx = \int_a^b f(x)\,dx \pm \int_a^b g(x)\,dx$

（複号同順）．

(ⅱ) $\displaystyle\int_a^b cf(x)\,dx = c\int_a^b f(x)\,dx$ （c は定数）．

(ⅲ) $\displaystyle\int_a^c f(x)\,dx + \int_c^b f(x)\,dx = \int_a^b f(x)\,dx$ （$a < c < b$）．

(ⅳ) $[a, b]$ で $f(x) \leqq g(x)$ ならば，
$$\int_a^b f(x)\,dx \leqq \int_a^b g(x)\,dx.$$

(ⅴ) $\displaystyle\left|\int_a^b f(x)\,dx\right| \leqq \int_a^b |f(x)|\,dx.$

【証明】（ⅰ）〜（ⅳ）については，定積分の定義から，簡単に，確かめられる．

（ⅴ）については，近似和 (6)式 (121 ページ) において，
$$|f(x_1)h_1 + f(x_2)h_2 + \cdots + f(x_n)h_n|$$
$$\leqq |f(x_1)|h_1 + |f(x_2)|h_2 + \cdots + |f(x_n)|h_n$$
であることに注意すれば，この近似和の極限として，えられる．

（証明終）

便宜上，つぎのように規約する：

(21) $\displaystyle\int_b^a f(x)\,dx = -\int_a^b f(x)\,dx$ （$a < b$）．

(22) $\displaystyle\int_a^a f(x)\,dx = 0.$

この規約によって，定理 3 の (ⅲ) は，a, b, c の大小関係に関係なく，な

りたつことが，確かめられる．

たとえば，$a<b<c$ のとき，(iii) によって(簡略した形で書く)，
$$\int_a^b + \int_b^c = \int_a^c \quad (a<b<c).$$
ここで，(21)式を用いれば，
$$\int_a^b - \int_c^b = \int_a^c \quad \therefore \int_a^c + \int_c^b = \int_a^b \quad (a<b<c).$$

[問]1 定積分 $\int_0^1 x^2\,dx$ について，

(i) 例1 (123ページ) にならって，(16)式 (123ページ) の分割 Δ をつかって，この積分の近似和: $s[\Delta]$, $S[\Delta]$ をつくれ．

(ii) $\lim_{h\to 0} s[\Delta]$, $\lim_{h\to 0} S[\Delta]$ を求めよ
$$\left[\text{ヒント}: 1^2 + 2^2 + \cdots + n^2 = \frac{n(n+1)(2n+1)}{6}\right].$$

§21. 定積分の計算

1 積分の平均値の定理 $f(x)$ は $[a,b]$ で連続であるとする．
$$m = \min_{a\leq x\leq b} f(x), \qquad M = \max_{a\leq x\leq b} f(x)$$
とおけば，$[a,b]$ で $m \leq f(x) \leq M$ であるから，§20 の定理3の (iv) (126ページ) によって，
$$m(b-a) = \int_a^b m\,dx \leq \int_a^b f(x)\,dx \leq \int_a^b M\,dx = M(b-a)$$
(つぎのページの図1)．

(1) $\therefore \quad m \leq \dfrac{1}{b-a}\int_a^b f(x)\,dx \leq M.$

$f(x)$ は $[a,b]$ で連続であるから，m と M の間のすべての値をとりうる．したがって，(1)式によって，
$$\frac{1}{b-a}\int_a^b f(x)\,dx = f(c) \quad (a<c<b)$$

をみたす c が存在する(図1).

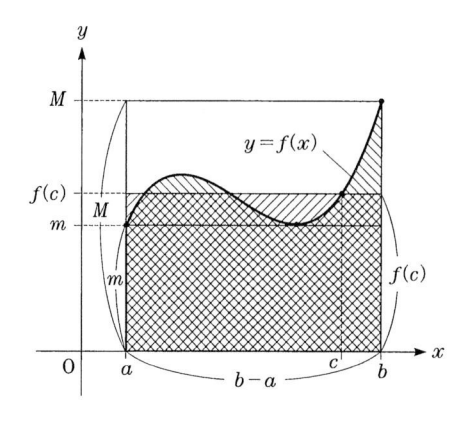

図1 $f(x) \geqq 0$ のとき，右さがりの斜線 ▨ の部分の面積: $\int_a^b f(x)\, dx$ は，図から，$(b-a)\cdot m$ より大きく，$(b-a)\cdot M$ より小さい．したがって，その面積が，左さがりの斜線 ▨ の長方形の面積: $(b-a)\cdot f(c)$ に等しくなるように，c ($a<c<b$) をえらぶことができる．$f(x) \geqq 0$ の仮定は，本質的ではない！

したがって，つぎの**積分の平均値の定理**がえられる:

定理 1 ────────────────── 積分の平均値の定理

$f(x)$ が $[a, b]$ で連続ならば，

(2) $\qquad \dfrac{1}{b-a}\int_a^b f(x)\, dx = f(c) \qquad (a<c<b)$

をみたす c が存在する．

---

2 **定積分と不定積分**　　関数 $f(x)$ は，$[a, b]$ で連続であるとする．$x \in [a, b]$ に対して，t の関数 $f(t)$ を，$[a, x]$ にわたって積分したものを，x の関数とみなして，

(3) $\qquad G(x) \equiv \int_a^x f(t)\, dt \qquad (x \in [a, b])$

とおく，$G(x)$ を微分しよう．

$h > 0$ のとき，

(4) $\qquad \dfrac{G(x+h) - G(x)}{h} = \dfrac{1}{h}\left\{\int_a^{x+h} f(t)\, dt - \int_a^x f(t)\, dt\right\}$

$\qquad\qquad\qquad\qquad = \dfrac{1}{h}\int_x^{x+h} f(t)\, dt = *.$

ここで，$x = a$, $x + h = b$ とみなして，積分の平均値の定理 (2)式を用いれば，

$$* = f(\xi) \qquad (x < \xi < x + h)$$

をみたす ξ が存在する.

$h < 0$ のとき，$k = -h$ とおけば，$k > 0$ であって，

(5) $\quad \dfrac{G(x+h) - G(x)}{h} = \dfrac{G(x) - G(x-k)}{k}$

$= \dfrac{1}{k}\left\{\int_a^x f(t)\,dt - \int_a^{x-k} f(t)\,dt\right\} = \dfrac{1}{k}\int_{x-k}^x f(t)\,dt = \#.$

ここで，$x - k = a$, $x = b$ とみなして，積分の平均値の定理 (2)式を用いれば，

$$\# = f(\eta) \qquad (x - k < \eta < x)$$

をみたす η が存在する.

$h \to 0$ のとき，$\xi \to x$, $\eta \to x$ であって，$f(x)$ は連続であることに注意すれば，(4)式と(5)式から，

$$G'(x) = \lim_{h\to 0}\dfrac{G(x+h)-G(x)}{h} = \lim_{h\to 0} f(\xi) = \lim_{h\to 0} f(\eta) = f(x).$$

すなわち，$G(x)$ は $f(x)$ の1つの原始関数である.

$f(x)$ の任意の原始関数を $F(x)$ とすれば，§14の定理2 (92ページ) によって，

$$F(x) = G(x) + C \qquad (C は定数).$$

∴ $\quad \displaystyle\int_a^b f(x)\,dx = \int_a^b f(t)\,dt - \int_a^a f(t)\,dt = G(b) - G(a)$

$\qquad\qquad = \{F(b) - C\} - \{F(a) - C\} = F(b) - F(a).$

したがって，つぎの定理がえられる:

定理 2　　　　　　　　　　　　　　　　　　　　**定積分と不定積分の関係**

$[a, b]$ で連続な関数 $f(x)$ の任意の原始関数を $F(x)$ とすれば，

(6) $\quad \displaystyle\int_a^b f(x)\,dx = \Big[F(x)\Big]_a^b = F(b) - F(a).$

---

3 応用例

例1 $\displaystyle\int_0^1 e^{-x}\,dx$ (図2).

$\displaystyle\int e^{-x}\,dx = -e^{-x} + C$ であるから，定理2によって，

$$\int_0^1 e^{-x}\,dx = \bigl[-e^{-x}\bigr]_0^1 = -e^{-1} - (-e^0) = 1 - \frac{1}{e}.$$

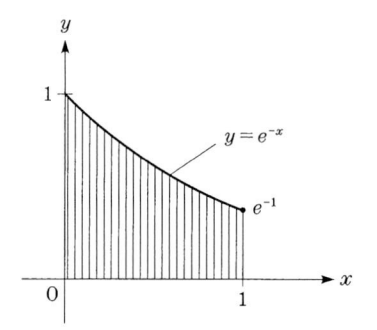

図2 $\displaystyle\int_0^1 e^{-x}\,dx$ の値は，たて線 ||||| の部分の面積に等しい．

例2 $\displaystyle\int_1^e \frac{dx}{x}$ (図3).

$\displaystyle\int \frac{dx}{x} = \log|x| + C$ であるから，定理2によって，

$$\int_1^e \frac{dx}{x} = \bigl[\log x\bigr]_1^e = \log e - \log 1 = 1.$$

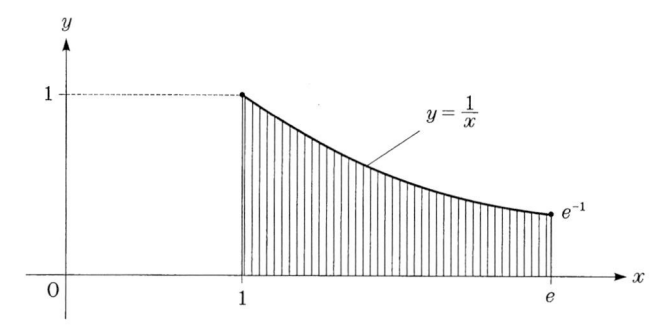

図3 $\displaystyle\int_1^e \frac{dx}{x}$ の値は，たて線 ||||| の部分の面積に等しい．

例 3 $\int_0^\pi \sin x \, dx$ （図4）.

$\int \sin x \, dx = -\cos x + C$ であるから，定理2によって，

$$\int_0^\pi \sin x \, dx = [-\cos x]_0^\pi = -(-1)-(-1) = 2.$$

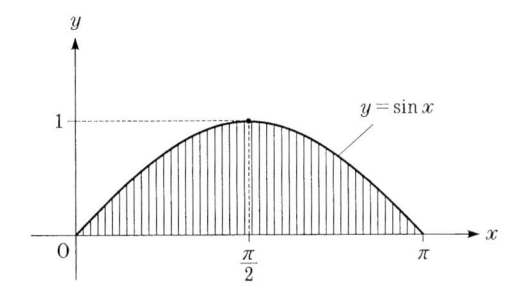

図4 $\int_0^\pi \sin x \, dx$ の値は，たて線||||||の部分の面積に等しい．

4 **置換積分法**　不定積分の置換積分法 (98ページ) と定積分と不定積分の関係 (129ページ) から，つぎの定理がえられる：

定理 3　　　　　　　　　　　　　　　　　　　**定積分の置換積分法**

$x = \varphi(t)$ が $[\alpha, \beta]$ で微分可能ならば，
$$a = \varphi(\alpha), \qquad b = \varphi(\beta)$$
とおくとき，

(7) $\qquad \int_a^b f(x) \, dx = \int_\alpha^\beta f(\varphi(t)) \, \varphi'(t) \, dt.$

例 4　$\int_0^1 \sqrt{1-x^2} \, dx$ 　（つぎのページの図5）.

$x = \sin t \; \left(0 \leqq t \leqq \dfrac{\pi}{2} \right)$ とおけば，$\begin{cases} t: 0 \sim \dfrac{\pi}{2}, \,{}^{*)} \\ x: 0 \sim 1. \end{cases}$

---

*) t が 0 から $\dfrac{\pi}{2}$ まで変わる間に，x が 0 から 1 まで変わることを表す．

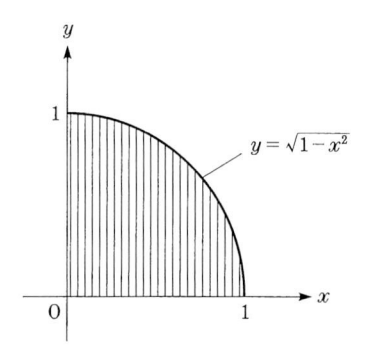

図5 $\int_0^1 \sqrt{1-x^2}\,dx$ の値は，4分円の内部（たて線||||| の部分）の面積に等しい．

$$\sqrt{1-x^2} = \sqrt{1-\sin^2 t} = \sqrt{\cos^2 t} = \sharp.$$

$0 \leqq t \leqq \dfrac{\pi}{2}$ で $\cos t \geqq 0$ であるから，

$$\sharp = \cos t.$$

さらに，

$$dx = \cos t\,dt.$$

$$\therefore\quad \int_0^1 \sqrt{1-x^2}\,dx = \int_0^{\frac{\pi}{2}} \cos t \cdot \cos t\,dt$$

$$= \int_0^{\frac{\pi}{2}} \frac{1+\cos 2t}{2}\,dt$$

（∵ 2倍角の公式 (26ページ)）

$$= \frac{1}{2}\left[t + \frac{1}{2}\sin 2t\right]_0^{\frac{\pi}{2}} = \frac{1}{2}\left(\frac{\pi}{2} - 0\right) = \frac{\pi}{4}.$$

5 部分積分法 不定積分の部分積分法 (103ページ) と定積分と不定積分の関係 (129ページ) から，つぎの定理がえられる：

定理 4 ──────────── **定積分の部分積分法**

$f(x), g(x)$ が $[a, b]$ で微分可能ならば，

(8) $\quad \displaystyle\int_a^b f(x)\,g'(x)\,dx = \Big[f(x)\,g(x)\Big]_a^b - \int_a^b f'(x)\,g(x)\,dx.$

---

§21. 定積分の計算

例 5 $\displaystyle\int_1^e \log x\, dx$ （図6）．

$$\int_1^e 1\cdot \underset{g'}{\underline{\log x}}^{\,f}\, dx = \Big[\, \underset{g}{\underline{x}}\, \underset{}{\log x} \,\Big]_1^e - \int_1^e \underset{g}{\underline{x}} \cdot \overset{f'}{\underline{\frac{1}{x}}}\, dx$$

$$= (e\log e - 1\cdot \log 1) - [\,x\,]_1^e$$

$$= e - (e-1) = 1.$$

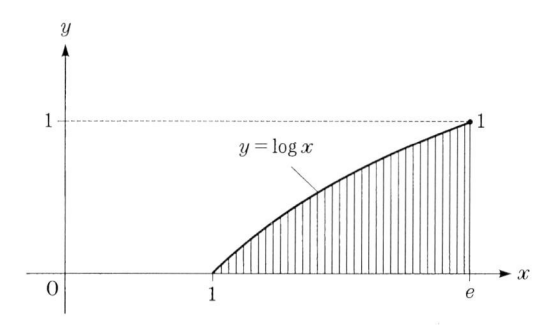

図6 $\displaystyle\int_1^e \log x\, dx$ の値は，たて線||||||の部分の面積に等しい．

問 1 $\displaystyle\int_0^a \sqrt{a^2 - x^2}\, dx$ （a は正の定数）

の値を，$t = \dfrac{x}{a}$ とおく置換積分法によって，例4（131ページ）の結果を利用して求めよ．

問 2 つぎの定積分の値を求め，例1〜例5（130〜133ページ）にならって，それらの定積分の値が，どのような図形の面積を表すか，を図示せよ．

① $\displaystyle\int_0^1 x^2\, dx$　　　② $\displaystyle\int_{\frac{1}{2}}^1 \sqrt{2x-1}\, dx$

③ $\displaystyle\int_0^{\frac{\pi}{2}} \cos x\, dx$　　　④ $\displaystyle\int_0^{\frac{\pi}{3}} \tan x\, dx$

⑤ $\displaystyle\int_0^{\sqrt{3}} \tan^{-1} x\, dx$　　　⑥ $\displaystyle\int_0^1 \sin^{-1} x\, dx$

〔⑤と⑥のヒント：$g' = 1$ とおいて，部分積分法〕

⑦ $\displaystyle\int_{-1}^1 \cosh x\, dx$　　　⑧ $\displaystyle\int_0^1 \sinh x\, dx$

問3 つぎの定積分の値を求めよ．

1. $\displaystyle\int_1^2 (x-1)^2(x-2)\,dx$ 〔ヒント: $x-1=t$ とおく置換積分法〕

2. $\displaystyle\int_0^3 (|x-1|+|x-2|)\,dx$ $\left[\text{ヒント:}\ \int_0^3 = \int_0^1 + \int_1^2 + \int_2^3\right]$

3. $\displaystyle\int_0^2 |(x-1)(x-2)|\,dx$ $\left[\text{ヒント:}\ \int_0^2 = \int_0^1 + \int_1^2\right]$

4. $\displaystyle\int_2^3 \frac{dx}{x(x-1)}$ 5. $\displaystyle\int_0^1 \frac{dx}{x^2-4}$

6. $\displaystyle\int_0^{\frac{1}{2}} \frac{dx}{\sqrt{1-x^2}}$ 7. $\displaystyle\int_0^{\sqrt{3}} \frac{dx}{1+x^2}$

*8. $\displaystyle\int_0^1 \frac{dx}{x^2+2x+5}$ *9. $\displaystyle\int_0^1 \frac{dx}{x^2-x+1}$

〔8と9のヒント: 分母を $(x+a)^2+b^2$ の形に変換〕

10. $\displaystyle\int_0^1 \frac{dx}{\sqrt{x^2+1}}$ 11. $\displaystyle\int_2^3 \frac{dx}{\sqrt{x^2-1}}$

〔10と11のヒント: §19 の例 4 (117ページ)〕

12. $\displaystyle\int_0^{\frac{\pi}{2}} \cos^2 x\,dx$ 13. $\displaystyle\int_0^{\frac{\pi}{2}} \sin^2 x\,dx$

〔12と13のヒント: 半角の公式 (26ページ)〕

14. $\displaystyle\int_0^{\frac{\pi}{2}} \cos^3 x\,dx$ 15. $\displaystyle\int_0^{\frac{\pi}{2}} \sin^3 x\,dx$

〔14と15のヒント: $\sin^2 x + \cos^2 x = 1$〕

16. $\displaystyle\int_0^{\frac{\pi}{2}} \sin 3x \cos 2x\,dx$ 17. $\displaystyle\int_0^{\frac{\pi}{2}} \sin 3x \sin 2x\,dx$

〔16と17のヒント: 積を和・差になおす公式 (26ページ)〕

18. $\displaystyle\int_0^{\frac{\pi}{2}} x \sin x\,dx$ 19. $\displaystyle\int_0^{\frac{\pi}{2}} x \cos x\,dx$

20. $\displaystyle\int_0^1 x e^{-x}\,dx$ 21. $\displaystyle\int_1^e x \log x\,dx$

〔18〜21のヒント: 部分積分法〕

22. $\displaystyle\int_0^1 x e^{-x^2}\,dx$ 〔ヒント: $-x^2=t$ とおく置換積分法〕

23. $\displaystyle\int_0^1 \frac{dx}{1+e^x}$ $\left[\text{ヒント:}\ \frac{1}{1+e^x} = 1 - \frac{e^x}{1+e^x}\right]$

*[24] $\int_0^1 x^2\sqrt{1-x^2}\,dx$　　$\left[\begin{array}{l}\text{ヒント}: x = \sin t \text{ とおき,}\\ \quad\quad \text{例 4 (131 ページ) にならえ}\end{array}\right]$

[問 4]　§16 の例 5 の結果 (105 ページ), ないしは, §16 の (3) 式 (105 ページ) を用いて, つぎの定積分の値を求めよ.

[1]　$\int_0^{\frac{\pi}{2}} \sin^4 x\,dx$　　〔ヒント: 問 3 の [13] を利用〕

[2]　$\int_0^{\frac{\pi}{2}} \sin^5 x\,dx$　　〔ヒント: 問 3 の [15] を利用〕

[問 5]　§16 の問 6 の結果 (107 ページ) を用いて, つぎの定積分の値を求めよ.

[1]　$\int_0^{\frac{\pi}{2}} \cos^4 x\,dx$　　〔ヒント: 問 3 の [12] を利用〕

[2]　$\int_0^{\frac{\pi}{2}} \cos^5 x\,dx$　　〔ヒント: 問 3 の [14] を利用〕

§22. 図形の面積

[1]　**2 曲線間の面積**　　§20 の定理 2 (125 ページ) から, つぎの定理が, ただちに, えられる:

[定理 1]　　　　　　　　　　　　　　[2 曲線間の面積の公式]

$f(x)$, $g(x)$ が, ともに, $[a, b]$ で連続で, $f(x) \geq g(x)$ であるとき,

　　2 曲線: $y = f(x)$, $y = g(x)$　　$(a \leq x \leq b)$　と,

　　2 直線: $x = a$, $x = b$

によってかこまれた図形 (つぎのページの図 1) の面積 A は,

(1)　　　　　　$A = \int_a^b \{f(x) - g(x)\}\,dx$

によってあたえられる.

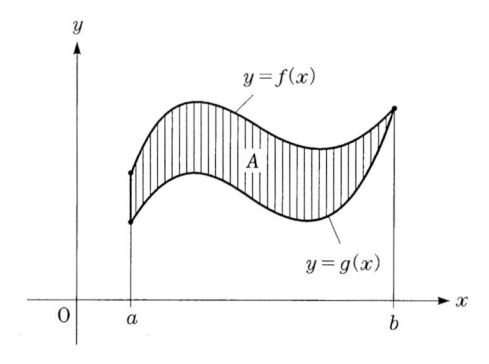

図1 $f(x) \geqq g(x)$ であるとき，2曲線: $y = f(x)$, $y = g(x)$ と，2直線: $x = a$, $x = b$ によってかこまれた，たて線∥∥∥∥の部分の面積 A は，
$$A = \int_a^b \{f(x) - g(x)\}\, dx.$$

例1 2曲線: $y = \sin x$, $y = \cos x$ と 2直線: $x = 0$, $x = \pi$ によってかこまれた図形の面積 A（図2）．

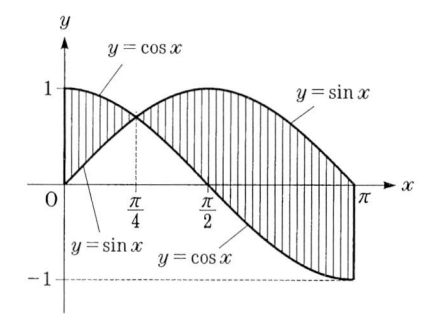

図2 2曲線: $y = \sin x$, $y = \cos x$ と，2直線: $x = 0$, $x = \pi$ によってかこまれた図形（たて線∥∥∥∥の部分）の面積 A は，(2)式によってあたえられる．

$$\cos x \geqq \sin x \quad \left(0 \leqq x \leqq \frac{\pi}{4}\right), \qquad \sin x \geqq \cos x \quad \left(\frac{\pi}{4} \leqq x \leqq \pi\right)$$

であるから，定理1によって，

$$(2) \quad A = \int_0^{\frac{\pi}{4}} (\cos x - \sin x)\, dx + \int_{\frac{\pi}{4}}^{\pi} (\sin x - \cos x)\, dx$$

$$= \Big[\sin x + \cos x\Big]_0^{\frac{\pi}{4}} + \Big[-\cos x - \sin x\Big]_{\frac{\pi}{4}}^{\pi}$$

$$= \left\{\left(\frac{1}{\sqrt{2}} + \frac{1}{\sqrt{2}}\right) - (0 + 1)\right\} + \left\{(1 - 0) - \left(-\frac{1}{\sqrt{2}} - \frac{1}{\sqrt{2}}\right)\right\}$$

$$= 2\sqrt{2}.$$

2 パラメーター表示された関数

例 2 x-軸上をころがる, 半径 1 の車輪の, 周上の 1 点 $P(x, y)$ の軌跡は, P の始点を $O(0,0)$ として, 車輪が 1 回転するとするとき, 時間 t をパラメーターとして,

(3)　　$x = t - \sin t,\quad y = 1 - \cos t \qquad (0 \leqq t \leqq 2\pi)$

によって表される(図3). この軌跡の曲線を**サイクロイド**という.

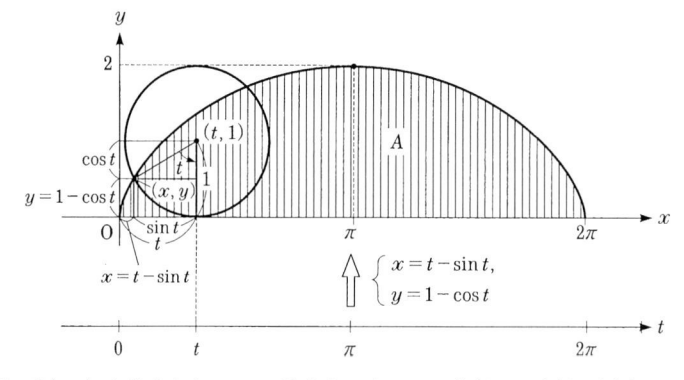

図3 $O(0,0)$ を始点として, x-軸上をころがる, 半径 1 の車輪の周上の 1 点 P の軌跡が, (3)式によって表されることを, しめしている. (3) 式のサイクロイドと x-軸によってかこまれた, たて線||||||の部分の面積を, A とする.

サイクロイド (3) と x-軸によってかこまれた部分の面積 A を求める.

$$\frac{dx}{dt} = 1 - \cos t, \qquad \begin{cases} t: 0 \sim 2\pi, \\ x: 0 \sim 2\pi \end{cases}$$

であるから, 置換積分法によって,

$$A = \int_0^{2\pi} y\, dx = \int_0^{2\pi} y\, \frac{dx}{dt}\, dt = \int_0^{2\pi} (1 - \cos t)(1 - \cos t)\, dt$$

(4)
$$= \int_0^{2\pi} (1 - 2\cos t + \cos^2 t)\, dt$$

$$= \int_0^{2\pi} \left(1 - 2\cos t + \frac{1 + \cos 2t}{2}\right) dt \qquad \left(\begin{array}{l} \because \ 2\text{倍角の公式} \\ (26 \text{ページ}) \end{array}\right)$$

$$= \left[t - 2\sin t + \frac{t}{2} + \frac{1}{4}\sin 2t\right]_0^{2\pi} = \left(2\pi + \frac{2\pi}{2}\right) - 0 = 3\pi.$$

3 極方程式　曲線が,極座標 (r, θ) によって,極方程式 (§12 の 78 ページ):

(5) $\qquad r = f(\theta) \qquad (\alpha \leqq \theta \leqq \beta)$

の形に表されているとき,2つの半直線:

(6) $\qquad \theta = \alpha, \quad \theta = \beta$

と曲線 (5) によってかこまれた部分(図4),の面積 A を求める公式をみちびこう.

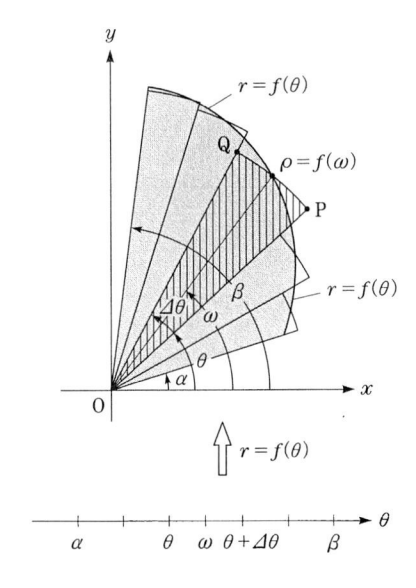

図4　曲線 (5) と2つの半直線 (6) によってかこまれたうすずみ色 ▨ の部分の面積を A とする.　分割 $\varDelta$ の任意の小区間 $[\theta, \theta + \varDelta\theta]$ の任意の点 ω に対して,$\rho = f(\omega)$ として,たて線 ||||| の $\triangleleft$OPQ をつくれば,

$$\triangleleft\mathrm{OPQ} = \pi\rho^2 \cdot \frac{\varDelta\theta}{2\pi} = \frac{1}{2}\rho^2 \varDelta\theta.$$

θ の区間 $[\alpha, \beta]$ の,有限個の小区間への任意の分割を $\varDelta$ とし,$\varDelta$ の任意の小区間を $[\theta, \theta + \varDelta\theta]$ とする.　任意の $\omega \in [\theta, \theta + \varDelta\theta]$ に対して,$\rho = f(\omega)$ とすれば,ρ を半径とする扇形 $\triangleleft$OPQ の面積は,

$$\triangleleft\mathrm{OPQ} = \pi\rho^2 \cdot \frac{\varDelta\theta}{2\pi} = \frac{1}{2}f(\omega)^2 \varDelta\theta \qquad (\text{図}4).$$

したがって,A を求める積分の近似和 $S[\varDelta, \omega]$ として,

$$S[\varDelta, \omega] = \frac{1}{2}\sum_\varDelta f(\omega)^2 \varDelta\theta \qquad \left(\sum_\varDelta \text{ は},\varDelta \text{ の小区間についての和}\right)$$

が採用できる.　ここで,$f(\theta)$ は,$[\alpha, \beta]$ で連続であると仮定すれば,$f(\theta)^2$

は，$[\alpha, \beta]$ で積分可能であって，分割 Δ の小区間の最大幅 $\delta[\Delta] \to 0$ となるように，分割 Δ をかぎりなく細かくするとき，§20 の定理 1（123 ページ）によって，

$$S[\Delta, \omega] \to \frac{1}{2}\int_\alpha^\beta f(\theta)^2\,d\theta \qquad (\delta[\Delta] \to 0).$$

したがって，つぎの定理がえられる：

定理 2 ──────────── 極方程式による面積の積分表示

$f(\theta)$ が $[\alpha, \beta]$ で連続であるとき，曲線 (5) と 2 つの半直線 (6) によってかこまれた部分の面積 A は，

(7) $$A = \frac{1}{2}\int_\alpha^\beta f(\theta)^2\,d\theta.$$

例 3 カージオイド（ハート形）（§12 の例 3（78 ページ）参照）：
$$r = f(\theta) = 1 + \cos\theta \qquad (0 \leqq \theta \leqq 2\pi)$$
によってかこまれた部分（図 5）の面積 A．

(7) 式によって，

$$A = \frac{1}{2}\int_0^{2\pi}(1+\cos\theta)^2\,d\theta$$
$$= \frac{1}{2}\int_0^{2\pi}(1+2\cos\theta+\cos^2\theta)\,d\theta = \cdots = \frac{1}{2}\cdot 3\pi = \frac{3\pi}{2}.$$

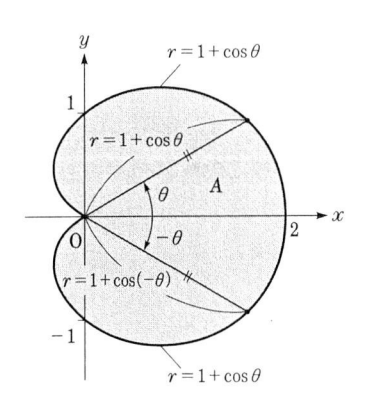

ここで，$\cdots$ の部分の計算は，例 2 の (4) 式の等号以後の計算（137 ページ）と同様である．

図 5 カージオイド（ハート形）：
$r = 1 + \cos\theta \quad (0 \leqq \theta \leqq 2\pi)$．
$1 + \cos(-\theta) = 1 + \cos\theta$ であるから，図形は，x-軸に関して，対称となる．
うすずみ色 の部分の面積が A．

第5章 定積分

問1 つぎの2曲線によってかこまれた図形の概形(およその形)を書き,定理1(135ページ)を利用して,その図形の面積を求めよ.

1 $y = x^2$, $y^2 = x$.

2 $y^2 = x$, $y = x - 2$.

3 $\sqrt{x} + \sqrt{y} = 1$, $x + y = 1$.

4 $y = 3^x$, $y = 2x + 1$.

5 $0 \leq x \leq \pi$ で,$y = \sin x$, $y = \sin 2x$.

問2 定理1(135ページ)を利用して,だ円:

$$(8) \qquad \frac{x^2}{9} + \frac{y^2}{4} = 1$$

の内部の面積を求めよ 〔ヒント:§21の例4(131ページ)を利用〕.

問3 曲線:$y^2 = x^2(1-x)$ (図6)の内部の面積を求めよ 〔ヒント:部分積分法〕.

問4 だ円(8)のパラメター表示:

$$x = 3\cos t, \qquad y = 2\sin t$$
$$(0 \leq t \leq 2\pi)$$

を利用して,例2(137ページ)にならって,このだ円の内部の面積を求めよ.

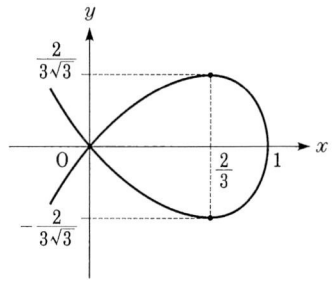

図6

問5 パラメター表示された曲線:$x = t^2$, $y = (1-t)^2$ ($0 \leq t \leq 1$) の概形をかき,例2にならって,この曲線,x-軸,および,y-軸,によってかこまれた部分の面積を求めよ.

問6 つぎの極方程式によって表された曲線の概形をかき,定理2(139ページ)を利用して,その曲線によってかこまれた図形の面積を求めよ 〔ヒント:$r \geq 0$ に注意〕.

1 レムニスケート:$r^2 = \cos 2\theta$ ($0 \leq \theta \leq 2\pi$).

2 $r = \cos 2\theta$ ($0 \leq \theta \leq 2\pi$).

3 $r = \sin 3\theta$ ($0 \leq \theta \leq 2\pi$).

§23. 立体の体積

1　立体の体積　　空間の，x-軸上の閉区間 $[a, b]$ の各点 $x \in [a, b]$ での，x-軸に垂直な平面による断面積 $A(x)$，が指定されている，立体の体積 V を求めよう(図1).*⁾ $A(x)$ は，$[a, b]$ で連続であるとする．

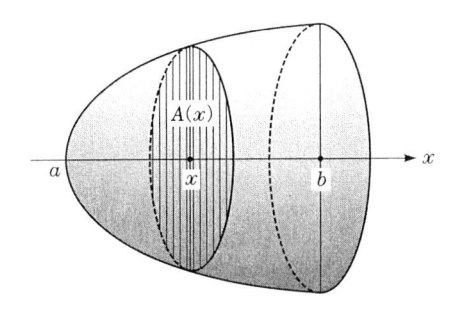

図1　x-軸上の閉区間 $[a, b]$ の各点 $x \in [a, b]$ での，断面積 $A(x)$ (たて線||||の部分の面積)が指定されている立体，の体積 V は，
$$V = \int_a^b A(x)\, dx.$$

$[a, b]$ の任意の分割:
$$\Delta: a = a_0 < a_1 < a_2 < \cdots < a_{n-1} < a_n = b$$
に対して，
$$M_i = \max_{a_{i-1} \leq x \leq a_i} A(x), \quad m_i = \min_{a_{i-1} \leq x \leq a_i} A(x) \quad (i = 1, \cdots, n)$$
とし，
$$S[\Delta] = \sum_{i=1}^n M_i h_i, \quad s[\Delta] = \sum_{i=1}^n m_i h_i \quad (h_i = a_i - a_{i-1})$$
をつくれば，$S[\Delta]$, $s[\Delta]$ は，ともに，近似和であって，

(1) $\qquad\qquad\qquad s[\Delta] \leq V \leq S[\Delta].$

$A(x)$ は $[a, b]$ で連続であるから，§20 の定理1 (123ページ) によって，

(2) $\qquad\qquad \lim_{\delta[\Delta] \to 0} s[\Delta] = \lim_{\delta[\Delta] \to 0} S[\Delta] = \int_a^b A(x)\, dx$
$$(\delta[\Delta] = \max_{1 \leq i \leq n} h_i).$$

---

*) V は，Volume (体積) の頭文字を採っている．

(1)式と (2)式によって，つぎの定理がえられる:

定理 1 ─────────────── **断面積による体積の積分表示**

断面積 $A(x)$ が $[a, b]$ で連続ならば，
$$V = \int_a^b A(x)\, dx.$$

例 1 空間において，4分円柱:
$$\{(x, y, z) \mid x^2 + y^2 \leqq 1,\ x \geqq 0,\ y \geqq 0\}$$
の，平面: $z = 0$ と曲面: $z = xy$ によって，はさまれた部分(図2):

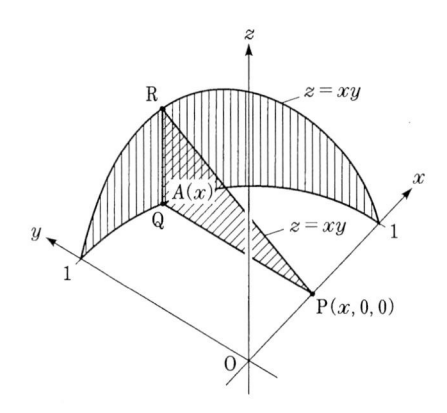

図2 4分円柱: $\{x^2 + y^2 \leqq 1,\ x \geqq 0,\ y \geqq 0\}$ の $0 \leqq z \leqq xy$ の範囲にある部分の体積 V を求める．たて線 ||||| の部分は，円周: $x^2 + y^2 = 1$ 上での $0 \leqq z \leqq xy$ の断面図．左さがりの斜線////// の $\triangle$PQR は，$x = $ 一定 での断面図．

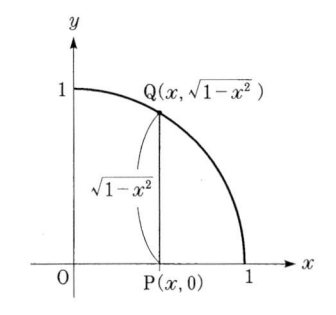

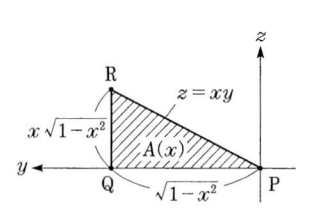

図3 図2の $\triangle$PQR の面積 $A(x)$ を求めるための補助図．
$$A(x) = \frac{1}{2}\sqrt{1-x^2} \cdot x\sqrt{1-x^2} = \frac{1}{2}x(1-x^2).$$

$$0 \leq z \leq xy$$

の体積 V を求める．

図 2, 図 3 によって，$x \in [0,1]$ での断面積 $A(x)$ は，

$$A(x) = \frac{1}{2} x(1-x^2).$$

したがって，定理 1 によって，

$$V = \int_0^1 A(x)\,dx = \frac{1}{2}\int_0^1 x(1-x^2)\,dx$$

$$= \frac{1}{2}\left[\frac{1}{2}x^2 - \frac{1}{4}x^4\right]_0^1 = \frac{1}{2}\left(\frac{1}{2} - \frac{1}{4}\right)$$

$$= \frac{1}{8}. \qquad \qquad \frown$$

2 回転体の体積 $[a,b]$ で $f(x)$ は連続で，$f(x) \geq 0$ であるとする．そのとき，曲線:

$$y = f(x) \qquad (a \leq x \leq b)$$

を，x -軸のまわりに 1 回転してえられる回転面と，$x = a$, $x = b$ をとおって，x -軸に垂直な 2 平面，とでかこまれた回転体の体積 V は，$x \in [a,b]$ での断面積 $A(x)$ が，半径 $f(x)$ の円の面積:

$$A(x) = \pi f(x)^2$$

(図 1 (141 ページ) で，$A(x) = \pi f(x)^2$ の場合) によってあたえられることに注意すれば，定理 1 (142 ページ) によって，

───── 回転体の体積の積分表示 ─────

(3) $\qquad V = \displaystyle\int_a^b A(x)\,dx = \pi \int_a^b f(x)^2\,dx.$

例 2 半径 1 の半円:

$$y = f(x) = \sqrt{1-x^2} \qquad (-1 \leq x \leq 1)$$

を，x -軸のまわりに 1 回転してできる回転面 (球面) の内部の体積 V (つぎのページの図 4)．

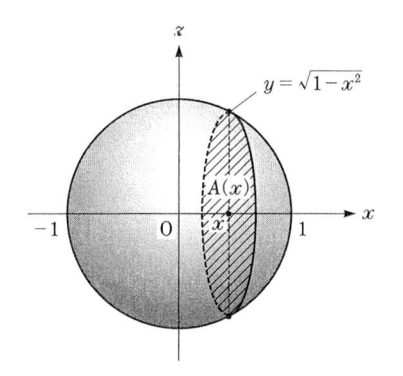

図4 x を固定して，$y = f(x) = \sqrt{1-x^2}$ を，x-軸のまわりに1回転してできる円の内部（斜線////の部分）の面積 $A(x)$ は，
$$A(x) = \pi f(x)^2 = \pi(1-x^2).$$

(3)式によって，
$$V = \pi \int_{-1}^{1} (\sqrt{1-x^2})^2 \, dx = \pi \int_{-1}^{1} (1-x^2) \, dx$$
$$= \pi \left[x - \frac{1}{3} x^3 \right]_{-1}^{1} = \pi \left\{ \left(1 - \frac{1}{3}\right) - \left((-1) - \frac{1}{3}(-1)^3\right) \right\}$$
$$= \frac{4}{3} \pi.$$

問1 (3)式 (143ページ) を利用して，つぎの図形を，x-軸のまわりに1回転してできる立体，の体積を求めよ．

$\boxed{1}$ 直線：$y = x$，直線：$x = 1$，および，x-軸，によってかこまれた部分．

$\boxed{2}$ 半だ円：$\dfrac{x^2}{9} + \dfrac{y^2}{4} = 1$, $y \geqq 0$，および，x-軸，によってかこまれた部分．

$\boxed{3}$ 曲線：$\sqrt{x} + \sqrt{y} = 1$，x-軸，および，y-軸，によってかこまれた部分．

$\boxed{4}$ 曲線：$\cos x$ $\left(-\dfrac{\pi}{2} \leqq x \leqq \dfrac{\pi}{2}\right)$ と x-軸によってかこまれた部分．

$\boxed{5}$ 曲線：$y = \cosh x$，直線：$x = -1$，直線：$x = 1$，および，x-軸，によってかこまれた部分．

*$\boxed{6}$ 円：$x^2 + (y-2)^2 = 1$ の内部．

*$\boxed{7}$ サイクロイド：$x = t - \sin t$, $y = 1 - \cos t$ $(0 \leqq t \leqq 2\pi)$ と x-軸，によってかこまれた部分．

§23. 立体の体積

問2 断面積 $A(x)$ を求めることによって，定理1（142ページ）を利用して，つぎの立体の体積を求めよ．

[1] 平面: $x+y+z=1$ と3つの座標平面，によってかこまれた部分．

[2] 半直円柱: $\{x^2+y^2 \leqq 1,\ z \geqq 0\}$ の，xy-平面と平面: $z=x$，によってはさまれた部分．

[3] 半直円柱: $\{x^2+y^2 \leqq 1,\ z \geqq 0\}$ の，xy-平面と平面: $z=y$，によってはさまれた部分．

*[4] 2つの不等式: $x^2+(y+z)^2 \leqq 1,\ 0 \leqq y \leqq \dfrac{1}{2}$，によって定義される立体．

$\Big[$ヒント: $x^2+(y+z)^2 \leqq 1$ は，$-\sqrt{1-x^2} \leqq y+z \leqq \sqrt{1-x^2}$ と同値であることに注意して，$A(x)$ は，底辺の長さ $2\sqrt{1-x^2}$，高さ $\dfrac{1}{2}$ の平行4辺形の面積である，ことをみちびけ$\Big]$．

問3 円板: $x^2+y^2 \leqq 1$ の $x=$ 一定 での切り口を1辺にもつ，x-軸に垂直で，$z \geqq 0$ の範囲にある正3角形（図5のたて線|||||の部分）の面積 $A(x)$ を求め，この3角形を断面にもつ立体（図5）の体積を，定理1（142ページ）を利用して求めよ．

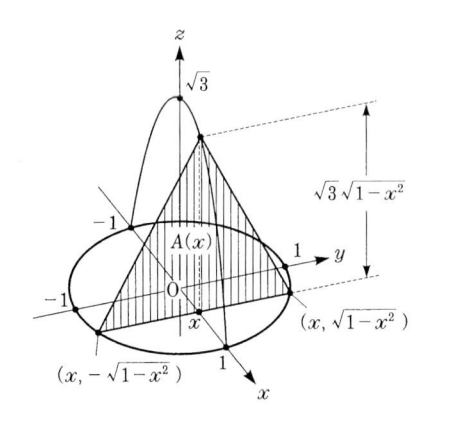

図5

§24. 曲線の長さ

1 線分の長さ

例 1 閉区間 $[a, b]$ 上の関数:
$$y = cx \quad (x \in [a, b];\ c\ \text{は定数})$$
によって定義される線分 l の長さ L を求めよう.[*)]

$[a, b]$ の任意の小区間への分割を Δ とし,$[x, x + \Delta x]$ を Δ の任意の小区間とする.分割 Δ に対応して,図1のような l の分割をつくる.小区間 $[x, x + \Delta x]$ に対応する l の部分の長さ ΔL (図1) は,$\Delta y = c(x + \Delta x) - cx = c\Delta x$ とおくとき,

$$\Delta L = \sqrt{(\Delta x)^2 + (\Delta y)^2} = \sqrt{1 + \left(\frac{\Delta y}{\Delta x}\right)^2}\, \Delta x = \sqrt{1 + c^2}\, \Delta x.$$

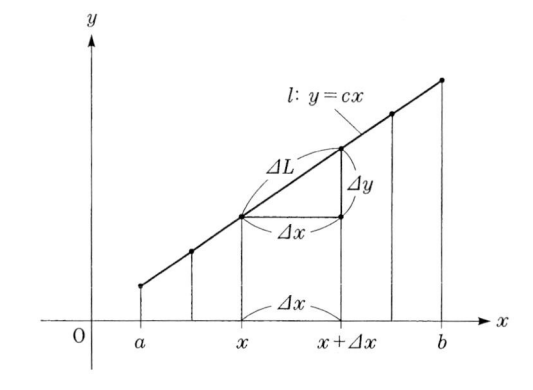

図1 分割 Δ に対応する線分 $l:\ y = cx$ の分割.小区間 $[x, x + \Delta x]$ に対応する l の部分の長さ ΔL は,
$$\Delta L = \sqrt{(\Delta x)^2 + (\Delta y)^2}$$
$$= \sqrt{1 + \left(\frac{\Delta y}{\Delta x}\right)^2}\, \Delta x$$
$$= \sqrt{1 + c^2}\, \Delta x.$$

∴ $\quad L = \sum_{\Delta x \in \Delta} \Delta L = \sum_{\Delta x \in \Delta} \sqrt{1 + c^2}\, \Delta x = \sqrt{1 + c^2}\, (b - a).$

この式は,つぎの形に表せる:
$$L = \int_a^b \sqrt{1 + c^2}\, dx.$$

[*)] l は,line(直線)の頭文字を,L は,Length(長さ)の頭文字を,それぞれ,採っている.

§24. 曲線の長さ   147

2 **曲線の長さ** $[a, b]$ 上の，一般の曲線: $y = f(x)$ の長さ L を求めよう．

曲線: $y = f(x)$ と分割 Δ に対して，図2のような屈折線 P_Δ をつくる．[*)]
小区間 $[x, x+\Delta x]$ に対応する P_Δ の部分 (線分) の長さ ΔL (図2) は，
$\Delta y = f(x+\Delta x) - f(x)$ とおくとき，

$$\Delta L = \sqrt{(\Delta x)^2 + (\Delta y)^2} = \sqrt{1 + \left(\frac{\Delta y}{\Delta x}\right)^2}\, \Delta x = *.$$

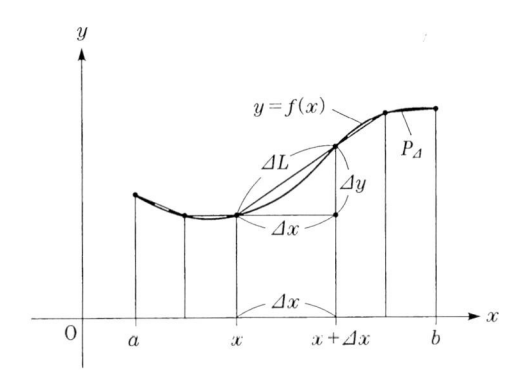

図2 曲線: $y = f(x)$ と分割 Δ に対応する屈折線 P_Δ．小区間 $[x, x+\Delta x]$ に対応する P_Δ の部分の長さ:
$$\Delta L = \sqrt{(\Delta x)^2 + (\Delta y)^2}$$
$$= \sqrt{1 + \left(\frac{\Delta y}{\Delta x}\right)^2}\, \Delta x.$$

ここで，$f(x)$ は $[a, b]$ で微分可能であるとすれば，§9の(3)式の平均値の定理 (56ページ) によって，

$$\frac{\Delta y}{\Delta x} = f'(\xi) \qquad (x < \xi < x + \Delta x)$$

をみたす ξ が存在する．

$$\therefore \quad * = \sqrt{1 + f'(\xi)^2}\, \Delta x.$$

したがって，P_Δ の長さを $L[\Delta]$ とすれば，

$$L[\Delta] = \sum_\Delta \Delta L = \sum_\Delta \sqrt{1 + f'(\xi)^2}\, \Delta x.$$

ここで，$f'(x)$ は $[a, b]$ で連続であるとすれば，§20の定理1 (123ページ) によって，$\sqrt{1 + f'(x)^2}$ は $[a, b]$ で積分可能であって，分割 Δ の最大

[*)] P_Δ の P は，Polygonal line (屈折線) の頭文字を採っている．

幅 $\delta[\varDelta] \to 0$ とするとき，
$$L[\varDelta] \to L = \int_a^b \sqrt{1+f'(x)^2}\, dx \qquad (\delta[\varDelta] \to 0).$$
したがって，つぎの定理がえられる：

定理 1 ──────────────────── **曲線の長さの積分表示**

$f(x)$ は，$[a, b]$ で連続な導関数をもつとし，$[a, b]$ 上の曲線：$y = f(x)$ の長さを L とする．　そのとき，
$$(1) \qquad L = \int_a^b \sqrt{1+f'(x)^2}\, dx = \int_a^b \sqrt{1+\left(\frac{dy}{dx}\right)^2}\, dx.$$

例 2 懸垂線：
$$y = \cosh x = \frac{e^x + e^{-x}}{2}$$
の $-1 \leqq x \leqq 1$ に対応する部分（§7 の図 1（45 ページ）参照）の長さ L．
$$y' = (\cosh x)' = \sinh x.$$
$\cosh^2 x - \sinh^2 x = 1$ であるから，
$$\sqrt{1+y'^2} = \sqrt{1+\sinh^2 x} = \sqrt{\cosh^2 x} = \cosh x.$$
したがって，(1) 式によって，
$$L = \int_{-1}^1 \sqrt{1+y'^2}\, dx = \int_{-1}^1 \cosh x\, dx$$
$$= \bigl[\sinh x\bigr]_{-1}^1 = \sinh 1 - \sinh(-1) = 2\sinh 1.$$

3 パラメター表示された曲線の長さ　　パラメター表示された曲線：
$$(2) \qquad x = \varphi(t), \quad y = \psi(t) \qquad (\alpha \leqq t \leqq \beta)$$
の長さ L を求める公式をみちびこう．

$[\alpha, \beta]$ の，任意の小区間への分割を $\varDelta$ とし，$[t, t+\varDelta t]$ を $\varDelta$ の任意の小区間とする．　曲線 (2) と分割 $\varDelta$ に対して，つぎのページの図 3 のような屈折線 $P_\varDelta$ をつくる．

§24. 曲線の長さ

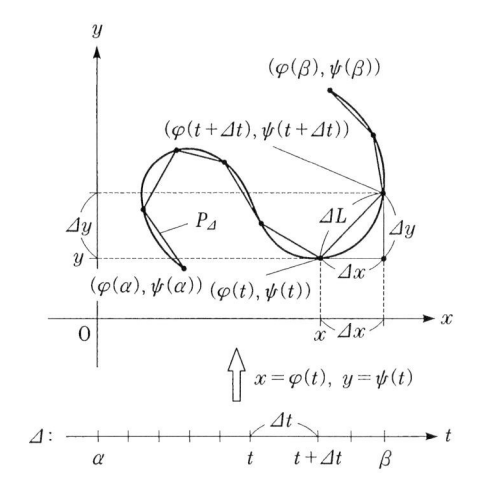

図3 曲線 (2) と分割 Δ に対して，屈折線 P_Δ をつくる． 小区間 $[t, t+\Delta t]$ に対応する P_Δ の部分の長さ ΔL は，
$$\Delta L = \sqrt{(\Delta x)^2 + (\Delta y)^2}$$
$$= \sqrt{\left(\frac{\Delta x}{\Delta t}\right)^2 + \left(\frac{\Delta y}{\Delta t}\right)^2} \Delta t.$$

$$\Delta x = \varphi(t+\Delta t) - \varphi(t), \qquad \Delta y = \psi(t+\Delta t) - \psi(t)$$

とおくとき，小区間 $[t, t+\Delta t]$ に対応する P_Δ の部分（線分）の長さ ΔL は，

$$\Delta L = \sqrt{(\Delta x)^2 + (\Delta y)^2} = \sqrt{\left(\frac{\Delta x}{\Delta t}\right)^2 + \left(\frac{\Delta y}{\Delta t}\right)^2} \Delta t = *.$$

ここで，$\varphi(t), \psi(t)$ は，$[\alpha, \beta]$ で微分可能であるとし，$[t, t+\Delta t]$ で §9 の (3) 式の平均値の定理 (56 ページ) を用いれば，

$$\frac{\Delta x}{\Delta t} = \varphi'(u), \qquad \frac{\Delta y}{\Delta t} = \psi'(v) \qquad (t < u < t+\Delta t, \ t < v < t+\Delta t)$$

をみたす u, v が存在する．

$$\therefore \quad * = \sqrt{\varphi'(u)^2 + \psi'(v)^2}\, \Delta t.$$

P_Δ の長さを $L[\Delta]$ とすれば，

$$L[\Delta] = \sum_\Delta \Delta L = \sum_\Delta \sqrt{\varphi'(u)^2 + \psi'(v)^2}\, \Delta t.$$

ここで，$\varphi'(t), \psi'(t)$ は $[\alpha, \beta]$ で連続であるとすれば，§20 の定理 1 (123 ページ) によって，$\sqrt{\varphi'(t)^2 + \psi'(t)^2}$ は $[\alpha, \beta]$ で積分可能であって，分割 Δ の小区間の最大幅 $\delta[\Delta] \to 0$ とするとき，

$$L[\Delta] \to L = \int_\alpha^\beta \sqrt{\varphi'(t)^2 + \psi'(t)^2}\, dt \qquad (\delta[\Delta] \to 0).$$

したがって，つぎの定理がえられる：

> **定理 2** ─────── **パラメター表示された曲線の長さの積分表示**
>
> $\varphi(t), \psi(t)$ は，$[\alpha, \beta]$ で連続な導関数をもつとし，曲線 (2) の長さを L とする．そのとき，
>
> $$(3) \qquad L = \int_\alpha^\beta \sqrt{\varphi'(t)^2 + \psi'(t)^2}\, dt = \int_\alpha^\beta \sqrt{\left(\frac{dx}{dt}\right)^2 + \left(\frac{dy}{dt}\right)^2}\, dt.$$

例 3 サイクロイド：
$$x = t - \sin t, \quad y = 1 - \cos t \quad (0 \leqq t \leqq 2\pi)$$
（§22 の図 3（137 ページ））の長さ L．

$$\frac{dx}{dt} = 1 - \cos t, \qquad \frac{dy}{dt} = \sin t$$

であるから，(3) 式によって，

$$L = \int_0^{2\pi} \sqrt{\left(\frac{dx}{dt}\right)^2 + \left(\frac{dy}{dt}\right)^2}\, dt = \int_0^{2\pi} \sqrt{(1 - \cos t)^2 + \sin^2 t}\, dt$$

$$= \int_0^{2\pi} \sqrt{1 - 2\cos t + \cos^2 t + \sin^2 t}\, dt$$

$$= \int_0^{2\pi} \sqrt{2(1 - \cos t)}\, dt = \int_0^{2\pi} \sqrt{4 \sin^2 \frac{t}{2}}\, dt$$

$$(\because \quad \text{半角の公式 (26 ページ)})$$

$$= 2 \int_0^{2\pi} \sin \frac{t}{2}\, dt \quad \left(\because \quad [0, 2\pi] \text{ で，} \sin \frac{t}{2} \geqq 0 \right)$$

$$= 2 \left[-2 \cos \frac{t}{2} \right]_0^{2\pi} = -4 \left[\cos \frac{t}{2} \right]_0^{2\pi} = -4\{(-1) - 1\} = 8. \quad ⌒$$

問 1 一般の懸垂線：
$$y = a \cosh \frac{x}{a} \quad (a > 0)$$
の $-b \leqq x \leqq b$（$b > 0$）に対応する部分の長さを，例 2（148 ページ）を利用して，$t = \dfrac{x}{a}$ とおく置換積分法によって求めよ．

§24. 曲線の長さ

[問 2] 定理1 (148ページ) を利用して，つぎの曲線の長さを求めよ．

[1] 円: $x^2 + y^2 = 1$.

[2] 放物線: $y = \dfrac{1}{2}x^2$ の $0 \leqq x \leqq 1$ に対応する部分

〔ヒント: §16の(4)式(106ページ)を利用〕．

*[3] 曲線: $y = \log x$ の $1 \leqq x \leqq 2$ に対応する部分

〔ヒント: $u = \sqrt{x^2+1}$ とおく置換積分法〕．

*[4] 曲線: $y = \log \sin x$ の $\dfrac{\pi}{3} \leqq x \leqq \dfrac{\pi}{2}$ に対応する部分

〔ヒント: §15の問2の[22] (101ページ))〕．

[問 3] 定理2 (150ページ) を利用して，つぎの曲線の長さを求めよ．

[1] 円: $x = \cos t$, $y = \sin t$ ($0 \leqq t \leqq 2\pi$).

[2] 伸開線 (図4):
$$x = \cos t + t \sin t, \quad y = \sin t - t \cos t \quad (0 \leqq t \leqq T).$$

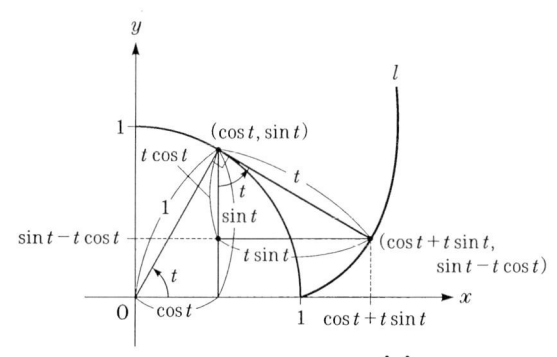

図4 伸開線 l: 半径1の円周にまかれたひもを，伸ばしながら，ほどいていったときの，ひもの先端の軌跡．

[3] アステロイド: $x = \cos^3 t$, $y = \sin^3 t$ ($0 \leqq t \leqq 2\pi$).

[4] $x = e^t \cos t$, $y = e^t \sin t$ ($0 \leqq t \leqq 2\pi$).

§25. 広義の積分

1 広義の積分とは？

例1 曲線: $y = \dfrac{1}{\sqrt{x}}$, 直線: $x = 1$, x-軸, および, y-軸, によってかこまれた, つぎの図1のうすずみ(薄墨)色　　の部分の面積 A を求めよう.

図1のたて線||||||の部分の面積 A_δ は,

(1) $\quad A_\delta = \displaystyle\int_\delta^1 \dfrac{dx}{\sqrt{x}} = \int_\delta^1 x^{-\frac{1}{2}} dx = \left[\dfrac{1}{-\frac{1}{2}+1} x^{-\frac{1}{2}+1} \right]_\delta^1$

$\qquad = \left[2x^{\frac{1}{2}} \right]_\delta^1 = 2 - 2\sqrt{\delta}\,.$

(2) $\quad \therefore \quad A = \displaystyle\lim_{\delta \to +0} A_\delta = \lim_{\delta \to +0} (2 - 2\sqrt{\delta}) = 2\,.$

けっきょく, (1) と (2) によって,

$$A = \lim_{\delta \to +0} \int_\delta^1 \dfrac{dx}{\sqrt{x}} = 2\,.$$

この式の中辺を, 定積分と同じ記号:

$$\int_0^1 \dfrac{dx}{\sqrt{x}} \equiv \lim_{\delta \to +0} \int_\delta^1 \dfrac{dx}{\sqrt{x}}$$

で表して, **広義の積分**または**仮性積分**という. 広義の積分は, 定積分と極限値が, セットになっていることに注意! ☺

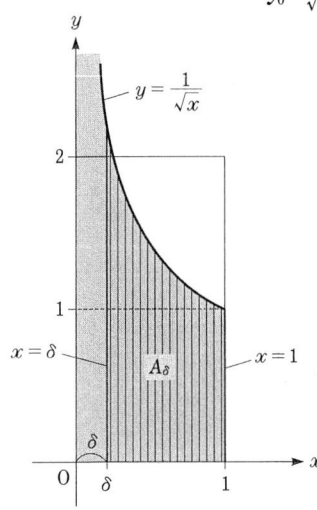

図1 曲線: $y = \dfrac{1}{\sqrt{x}}$, 直線: $x = 1$, x-軸, および, y-軸, によってかこまれた, うすずみ色　　の部分の面積 A は, この図形の, 直線: $x = \delta$ ($\delta > 0$) の右側にあるたて線||||||の部分の面積 A_δ を, 定積分で求めて,

$$A = \lim_{\delta \to +0} A_\delta$$

として求められる.

§25. 広義の積分

2　有界でない関数の積分　一般に，$f(x)$ は，高だか点 c ($\in (a, b)$) を除いて，$[a, b]$ で定義され，c の近くを除いて有界で，c の近くで有界でない場合(図2)，$f(x)$ の $[a, b]$ での積分を，

$$(3) \qquad \int_a^b f(x)\,dx \equiv \lim_{\delta \to +0} \int_a^{c-\delta} f(x)\,dx + \lim_{\delta' \to +0} \int_{c+\delta'}^b f(x)\,dx$$

によって定義する(図2)．

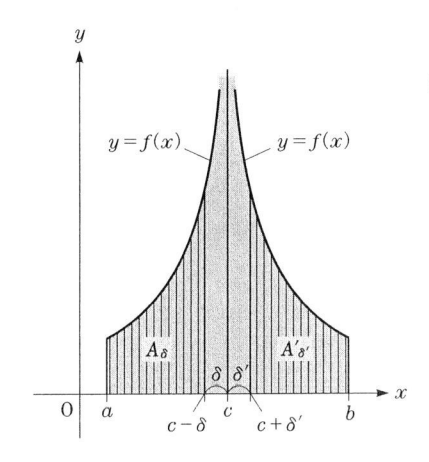

図2　$f(x) \geq 0$ ならば，広義の積分 (3) は，幾何学的には，たて線||||||の部分の面積 $A_\delta, A'_{\delta'}$ を，定積分で求めて，うすずみ色の部分の面積 A を，

$$A = \lim_{\delta \to +0} A_\delta + \lim_{\delta' \to +0} A'_{\delta'}$$

とすることによって，求めることに相当している．

ここで，$\delta \to +0$ と $\delta' \to +0$ は，独立な極限値であることに注意！

(3) の積分を，このあとでのべる無限区間での積分とともに，**広義の積分**，または，**仮性積分**という．　例1の積分は，c が a と一致し，$a = c = 0$, $b = 1$, $f(x) = \dfrac{1}{\sqrt{x}}$ の場合である．

例2　$\displaystyle\int_0^1 \dfrac{dx}{x^2}$．

$$\int_0^1 \frac{dx}{x^2} = \lim_{\delta \to +0} \int_\delta^1 \frac{dx}{x^2} = \lim_{\delta \to +0} \left[\frac{1}{-2+1} x^{-2+1} \right]_\delta^1$$
$$= \lim_{\delta \to +0} \left[-x^{-1} \right]_\delta^1 = \lim_{\delta \to +0} \left(-1 + \frac{1}{\delta} \right) = \infty.$$

一般に，広義の積分 (3) が，有限な値でない場合，広義の積分 (3) は，**存在しない**，という．　したがって，例2の広義の積分は，存在しない．

3 無限積分とは？

例3 曲線: $y = \dfrac{1}{x^2}$, 直線: $x = 1$, および, x-軸, によってかこまれた, つぎの図3のうすずみ色 ▨ の部分の面積 A を求めよう．

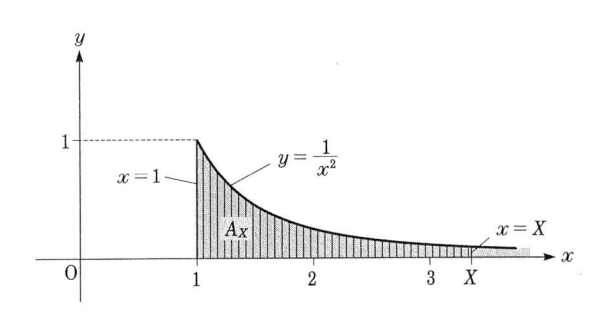

図3 曲線: $y = \dfrac{1}{x^2}$, 直線: $x = 1$, および, x-軸, によってかこまれた, うすずみ色 ▨ の部分の面積Aは, この図形の, 直線: $x = X$ の左側にあるたて線||||||の部分の面積 A_X を, 定積分で求めて,

$$A = \lim_{X \to \infty} A_X$$

とすることによって求められる．

図3のたて線||||||の部分の面積 A_X は,

(4) $\quad A_X = \displaystyle\int_1^X \dfrac{dx}{x^2} = \int_1^X x^{-2}\, dx = \Big[-x^{-1}\Big]_1^X = -\dfrac{1}{X} + 1$．

(5) $\quad\therefore\quad A = \displaystyle\lim_{X \to \infty} A_X = \lim_{X \to \infty}\left(-\dfrac{1}{X} + 1\right) = 1$．

けっきょく, (4) と (5) によって,

$$A = \lim_{X \to \infty} \int_1^X \dfrac{dx}{x^2} = 1 .$$

この式の中辺を,

$$\int_1^\infty \dfrac{dx}{x^2} \equiv \lim_{X \to \infty} \int_1^X \dfrac{dx}{x^2}$$

で表して, **無限積分**という． 無限積分も, 広義の積分の1つで, 定積分と極限値が, セットになっていることに注意！

§25. 広義の積分　　　155

4 **無限積分**　　一般に，区間 $[a, \infty)$ 上で有界な関数 $f(x)$ の**広義の積分**（**無限積分**）を，

(6) $$\int_a^\infty f(x)\,dx \equiv \lim_{X\to\infty} \int_a^X f(x)\,dx$$

によって定義する（図4）．　例3の積分は，$a=1$, $f(x)=\dfrac{1}{x^2}$ の場合である．

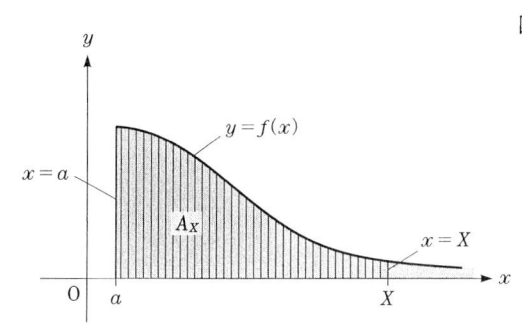

図4　$f(x) \geqq 0$ ならば，無限積分 (6) は，幾何学的には，たて線 ||||| の部分の面積 A_X を，定積分で求めて，うすずみ色 の部分の面積 A を，
$$A = \lim_{X\to\infty} A_X$$
とすることによって，求めることに相当している．

無限積分については，(6)式の無限積分のほかに，つぎの2種類の無限積分も考える．

(7) $$\int_{-\infty}^b f(x)\,dx \equiv \lim_{X\to -\infty}\int_X^b f(x)\,dx,$$

(8) $$\int_{-\infty}^\infty f(x)\,dx \equiv \lim_{X\to\infty,\,X'\to-\infty}\int_{X'}^X f(x)\,dx \quad (図5).$$

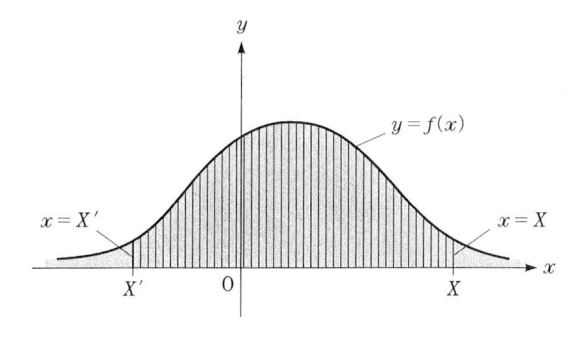

図5　$(-\infty, \infty)$ での広義の積分の定義式 (8) の補助図．ここで，$X\to\infty$ と $X'\to-\infty$ は，独立な極限値であることに注意！

例 4 $\int_1^\infty \dfrac{dx}{\sqrt{x}}$.

$$\int_1^\infty \dfrac{dx}{\sqrt{x}} = \lim_{X \to \infty} \int_1^X x^{-\frac{1}{2}}\, dx = \lim_{X \to \infty} \left[2x^{\frac{1}{2}} \right]_1^X$$

$$= \lim_{X \to \infty} (2X^{\frac{1}{2}} - 2) = \infty.$$

したがって，無限積分: $\int_1^\infty \dfrac{dx}{\sqrt{x}}$ は，存在しない． ⌢

5 具体例

例 5 $\int_0^\infty x\, e^{-x}\, dx$ （§12 の図 5（78 ページ）参照）．

$$\int_0^\infty x\, e^{-x}\, dx = \lim_{X \to \infty} \int_0^X \overset{f}{x}\, \underset{g'}{e^{-x}}\, dx$$

$$= \lim_{X \to \infty} \left\{ \left[\overset{f}{x} \underset{g}{(-e^{-x})} \right]_0^X - \int_0^X \underset{f'}{1} \cdot \underset{g}{(-e^{-x})}\, dx \right\} \quad (部分積分法)$$

$$= \lim_{X \to \infty} \left\{ -X e^{-X} - \left[e^{-x} \right]_0^X \right\}$$

$$= \lim_{X \to \infty} \left\{ -\dfrac{X}{e^X} - e^{-X} + e^0 \right\} = *.$$

ここで，ロピタルの定理（68 ページの定理 4）によって，

$$\lim_{X \to \infty} \dfrac{X}{e^X} = \lim_{X \to \infty} \dfrac{(X)'}{(e^X)'} = \lim_{X \to \infty} \dfrac{1}{e^X} = 0.$$

$$\therefore \quad * = 1.$$

$$\therefore \quad \int_0^\infty x\, e^{-x}\, dx = 1.$$ ⌢

問 1 つぎの広義の積分の値を求めよ．

1 $\int_0^1 \dfrac{dx}{\sqrt[3]{x^2}}$ 　　　　2 $\int_0^1 \dfrac{dx}{\sqrt{x^3}}$

3 $\int_{-1}^1 \dfrac{dx}{x}$ ［ヒント: 図 2 の図説に注意！］ 　4 $\int_0^1 \dfrac{dx}{\sqrt{1-x}}$

*5 $\int_0^e \log x\, dx$ ［ヒント: $g' = 1$ とおく置換積分法．$\delta \log \delta \to 0$（$\delta \to +0$）（ロピタルの定理）］

§25. 広義の積分

$\boxed{6}$ $\displaystyle\int_{\frac{1}{2}}^{1} \frac{dx}{\sqrt{1-x^2}}$ $\qquad$ $\boxed{7}$ $\displaystyle\int_{0}^{1} \frac{x}{\sqrt{1-x^2}}\, dx$

$\boxed{8}$ $\displaystyle\int_{1}^{2} \frac{dx}{\sqrt{x^2-1}}$ $\qquad$ $\boxed{9}$ $\displaystyle\int_{-1}^{1} \frac{dx}{1-x^2}$

$\boxed{10}$ $\displaystyle\int_{0}^{\frac{1}{2}} \frac{dx}{\sqrt{x(x-1)}}$ $\qquad$ *$\boxed{11}$ $\displaystyle\int_{0}^{e^2} \frac{\log x}{\sqrt{x}}\, dx$

〔$\boxed{10}$と$\boxed{11}$のヒント：$\sqrt{x}=t$ とおく置換積分法．$\boxed{11}$については，$\boxed{5}$のヒントも〕

$\boxed{問\,2}$　$a>0$ のとき，$\displaystyle\int_{0}^{1} \frac{dx}{x^a}$ を求めよ．〔ヒント：$a\ne 1$ の場合と，$a=1$ の場合にわけて，行え〕．

$\boxed{問\,3}$　つぎの無限積分の値を求めよ．

$\boxed{1}$ $\displaystyle\int_{1}^{\infty} \frac{dx}{\sqrt{x^3}}$ $\qquad$ $\boxed{2}$ $\displaystyle\int_{1}^{\infty} \frac{dx}{\sqrt[3]{x^2}}$

$\boxed{3}$ $\displaystyle\int_{1}^{\infty} \frac{dx}{x}$ $\qquad$ $\boxed{4}$ $\displaystyle\int_{1}^{\infty} e^{-x}\, dx$

$\boxed{5}$ $\displaystyle\int_{0}^{\infty} x e^{-x^2}\, dx$　〔ヒント：$u=x^2$ とおく置換積分法〕

$\boxed{6}$ $\displaystyle\int_{-\infty}^{\infty} \frac{dx}{a^2+x^2}$ $\quad(a>0)$ $\qquad$ $\boxed{7}$ $\displaystyle\int_{0}^{\infty} \frac{x}{1+x^2}\, dx$

$\boxed{8}$ $\displaystyle\int_{2}^{\infty} \frac{dx}{x(x^2-1)}$ $\qquad$ $\boxed{9}$ $\displaystyle\int_{1}^{\infty} \frac{dx}{\sqrt{x}(x+1)}$

*$\boxed{10}$ $\displaystyle\int_{2}^{\infty} \frac{dx}{x\sqrt{x-1}}$　$\left[\boxed{9}と\boxed{10}のヒント：それぞれ，\sqrt{x}=t,\ \sqrt{x-1}=t\ とおく置換積分法\right]$

$\boxed{問\,4}$　$\displaystyle\int_{1}^{\infty} \frac{dx}{x^a}$ を求めよ　〔ヒント：$a=1$ のときは，問3の$\boxed{3}$〕．

*$\boxed{問\,5}$　例5 (156ページ) にならって，$\displaystyle\int_{0}^{\infty} x^2 e^{-x}\, dx$ の値を求めよ　〔ヒント：部分積分を2回〕．

$\boxed{問\,6}$　(i)　$\displaystyle\int_{k}^{k+1} \frac{dx}{x} < \frac{1}{k}$　(k は正の整数)　をしめせ

$\left[ヒント：(k, k+1)\ で\ \dfrac{1}{x} < \dfrac{1}{k}\right]$．

(ii) （i）を利用して，$\int_1^{n+1} \dfrac{dx}{x} < 1 + \dfrac{1}{2} + \cdots + \dfrac{1}{n}$ をしめせ．

(iii) $\displaystyle\lim_{n\to\infty}\left(1 + \dfrac{1}{2} + \cdots + \dfrac{1}{n}\right) = \infty$ をしめせ〔ヒント：問3の③〕．

§26. 続・関数の近似*

1 テイラー級数の微分とは？

例1　§13の(26)式（88ページ）のテイラー級数：

$$\dfrac{1}{1-x} = 1 + x + x^2 + \cdots + x^n + \cdots \qquad (|x|<1)$$

の両辺を微分しよう．

$$\dfrac{d}{dx}\left(\dfrac{1}{1-x}\right) = \dfrac{1}{(1-x)^2}$$

$$= \dfrac{d}{dx}(1 + x + x^2 + \cdots + x^n + \cdots) = *.$$

ここで，この級数の微分を，項別にしてよいことがしめされるから，

$$* = 0 + 1 + 2x + 3x^2 + \cdots + nx^{n-1} + \cdots.$$

(1)　∴　$\dfrac{1}{(1-x)^2} = 1 + 2x + 3x^2 + \cdots + nx^{n-1} + \cdots \qquad (|x|<1).$

この式で，x に $-x$ を代入することによって，

$\dfrac{1}{(1+x)^2} = 1 - 2x + 3x^2 - \cdots + (-1)^n nx^{n-1} + \cdots \qquad (|x|<1).$

---

*) この§26は，省略して，§27に進んでもよい．

2 テイラー級数の微分

例1の方法は，一般の関数 $f(x)$ のテイラー展開の微分にも，有効であることがしめされて，つぎの定理がなりたつ:

定理 1 ────────────── テイラー級数の微分の公式

$f(x)$ のテイラー展開を，
$$f(x) = f(0) + f'(0)\,x + \frac{f''(0)}{2!}\,x^2 + \cdots + \frac{f^{(n)}(0)}{n!}\,x^n + \cdots$$
$$(|x| < R)$$
とするとき，$f'(x)$ は，テイラー展開可能であって，
$$f'(x) = f'(0) + f''(0)\,x + \frac{f'''(0)}{2!}\,x^2 + \cdots + \frac{f^{(n)}(0)}{(n-1)!}\,x^{n-1} + \cdots$$
$$(|x| < R).$$

---

3 テイラー級数の積分とは？

例 2 §13 の (27) 式 (88 ページ) のテイラー級数:
$$\frac{1}{1+t} = 1 - t + t^2 - \cdots + (-1)^n t^n + \cdots \qquad (|t| < 1)$$
の両辺を，0 から x まで積分しよう.

$$\int_0^x \frac{dt}{1+t} = \bigl[\log(1+t)\bigr]_0^x = \log(1+x) - \log 1 = \log(1+x)$$
$$= \int_0^x \{1 - t + t^2 - \cdots + (-1)^n t^n + \cdots\}\,dt = *.$$

ここで，この級数の積分を，項別にしてよいことがしめされるから，
$$* = x - \frac{x^2}{2} + \frac{x^3}{3} - \cdots + (-1)^n \frac{x^{n+1}}{n+1} + \cdots.$$

$$\therefore \quad \log(1+x) = x - \frac{x^2}{2} + \frac{x^3}{3} - \cdots + (-1)^{n-1} \frac{x^n}{n} + \cdots$$
$$(|x| < 1).$$

(§13 の問 3 の **4** (90 ページ)).

4 テイラー級数の積分

例2の方法は，一般の関数 $f(x)$ のテイラー展開の積分にも，有効であることがしめされて，つぎの定理がなりたつ：

定理 2 ──────────────── テイラー級数の積分の公式

$f(x)$ のテイラー展開を，
$$f(x) = f(0) + f'(0)\,x + \frac{f''(0)}{2!}x^2 + \cdots + \frac{f^{(n)}(0)}{n!}x^n + \cdots$$
$$(|x| < R)$$

とするとき，$\displaystyle\int_0^x f(t)\,dt$ は，テイラー展開可能であって，

$$\int_0^x f(t)\,dt = f(0)\,x + \frac{f'(0)}{2!}x^2 + \frac{f''(0)}{3!}x^3 + \cdots$$
$$+ \frac{f^{(n)}(0)}{(n+1)!}x^{n+1} + \cdots \qquad (|x| < R).$$

---

5 応用例

例 3 §13 の問 2 の **2** (90 ページ) で求めたテイラー級数：

$$\frac{1}{1+t^2} = 1 - t^2 + t^4 - \cdots + (-1)^n t^{2n} + \cdots \qquad (|t| < 1)$$

に，定理 2 を利用すれば，例 2 と同様にして，

$$\int_0^x \frac{dt}{1+t^2} = \left[\tan^{-1} t\right]_0^x = \tan^{-1} x - \tan^{-1} 0 = \tan^{-1} x$$
$$= \int_0^x \{1 - t^2 + t^4 - \cdots + (-1)^n t^{2n} + \cdots\}\,dt$$
$$= x - \frac{x^3}{3} + \frac{x^5}{5} - \cdots + (-1)^n \frac{x^{2n+1}}{2n+1} + \cdots.$$

$$\therefore \quad \tan^{-1} x = x - \frac{x^3}{3} + \frac{x^5}{5} - \cdots + (-1)^n \frac{x^{2n+1}}{2n+1} + \cdots$$
$$(|x| < 1).$$

---

§26. 続・関数の近似

[問1] 例1 (158 ページ) にならって，$\dfrac{1}{(1-x)^3}$ のマクローリン展開を求めよ．

〔ヒント：(1)式 (158 ページ) を微分〕

[問2] 例3 にならって，つぎの関数のマクローリン展開を求めよ．

[1] $\log\dfrac{1+x}{1-x}$ [2] $\sin^{-1} x$ [3] $\log(x+\sqrt{1+x^2})$

〔ヒント：[1], [2], [3] は，それぞれ，§13 の問2 の [1], [3], [4] (90 ページ) の答を積分〕

第6章　偏微分

§27. 偏導関数

1　多変数関数　　1変数の関数: $y = f(x)$ の場合，その定義域は，一般に，区間であった．　区間 $[a, b]$ で，関数: $y = f(x)$ を定義することは，$[a, b]$ 上に曲線を定義することと解釈され，$y = f(x)$ を微分して，$y = f(x)$ の増減や極値など，をしらべたりした．　また，$f(x)$ を積分して，曲線: $y = f(x)$ によってかこまれた図形の面積を求めたり，あるいは，曲線の長さを求めたりした．　そのようにして，関数: $y = f(x)$ の性質をしらべてきた．

　2変数の関数: $z = f(x, y)$ の場合，定義域としては，一般に，**領域**（曲線でかこまれた範囲）が採用される．　領域 D 上に関数: $z = f(x, y)$ を定

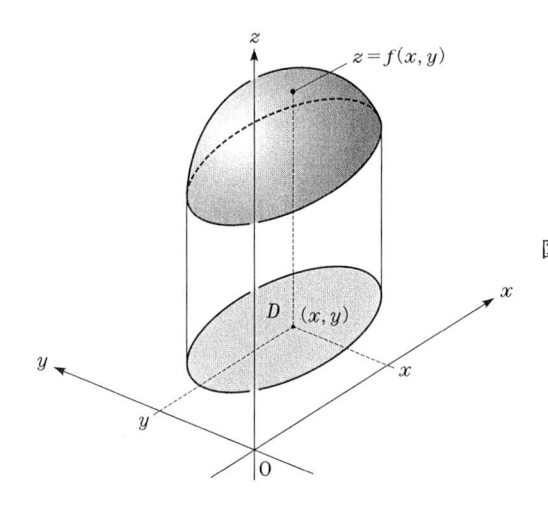

図1　領域 D 上の関数: $z = f(x, y)$ によって，D 上に空間の曲面（上側のうすずみ色▨▨の部分）が定義される．

義することは，幾何学的には，D 上に空間の曲面を定義することと解釈される（図 1）．[*] $f(x, y)$ を偏微分して，関数: $z = f(x, y)$ によって定義される曲面の滑らかさや，極値，などをしらべたりすることができる．また，D 上での $f(x, y)$ の 2 重積分を求めることによって，曲面: $z = f(x, y)$ によってかこまれた立体の体積を求めたり，あるいは，曲面の表面積を求めることもできる．

3 変数以上の関数: $z = f(x_1, \cdots, x_n)$ ($n \geqq 3$) については，2 変数の関数: $z = f(x, y)$ と同様に，とりあつかえる場合が多い．

2 **極限値・連続関数**　平面上を変わる点 (x, y) が，定点 (a, b) 以外の値をとりながら，(a, b) にかぎりなく近づくときに，関数 $f(x, y)$ の値が，一定の値 α に，かぎりなく近づくならば，

(x, y) が (a, b) に近づくときの，$f(x, y)$ の**極限値**は α である．または，
(x, y) が (a, b) に近づくとき，$f(x, y)$ は α に**収束**する．　　といい，

(1)
$$\lim_{(x,y)\to(a,b)} f(x, y) = \alpha,$$
$$\lim_{x\to a,\ y\to b} f(x, y) = \alpha,$$
$$f(x, y) \to \alpha \quad ((x, y) \to (a, b)),$$

など，で表す．

関数 $f(x, y)$ が，その定義域に属する点 (a, b) で，
$$\lim_{(x,y)\to(a,b)} f(x, y) = f(a, b)$$
であるとき，$f(x, y)$ は点 (a, b) で**連続**である，という．

領域といえば，ふつうは，その境界をふくめないが，領域にその境界をふくめたものを**閉領域**という．　$f(x, y)$ が，領域（閉領域）D のすべての点で連続であるとき，$f(x, y)$ は**領域（閉領域）D で連続**である，という．

関数 $f(x, y)$ の極限値，連続性について，1 変数の関数の §1 の定理 1 (3 ページ)，§2 の定理 1 (8 ページ)，と同様な，基本定理がなりたつ．

───────────────

[*]　D は，Domain (領域) の頭文字を採っている．

3 偏微分とは？

例 1 曲面:

(2) $$z = f(x,y) = e^{x+y} \qquad (\text{図 2})$$

上の点 $(0,0,1)$ における**接平面**（1 点で曲面 (2) に接する平面）T を求めよう.*)

図 2 は, 正方形: $0 \leq x \leq 1$, $0 \leq y \leq 1$ 上にある曲面 (2) と T の部分をしめす. 曲面 (2) の平面: $y = 0$ による断面図は, (2)式で $y = 0$ とおくことによって, $z = e^x$ (図 2). この曲線の $x = 0$ での接線の傾きは,

(3) $$[(e^x)']_{x=0} = [e^x]_{x=0} = 1$$

で, 接線は $z - 1 = 1 \cdot (x - 0)$.

(4) $$\therefore \quad z = x + 1 \quad (\text{図 2}).$$

(3) の微分を, 関数 (2) の点 $(0,0)$ での x に関する**偏微分係数**といい,

$$f_x(0,0) = 1$$

で表す. 平面: $y = 0$ 上の接線 (4) は, 接平面 T 上にあることに注意!

同様にして, 曲面 (2) の平面: $x = 0$ による断面図は, $z = e^y$ (図 2).

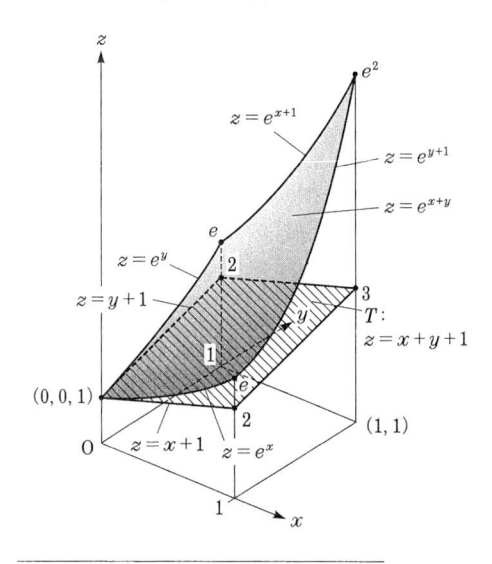

図 2 曲面: $z = e^{x+y}$ の平面: $y = 0$ [$x = 0$] による断面図は, $z = e^x$ [$z = e^y$]. この曲線の点 $(0,0,1)$ での接線は, $z = x + 1$ [$z = y + 1$]. これらの接線をふくむ平面が, 接平面 T である. うすずみ色の部分が曲面: $z = e^{x+y}$ で, 斜線の部分が接平面 T. 図の z-軸方向の尺度は, 縮尺されていることに注意!

---

*) T は, Tangent plane (接平面) の頭文字を採っている.

この曲線の $y=0$ での接線の傾きは,
$$[(e^y)']_{y=0} = [e^y]_{y=0} = 1 \tag{5}$$
で, 接線は $z-1 = 1\cdot(y-0)$.
$$\therefore \quad z = y+1 \quad (図2). \tag{6}$$
(5)の微分を, 関数(2)の点 $(0,0)$ での y に関する**偏微分係数**といい,
$$f_y(0,0) = 1$$
で表す. 平面: $x=0$ 上の接線(6)は, 接平面 T 上にあることに注意!

接平面 T は, 点 $(0,0,1)$ を通るから, T の方程式は,
$$z-1 = a(x-0) + b(y-0) \tag{7}$$
の形に書ける. 平面: $y=0$ 上の直線(4)は, 平面(7)上にあるから,
$$z-1 = x = a(x-0) + b(0-0) \quad \therefore \quad a=1.$$
平面: $x=0$ 上の直線(6)も, 平面(7)上にあるから,
$$z-1 = y = a(0-0) + b(y-0) \quad \therefore \quad b=1.$$
したがって, 接平面 T の方程式は,
$$z-1 = 1\cdot(x-0) + 1\cdot(y-0).$$
$$\therefore \quad z = x+y+1.$$

4 偏導関数 関数: $z = f(x,y)$ の y を定数とみなしたときの, x についての微分係数:
$$f_x(x,y) \equiv \lim_{h\to 0} \frac{f(x+h, y) - f(x,y)}{h}$$
が存在するとき, この $f_x(x,y)$ を, $f(x,y)$ の点 (x,y) に**おける x に関する偏微分係数**といい, $f(x,y)$ は, (x,y) で, **x に関して偏微分可能**であるという.

同様に, x を定数とみなしたときの, y についての微分係数:
$$f_y(x,y) \equiv \lim_{k\to 0} \frac{f(x, y+k) - f(x,y)}{k}$$

が存在するとき，この $f_y(x,y)$ を，$f(x,y)$ の**点** (x,y) **における** y **に関する偏微分係数**といい，$f(x,y)$ は，(x,y) で，y に関して**偏微分可能**であるという．

$f(x,y)$ が領域 D の各点で，x に関して〔 y に関して 〕偏微分可能であるとき，$f(x,y)$ は**領域** D で x **に関して**〔 y **に関して** 〕**偏微分可能**であるといい，(x,y) の関数とみなされた $f_x(x,y)$〔$f_y(x,y)$〕を，x に関する〔 y に関する 〕**偏導関数**という．

偏導関数を表す記号としては，$f_x(x,y)$ のほかに，

$$z_x, \quad \frac{\partial z}{\partial x}, \quad \frac{\partial f(x,y)}{\partial x}, \quad \frac{\partial}{\partial x}f(x,y), \quad D_x z,$$

など，が用いられる．$f_y(x,y)$ についても，同様である．

例2 $z = \dfrac{x}{x^2+y^2} \quad (x^2+y^2 \neq 0)$.

y を定数とみなして，x について微分すれば，商の微分の公式 (17 ページ) によって，

$$z_x = \frac{1\cdot(x^2+y^2) - x\cdot 2x}{(x^2+y^2)^2} = \frac{y^2-x^2}{(x^2+y^2)^2}.$$

つぎに，x を定数とみなして，y について微分すれば，逆数関数の微分の公式 (17 ページ) によって，

$$z_y = -\frac{x\cdot 2y}{(x^2+y^2)^2} = -\frac{2xy}{(x^2+y^2)^2}.$$

5 全微分可能　$z = f(x,y)$ は，点 (a,b) で，x, y に関して偏微分可能であるとする．そのとき，点 $P(a,b,c)$（$c = f(a,b)$）で，曲面: $z = f(x,y)$ の**接平面** T（1 点で曲面に接する平面）が引けるための，曲面: $z = f(x,y)$ に対する条件を求めよう．

簡単のために，$f = f(a,b)$, $f_x = f_x(a,b)$, $f_y = f_y(a,b)$ とおく．つぎのページの図 3 において，

§27. 偏導関数　　　　　　　　　　　　　　　　　　　　　167

- $h = \mathrm{AB}$, $k = \mathrm{AC}$ は，それぞれ，点 (a, b) における x, y の増分（負の値であってもよい），
- 曲面 PQSR は，曲面: $z = f(x, y)$ の，長方形 ABDC 上にある部分，
- 線分 $\mathrm{PQ}_1, \mathrm{PR}_1$ は，それぞれ，曲線 $\widehat{\mathrm{PQ}}, \widehat{\mathrm{PR}}$ の点 $\mathrm{P}(a, b, c)$ における接線，
- 平面 $\mathrm{PQ}_1\mathrm{S}_1\mathrm{R}_1$ は，長方形 ABDC 上にある，2 線分 $\mathrm{PQ}_1, \mathrm{PR}_1$ をふくむ平行 4 辺形，

とする．

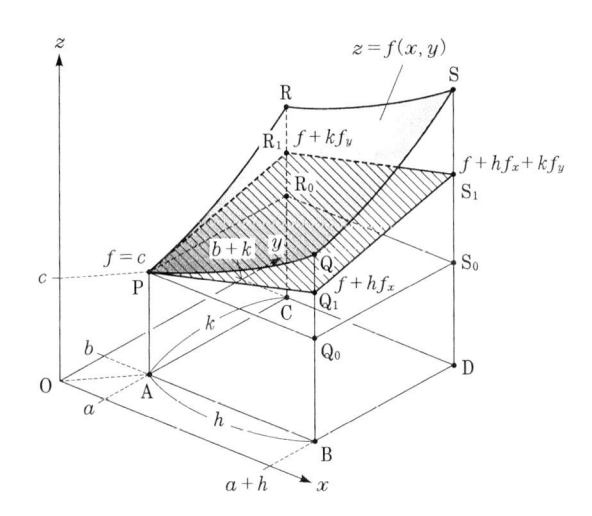

図 3　曲面: PQSR（うすずみ色 ▨ の部分）は，曲面: $z = f(x, y)$ の，長方形 ABDC 上にある部分．　線分 $\mathrm{PQ}_1, \mathrm{PR}_1$ は，それぞれ，曲線 $\widehat{\mathrm{PQ}}, \widehat{\mathrm{PR}}$ の点 $\mathrm{P}(a, b, c)$ における接線．接線 $\mathrm{PQ}_1, \mathrm{PR}_1$ の傾きは，それぞれ，f_x, f_y．　平面 $\mathrm{PQ}_1\mathrm{S}_1\mathrm{R}_1$（斜線 ▨ の部分）は，長方形 ABDC 上にある 2 線分 PQ_1, PR_1 をふくむ平行 4 辺形．

曲面: $z = f(x, y)$ 上の点 P に，接平面 T が引けるとすれば，接線 PQ_1, PR_1 は T 上にある．　したがって，平行 4 辺形 $\mathrm{PQ}_1\mathrm{S}_1\mathrm{R}_1$ は T 上にある．

$f_x = f_x(a, b)$, $f_y = f_y(a, b)$ は，それぞれ，接線 PQ_1, PR_1 の傾きをあたえるから，図 3 によって,

$$Q_0Q_1 = hf_x, \qquad R_0R_1 = kf_y.$$

(8) $\qquad \therefore \qquad S_0S_1 = Q_0Q_1 + R_0R_1 = hf_x + kf_y.$

接平面 T 上の任意の点を (x, y, z) とするとき，

(9) $\qquad\qquad h = x - a, \qquad k = y - b$

とおけば，

(10) $\qquad z - c = S_0S_1 = hf_x + kf_y = (x - a)f_x + (y - b)f_y.$

したがって，接平面 T が引ければ，その方程式は，

─────────────── 接平面の方程式 ───
(11) $\quad z - c = f_x(a, b)(x - a) + f_y(a, b)(y - b) \quad (c = f(a, b))$.

図 3 において，

(12) $\quad S_1S = S_0S - S_0S_1$
$\qquad\qquad = \{f(a + h, b + k) - f(a, b)\} - \{hf_x(a, b) + kf_y(a, b)\}$
$\qquad\qquad \equiv \varepsilon(a, b; h, k),$

$\qquad\qquad \dfrac{S_1S}{AD} = \dfrac{\varepsilon}{r} = \tan\theta \quad (r = AD;\ つぎのページの図 4)$

とおく.[*]

接平面 T が引けるための条件は，

(13) $\qquad\qquad \tan\theta = \dfrac{\varepsilon}{r} = \dfrac{\varepsilon}{\sqrt{h^2 + k^2}} \to 0 \qquad (r \to 0)$

と同値である．さらに，

(14) $\qquad\qquad \dfrac{1}{\sqrt{2}}(|h| + |k|) \leqq \sqrt{h^2 + k^2} \leqq |h| + |k|$

に注意すれば，(12), (13), (14) によって，接平面 T が引けるための条件は，つぎの全微分可能の定義と同値であることがわかる:

───────────────
[*] ギリシャ文字イプシロン ε は，δ とともに，0 に近い正の量を表すのに用いられる．

§27. 偏導関数

---- 全微分可能の定義 ----

$f(x, y)$ は, (a, b) で x, y に関して偏微分可能であって,

(15) $\quad f(a+h, b+k) - f(a, b)$
$\quad\quad = h f_x(a, b) + k f_y(a, b) + \varepsilon(a, b; h, k),$

(16) $\quad \dfrac{\varepsilon(a, b; h, k)}{|h| + |k|} \to 0 \quad (h, k \to 0)$

がなりたつとき, $f(x, y)$ は (a, b) で**全微分可能**であるという.

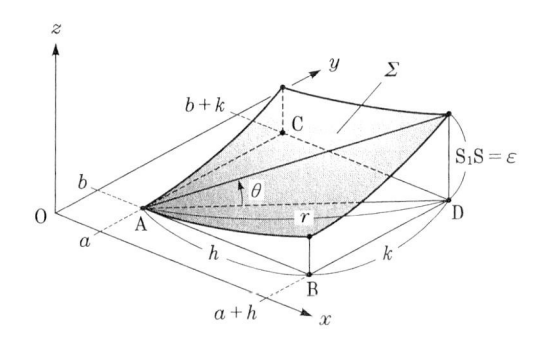

図4 Σ (うすずみ色 の部分) は, 曲面:
$$z = f(x, y) - \{c + f_x(x - a) + f_y(y - b)\}$$
を表す. 接平面 T が引ける条件は, $\tan\theta \to 0$ ($r \to 0$) と同値である.

6 全微分可能であるための十分条件

(17) $\quad f(a+h, b+k) - f(a, b)$
$\quad\quad = f(a+h, b+k) - f(a, b+k) + f(a, b+k) - f(a, b)$

と書ける. ここで, $f(x, y)$ は点 (a, b) の近くで x, y に関して偏微分可能であるとすれば, §9 の (5) 式の平均値の定理 (57 ページ) によって,

(18) $\quad f(a+h, b+k) - f(a, b+k) = h f_x(a + \theta_1 h, b + k)$
$\quad\quad\quad\quad\quad\quad\quad\quad\quad\quad\quad\quad (0 < \theta_1 < 1),$

(19) $\quad f(a, b+k) - f(a, b) = k f_y(a, b + \theta_2 k) \quad (0 < \theta_2 < 1)$

をみたす θ_1, θ_2 が存在する.

つぎに，$f_x(x,y)$, $f_y(x,y)$ は，(a,b) で連続であるとする．そのとき，
(20) $$f_x(a+\theta_1 h, b+k) = f_x(a,b) + \varepsilon_1,$$
(21) $$f_y(a, b+\theta_2 k) = f_y(a,b) + \varepsilon_2$$
とおけば，
(22) $$\varepsilon_1 \to 0, \quad \varepsilon_2 \to 0 \quad (h, k \to 0).$$
(20)式，(21)式 を，それぞれ，(18)式，(19)式 に代入し，これらを，(17)式 に代入すれば，
(23) $$f(a+h, b+k) - f(a,b) = h f_x(a,b) + k f_y(a,b) + \varepsilon$$
$$(\varepsilon = h\varepsilon_1 + k\varepsilon_2)$$
と書けて，(22)式によって，
(24) $$\frac{|\varepsilon|}{|h|+|k|} \leq \frac{|h|}{|h|+|k|} |\varepsilon_1| + \frac{|k|}{|h|+|k|} |\varepsilon_2|$$
$$\leq |\varepsilon_1| + |\varepsilon_2| \to 0 \quad (h, k \to 0).$$
(23)式と(24)式 によって，$f(x,y)$ は (a,b) で全微分可能である．

したがって，つぎの定理がえられる：

定理 1　　　　　　　　　　　全微分可能であるための十分条件

$f_x(x,y)$, $f_y(x,y)$ が (a,b) で連続ならば，$f(x,y)$ は (a,b) で全微分可能である．

7　全微分　　点 (a,b) における x, y の増分 $\Delta x, \Delta y$ に対して，
(25) $$df = df(a,b) \equiv f_x(a,b)\Delta x + f_y(a,b)\Delta y$$
を，$f(x,y)$ の点 (a,b) における**全微分**という．幾何学的には，図3 (167ページ) で，$h = \Delta x$, $k = \Delta y$ とおいた場合の $S_0 S_1$ が df で，f の増分 $\Delta f = S_0 S$ の，Δx と Δy についての，1次の近似をあたえる量である．より高次の近似については，§31 (184ページ) でのべる．

$f(x,y) \equiv x$ のとき，$f_x = 1$, $f_y = 0$ であるから，(25)式によって，関数 x の全微分 dx は，

$$(26) \qquad dx = 1 \cdot \varDelta x + 0 \cdot \varDelta y = \varDelta x .$$

同様にして,関数 y の全微分 dy は,

$$(27) \qquad dy = \varDelta y .$$

(26)式と(27)式によって,全微分の式(25)は,つぎの形に書ける:

$$(28) \qquad df = f_x(a, b)\, dx + f_y(a, b)\, dy . \qquad (\text{全微分の公式})$$

問 1 つぎの関数の偏導関数を求めよ.

1. $z = x^2 - y^2$
2. $z = 2xy$
3. $z = x^3 - 3xy^2$
4. $z = 3x^2 y - y^3$
5. $z = e^{x^2 - y^2}$
6. $z = e^{2xy}$
7. $z = e^x \cos y$
8. $z = e^{-x} \sin y$
9. $z = \sin x \sinh y$
10. $z = \cos x \cosh y$
11. $z = \log \sqrt{x^2 + y^2}$ ($x^2 + y^2 \neq 0$) [ヒント: $\log \sqrt{u} = \dfrac{1}{2} \log u$]
12. $z = \tan^{-1} \dfrac{y}{x}$ ($x^2 + y^2 \neq 0$)
13. $z = e^x (x \cos y - y \sin y)$
14. $z = e^x (x \sin y + y \cos y)$

問 2 接平面の方程式 (11) (168 ページ) を利用して,つぎの関数によって定義される,曲面上の 1 点 $P(a, b, c)$ における,接平面の方程式を求めよ.

1. $z = 3x^2 + 2y^2$
2. $z = x^2 - y^2$
3. $z = \sqrt{x^2 + y^2}$ ($x^2 + y^2 \neq 0$)
4. $z = \dfrac{1}{\sqrt{x^2 + y^2}}$ ($x^2 + y^2 \neq 0$)
5. $z = \sqrt{1 - x^2 - y^2}$
6. $z = \sqrt{1 + x^2 + y^2}$

問 3 全微分の公式 (28) を用いて,問 1 の各関数: 1 ~ 14 の全微分を求めよ.

§28. 高階偏導関数

1 高階偏導関数 $z = f(x, y)$ の偏導関数 $f_x(x, y)$ が, x, y について偏微分可能なとき, $f_x(x, y)$ の x, y についての偏導関数を, それぞれ,

$$z_{xx} = f_{xx}(x, y) = \frac{\partial^2 f(x, y)}{\partial x^2} = \frac{\partial}{\partial x}\left(\frac{\partial f(x, y)}{\partial x}\right) = D_{xx}f(x, y),$$

$$z_{xy} = f_{xy}(x, y) = \frac{\partial^2 f(x, y)}{\partial y\,\partial x} = \frac{\partial}{\partial y}\left(\frac{\partial f(x, y)}{\partial x}\right) = D_{xy}f(x, y),$$

など, で表す.

また, $f_y(x, y)$ が, x, y について偏微分可能なとき, $f_y(x, y)$ の x, y についての偏導関数も, 同様な記号で表される.

これらの偏導関数を, 総称して, $f(x, y)$ の **2 階**(または, **2 次**)**偏導関数**という.

より**高階**(**高次**)**の偏導関数**も, 同様に, 定義される. たとえば,

$$\frac{\partial z_{xx}}{\partial x} = z_{xxx} = f_{xxx}(x, y) = \frac{\partial^3 f}{\partial x^3} = \frac{\partial}{\partial x}\left(\frac{\partial^2 f}{\partial x^2}\right) = D_{xxx}f,$$

$$\frac{\partial z_{xx}}{\partial y} = z_{xxy} = f_{xxy}(x, y) = \frac{\partial^3 f}{\partial y\,\partial x^2} = \frac{\partial}{\partial y}\left(\frac{\partial^2 f}{\partial x^2}\right) = D_{xxy}f,$$

$$\frac{\partial z_{yx}}{\partial x} = z_{yxx} = f_{yxx}(x, y) = \frac{\partial^3 f}{\partial x^2\,\partial y} = \frac{\partial}{\partial x}\left(\frac{\partial^2 f}{\partial x\,\partial y}\right) = D_{yxx}f,$$

$$\frac{\partial z_{yy}}{\partial x} = z_{yyx} = f_{yyx}(x, y) = \frac{\partial^3 f}{\partial x\,\partial y^2} = \frac{\partial}{\partial x}\left(\frac{\partial^2 f}{\partial y^2}\right) = D_{yyx}f,$$

など.

例 1 $z = \log\sqrt{x^2 + y^2} = \dfrac{1}{2}\log(x^2 + y^2)$ $(x^2 + y^2 \neq 0)$.

$$z_x = \frac{1}{2} \cdot \frac{2x}{x^2 + y^2} = \frac{x}{x^2 + y^2}, \quad z_y = \frac{1}{2} \cdot \frac{2y}{x^2 + y^2} = \frac{y}{x^2 + y^2}.$$

$$z_{xx} = \frac{1 \cdot (x^2 + y^2) - x \cdot 2x}{(x^2 + y^2)^2} = \frac{y^2 - x^2}{(x^2 + y^2)^2},$$

$$z_{xy} = -\frac{x \cdot 2y}{(x^2 + y^2)^2} = -\frac{2xy}{(x^2 + y^2)^2},$$

§28. 高階偏導関数

$$z_{yx} = -\frac{y \cdot 2x}{(x^2+y^2)^2} = -\frac{2xy}{(x^2+y^2)^2},$$

$$z_{yy} = \frac{1 \cdot (x^2+y^2) - y \cdot 2y}{(x^2+y^2)^2} = \frac{x^2-y^2}{(x^2+y^2)^2}.$$

2 $f_{xy} = f_{yx}$ **の十分条件** 例1では, $z_{xy} = z_{yx}$ であった. これがなりたつための条件について, しらべよう.

(1)　　　$\Delta_x f(x, y) \equiv f(x+h, y) - f(x, y),$

(2)　　　$\Delta_y f(x, y) \equiv f(x, y+k) - f(x, y),$

(3)　　　$\Delta_{xy} f(x, y) \equiv \Delta_y(\Delta_x f(x, y)) = \Delta_y f(x+h, y) - \Delta_y f(x, y),$

(4)　　　$\Delta_{yx} f(x, y) \equiv \Delta_x(\Delta_y f(x, y)) = \Delta_x f(x, y+k) - \Delta_x f(x, y)$

とおけば,

(5)　　$\Delta_{xy} f(x, y) = f(x+h, y+k) - f(x+h, y)$
　　　　　　　$- \{f(x, y+k) - f(x, y)\}$
　　　　　　$= f(x+h, y+k) - f(x, y+k)$
　　　　　　　$- \{f(x+h, y) - f(x, y)\}$
　　　　　　$= \Delta_{yx} f(x, y)$　　　（図1）.

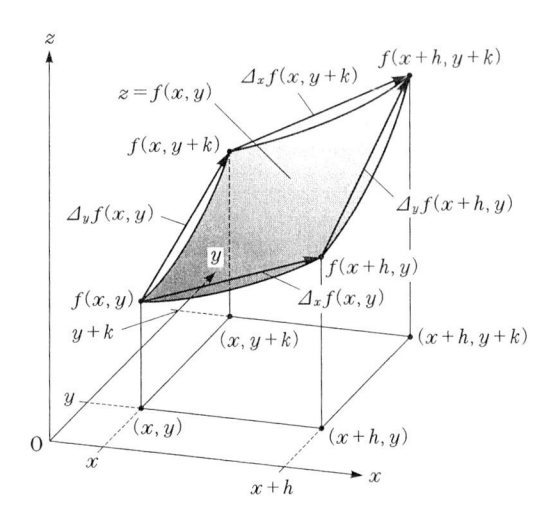

図1　うすずみ色　　の部分が, 曲面: $z = f(x, y)$.
$\Delta_{xy} f \equiv \Delta_y f(x+h, y)$
　　　　$- \Delta_y f(x, y),$
$\Delta_{yx} f \equiv \Delta_x f(x, y+k)$
　　　　$- \Delta_x f(x, y)$
とおけば, $\Delta_{xy} f = \Delta_{yx} f$ であることが, 図からも, 確かめられる.

点 (a, b) の近くで，f_{xy} が存在する，と仮定すれば，(3)式，(1)式，(2)式から，§9 の(4)式の平均値の定理(57 ページ)を，2 回用いることによって，

(6) $\quad \Delta_{xy}f(a, b) = \Delta_y(\Delta_x f(a, b)) = \Delta_y(hf_x(\xi_1, b))\ (a \leqq \xi_1 \leqq a+h)$
$\qquad = h\{f_x(\xi_1, b+k) - f_x(\xi_1, b)\}$
$\qquad = hk f_{xy}(\xi_1, \eta_1) \quad (b \leqq \eta_1 \leqq b+k)$.

同様に，点 (a, b) の近くで，f_{yx} が存在する，と仮定すれば，(4)式，(2)式，(1)式から，平均値の定理を 2 回用いることによって，

(7) $\quad \Delta_{yx}f(a, b) = \Delta_x(\Delta_y f(a, b)) = \Delta_x(kf_y(a, \eta_2))\ (b \leqq \eta_2 \leqq b+k)$
$\qquad = k\{f_y(a+h, \eta_2) - f_y(a, \eta_2)\}$
$\qquad = kh f_{yx}(\xi_2, \eta_2) \quad (a \leqq \xi_2 \leqq a+h)$.

(5)式，(6)式，(7)式から，

(8) $\qquad\qquad f_{xy}(\xi_1, \eta_1) = f_{yx}(\xi_2, \eta_2)$.

ここで，f_{xy}, f_{yx} が，(a, b) で連続である，と仮定すれば，

$\qquad f_{xy}(\xi_1, \eta_1) \to f_{xy}(a, b) \quad (h \to 0, \ k \to 0)$,
$\qquad f_{yx}(\xi_2, \eta_2) \to f_{yx}(a, b) \quad (h \to 0, \ k \to 0)$.

したがって，つぎの定理がえられる:

定理 1

$f_{xy}(x, y),\ f_{yx}(x, y)$ が (a, b) で連続ならば，
$$f_{xy}(a, b) = f_{yx}(a, b).$$

この定理から，関数 $f(x, y)$ の高階偏導関数については，各階の偏導関数が連続であるかぎり，x または y に関する偏微分の順序には，関係しないことがわかる． たとえば，

$$f_{xyxyx} = f_{xxyxy} = f_{xxxyy}, \quad \text{など．}$$

問 1 §27 の問 1 (171 ページ) の ①〜⑭ の各関数の 2 階偏導関数を求めよ．

§29. 合成関数の偏微分

1　合成関数の偏微分　$z = f(u, v)$ と $u = \varphi(x, y)$, $v = \psi(x, y)$ の合成関数:

(1) $$f(\varphi(x, y), \psi(x, y))$$

の偏微分 z_x, z_y を求める公式をみちびこう．

x の増分 Δx に対する, u, v, z の増分を, それぞれ, $\Delta u, \Delta v, \Delta z$ とすれば,

$\Delta u = \varphi(x + \Delta x, y) - \varphi(x, y)$,

$\Delta v = \psi(x + \Delta x, y) - \psi(x, y)$,

$\Delta z = f(\varphi(x + \Delta x, y), \psi(x + \Delta x, y)) - f(\varphi(x, y), \psi(x, y))$.

$$\therefore \begin{cases} \varphi(x + \Delta x, y) = u + \Delta u, \\ \psi(x + \Delta x, y) = v + \Delta v, \\ \Delta z = f(u + \Delta u, v + \Delta v) - f(u, v) \end{cases}$$

と書ける．

$$\therefore \quad \frac{\partial z}{\partial x} = \lim_{\Delta x \to 0} \frac{\Delta z}{\Delta x} = \lim_{\Delta x \to 0} \frac{f(u + \Delta u, v + \Delta v) - f(u, v)}{\Delta x} = *.$$

ここで, $f(u, v)$ は全微分可能（169 ページ）であるとすれば,

$$* = \lim_{\Delta x \to 0} \frac{f_u(u, v) \cdot \Delta u + f_v(u, v) \cdot \Delta v + \varepsilon}{\Delta x} = \sharp,$$

(2) $$\frac{\varepsilon}{|\Delta u| + |\Delta v|} \to 0 \quad (\Delta u, \Delta v \to 0).$$

ここで, $\varphi(x, y), \psi(x, y)$ は偏微分可能であるとすれば,

$$\sharp = f_u(u, v) \lim_{\Delta x \to 0} \frac{\Delta u}{\Delta x} + f_v(u, v) \lim_{\Delta x \to 0} \frac{\Delta v}{\Delta x} + \lim_{\Delta x \to 0} \frac{\varepsilon}{\Delta x}$$

$$= f_u(u, v) \varphi_x(x, y) + f_v(u, v) \psi_x(x, y) + \lim_{\Delta x \to 0} \frac{\varepsilon}{\Delta x}.$$

ここで, §4 の定理 1（14 ページ）によって, $\Delta x \to 0$ のとき, $\Delta u, \Delta v \to 0$ であることに注意すれば,（2）式によって,

$$\lim_{\Delta x \to 0} \left| \frac{\varepsilon}{\Delta x} \right| = \lim_{\Delta u \to 0, \Delta v \to 0} \frac{|\varepsilon|}{|\Delta u| + |\Delta v|} \cdot \lim_{\Delta x \to 0} \left(\left| \frac{\Delta u}{\Delta x} \right| + \left| \frac{\Delta v}{\Delta x} \right| \right) \to 0.$$

変数 y に関する偏微分についても,同様である.

したがって,つぎの定理がえられる:

定理 1 ────────────────── 合成関数の偏微分の公式

$z = f(u, v)$ が全微分可能で,$u = \varphi(x, y)$,$v = \psi(x, y)$ が偏微分可能ならば,合成関数 (1)(175 ページ)は偏微分可能であって,

(3) $\qquad \dfrac{\partial z}{\partial x} = \dfrac{\partial z}{\partial u}\dfrac{\partial u}{\partial x} + \dfrac{\partial z}{\partial v}\dfrac{\partial v}{\partial x},$

(4) $\qquad \dfrac{\partial z}{\partial y} = \dfrac{\partial z}{\partial u}\dfrac{\partial u}{\partial y} + \dfrac{\partial z}{\partial v}\dfrac{\partial v}{\partial y}.$

---

2 直交座標と極座標

例 1 $z = f(x, y)$ は全微分可能で,$x = r\cos\theta$,$y = r\sin\theta$ とする.

$\qquad x_r = \cos\theta, \qquad\qquad y_r = \sin\theta;$
$\qquad x_\theta = -r\sin\theta, \qquad y_\theta = r\cos\theta.$

したがって,変数 u, v, x, y を,それぞれ,x, y, r, θ でおきかえて,合成関数の偏微分の公式 (3), (4) を用いれば,

(5) $\qquad z_r = z_x x_r + z_y y_r = z_x \cos\theta + z_y \sin\theta,$

(6) $\qquad z_\theta = z_x x_\theta + z_y y_\theta = z_x(-r\sin\theta) + z_y \cdot r\cos\theta.$

(5)式 $\times r\cos\theta - $ (6)式 $\times \sin\theta$ をつくって,z_x について解けば,

$$z_x = \frac{r\cos\theta \cdot z_r - \sin\theta \cdot z_\theta}{r(\cos^2\theta + \sin^2\theta)}$$

$$= \cos\theta \cdot z_r - \frac{\sin\theta}{r} \cdot z_\theta.$$

(5)式 $\times r\sin\theta + $ (6)式 $\times \cos\theta$ をつくって,z_y について解けば,

$$z_y = \frac{r\sin\theta \cdot z_r + \cos\theta \cdot z_\theta}{r(\sin^2\theta + \cos^2\theta)}$$

$$= \sin\theta \cdot z_r + \frac{\cos\theta}{r} \cdot z_\theta.$$

3 2変数合成関数の微分

定理 2   **2変数合成関数の微分の公式**

$z = f(x, y)$ が全微分可能で，$x = \varphi(t)$，$y = \psi(t)$ が微分可能ならば，合成関数:

(7) $$z = f(\varphi(t), \psi(t))$$

は微分可能であって，

(8) $$\frac{dz}{dt} = \frac{\partial z}{\partial x}\frac{dx}{dt} + \frac{\partial z}{\partial y}\frac{dy}{dt}.$$

【証明】 定理1において，変数 u, v を，それぞれ，変数 x, y でおきかえ，$\varphi(x, y)$，$\psi(x, y)$ を，ともに，y に無関係な x だけの関数と考えて，$x = t$ とおけば，(3)式(176ページ)から(8)式がえられる． （証明終）

4 2変数の平均値の定理

$f(x, y)$ は，点 (x, y) と点 $(x+h, y+k)$ を結ぶ線分をふくむ領域で，全微分可能であるとする．

(9) $$F(t) \equiv f(x + ht, y + kt) \qquad (0 \leq t \leq 1)$$

とおけば，2変数合成関数の微分の公式(8)によって，

(10) $$\begin{aligned}F'(t) &= f_x(x + ht, y + kt)\frac{d(x + ht)}{dt} \\ &\quad + f_y(x + ht, y + kt)\frac{d(y + kt)}{dt} \\ &= f_x(x + ht, y + kt)\cdot h + f_y(x + ht, y + kt)\cdot k.\end{aligned}$$

§9の(3)式の平均値の定理(56ページ)によって，

(11) $$F(1) - F(0) = 1\cdot F'(\theta) \qquad (0 < \theta < 1)$$

をみたす θ が存在する．　(11)式に，(9)式と(10)式を代入することによって，つぎの定理3の(12)式がえられる:

> **定理 3**　　　　　　　　　　　　　　　　　　　　　　**2変数の平均値の定理**
>
> $f(x, y)$ が，点 (x, y) と点 $(x+h, y+k)$ を結ぶ線分をふくむ領域で，全微分可能ならば，
> (12) 　　$f(x+h, y+k) - f(x, y)$
> 　　　　$= hf_x(x+\theta h, y+\theta k) + kf_y(x+\theta h, y+\theta k)$ 　　$(0 < \theta < 1)$
> をみたす θ が存在する．

5 $f_x \equiv 0$, $f_y \equiv 0$ ならば $f \equiv c$ 　　領域 D で，$f_x(x, y) \equiv 0$, $f_y(x, y) \equiv 0$ とする．(a, b) を D の固定点，(x, y) を D の<u>任意の点</u>とすれば，(a, b) と (x, y) は，D 内の有限個の線分(**屈折線**)で結べる(図1)．

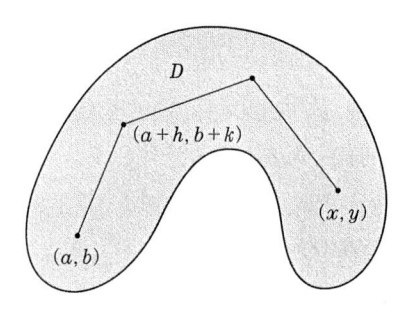

図1　領域 D の固定点 (a, b) と D の<u>任意の点</u> (x, y) は，D 内の屈折線で結べる．

D で，$f(x, y)$ は，全微分可能であると仮定して，屈折線の最初の線分上(図1)で，2変数の平均値の定理 (12) 式を用いれば，
$$f(a+h, b+k) - f(a, b) = hf_x(a+\theta h, b+\theta k) + kf_y(a+\theta h, b+\theta k)$$
$$(0 < \theta < 1).$$
$f_x \equiv 0$, $f_y \equiv 0$ の仮定によって，この式から，
$$f(a+h, b+k) = f(a, b).$$
以下，同様の操作を，有限回行うことによって，
$$f(x, y) \equiv f(a, b).$$
したがって，つぎの定理がえられる：

§29. 合成関数の偏微分

定理 4

領域 D で, $f(x, y)$ は, 全微分可能で, $f_x(x, y) \equiv 0$, $f_y(x, y) \equiv 0$ ならば,
$$f(x, y) \equiv c \qquad ((x, y) \in D;\ c は定数).$$

問 1 2 変数合成関数の微分の公式 (8) (177 ページ) を用いて, つぎの合成関数について, $\dfrac{dz}{dt}$ を求めよ.

- [1] $z = (x+y)^2$, $\quad x = t$, $y = \dfrac{1}{t}$.
- [2] $z = \sin x \cos y$, $\quad x = e^t$, $y = e^{-t}$.
- [3] $z = x^2 + 2y^2$, $\quad x = \cosh t$, $y = \sinh t$.
- [4] $z = 3x^2 - 2y^2$, $\quad x = \cos t$, $y = \sin t$.
- [5] $z = \log \sqrt{x^2 + y^2}$, $\quad x = \cosh t$, $y = \sinh t$.
- [6] $z = \tan^{-1} \dfrac{y}{x}$, $\quad x = \cosh t$, $y = \sinh t$.
- [7] $z = \dfrac{x}{x^2 - y^2}$, $\quad x = \cos t$, $y = \sin t$.
- [8] $z = \dfrac{y}{x^2 + y^2}$, $\quad x = \cosh t$, $y = \sinh t$.

問 2 合成関数の偏微分の公式 (3), (4) (176 ページ) を用いて, つぎの合成関数について, z_x, z_y を求めよ.

- [1] $z = \sin(u+v)$, $\quad u = x^2 - y^2$, $v = 2xy$.
- [2] $z = (u+v)^2$, $\quad u = \sin(x+y)$, $v = \sin(x-y)$.
- [3] $z = u^2 - v^2$, $\quad u = \cos x \cos y$, $v = \sin x \sin y$.
- [4] $z = 2uv$, $\quad u = \sin x \cosh y$, $v = \cos x \sinh y$.
- *[5] $z = \log \sqrt{u^2 + v^2}$, $\quad u = 1 - xy$, $v = x + y$.
- *[6] $z = \tan^{-1} \dfrac{v}{u}$, $\quad u = 1 - xy$, $v = x + y$.

問 3 定理 4 を利用して, 領域 D で, $f_x(x, y) \equiv g_x(x, y)$, $f_y(x, y) \equiv g_y(x, y)$ ならば, D で, つぎの式がなりたつことを証明せよ:

$$f(x, y) \equiv g(x, y) + c \quad (c \text{ は定数}).$$

〔ヒント：$F(x, y) \equiv f(x, y) - g(x, y)$ に定理 4 を利用〕.

問 4 前問の結果を利用して，つぎの ①，② を証明せよ．

① 領域 D で，$f_x(x, y) \equiv 2,\ f_y(x, y) \equiv 3$ ならば，
$$f(x, y) \equiv 2x + 3y + c \quad (c \text{ は定数})$$
〔ヒント：$g(x, y) \equiv 2x + 3y$ とおけ〕．

② 領域 D で，$f_x(x, y) \equiv y + 2,\ f_y(x, y) \equiv x + 3$ ならば，
$$f(x, y) \equiv xy + 2x + 3y + c \quad (c \text{ は定数}).$$
〔ヒント：$g(x, y) \equiv xy + 2x + 3y$ とおけ〕．

***問 5** $z = f(x, y)$ の 2 階偏導関数が連続で，$x = r\cos\theta,\ y = r\sin\theta$ ならば，

① (5)式 (176 ページ) を利用して，z_{rr} を z_{xx}, z_{xy}, z_{yy} と $\cos\theta,\ \sin\theta$ で表す式を求めよ．〔ヒント：(5)式からえられる $z_{rr} = (z_x)_r \cos\theta + (z_y)_r \sin\theta$ の z_x, z_y を (5)式の z とみなして，(5)式を利用〕

② (6)式 (176 ページ) を利用して，$z_{\theta\theta}$ を $z_{xx}, z_{xy}, z_{yy}, z_x, z_y$ と $r,\ \cos\theta,\ \sin\theta$ で表す式を求めよ．〔ヒント：(6)式の両辺を θ で偏微分するときに，z_x, z_y を (6)式の z とみなして，(6)式を利用〕

③ ① と ② の結果を利用して，つぎの公式をみちびけ：
$$z_{xx} + z_{yy} = z_{rr} + \frac{1}{r} z_r + \frac{1}{r^2} z_{\theta\theta}.$$

§ 30. 陰 関 数

① 陰関数とは

例 1 方程式：

(1) $$f(x, y) \equiv x^2 + y^2 - 1 = 0$$

によって定義される関数：$y = y(x)$ （具体的な形に表されたものでない）を，方程式 (1) の**陰関数**という．この陰関数：$y = y(x)$ によって定義される曲線上の点 (a, b) における接線の方程式を求めよう（§4 の例 6 (20 ページ) に既出）．

§30. 陰関数

2変数合成関数の微分の公式 (177ページ) を，変数 t が x と一致する場合に用いて，(1)式の両辺を微分すれば，

$$f_x \frac{dx}{dx} + f_y \frac{dy}{dx} = 2x \frac{dx}{dx} + 2y \frac{dy}{dx} = 2x + 2y \frac{dy}{dx} = 0.$$

$$\therefore \quad \frac{dy}{dx} = -\frac{x}{y} \quad (y \neq 0).$$

したがって，求める接線の方程式は，§3の(3)式(12ページ)によって，

$$y - b = -\frac{a}{b}(x - a).$$

ここで，$a^2 + b^2 - 1 = 0$ であることに注意すれば，

$$ax + by = 1 \quad (図1).$$

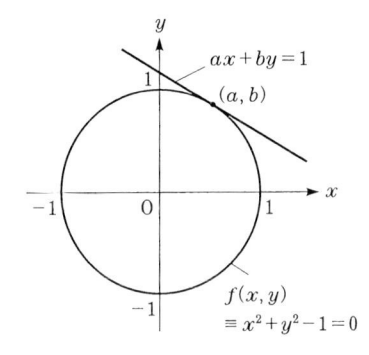

図1 方程式: $f(x, y) \equiv x^2 + y^2 - 1 = 0$ の陰関数: $y = y(x)$ によって定義される曲線上の点 (a, b) における接線の方程式: $ax + by = 1$.

2 陰関数

一般に，関数: $y = y(x)$ が，

$$(2) \qquad f(x, y(x)) = 0$$

をみたすとき，$y = y(x)$ を方程式:

$$(3) \qquad f(x, y) = 0$$

の**陰関数**という．

例1の方法は，そのまま，一般の場合に利用できる．$f(x, y)$ が全微分可能で，陰関数: $y = y(x)$ が微分可能であるとき，2変数合成関数の微分の公式 (177ページ) を利用して，(2)式の両辺を微分すれば，

$$f_x \frac{dx}{dx} + f_y \frac{dy}{dx} = f_x + f_y \frac{dy}{dx} = 0.$$

したがって，つぎの定理がえられる：

定理 1 ──────────────── **陰関数の微分の公式**

$f(x,y)$ が全微分可能で，方程式: $f(x,y)=0$ の陰関数: $y=y(x)$ が微分可能であるとき，

(4) $\qquad \dfrac{dy}{dx} = -\dfrac{f_x(x,y(x))}{f_y(x,y(x))} \qquad (f_y(x,y(x)) \neq 0).$

---

§3の(3)式(12ページ)と上の(4)式によって，方程式: $f(x,y)=0$ の陰関数: $y=y(x)$ の点 (a,b) $(f(a,b)=0)$ における接線の方程式は，

$$y - b = -\frac{f_x(a,b)}{f_y(a,b)}(x-a).$$

したがって，つぎの陰関数の接線の方程式の公式がえられる：

──────────────── **陰関数の接線の方程式**

(5) $\quad\therefore\qquad f_x(a,b)(x-a) + f_y(a,b)(y-b) = 0.$

---

3 **陰関数の極値**　　方程式: $f(x,y)=0$ の陰関数 $y=y(x)$ が，$x=a$ で極値 $b=y(a)$ をとれば，極値をとるための必要条件(73ページ)と(4)式によって，

$$\left[\frac{dy}{dx}\right]_{x=a,y=b} = -\frac{f_x(a,b)}{f_y(a,b)} = 0 \qquad (f_y(a,b) \neq 0).$$

この式と $f(a,b)=0$ に注意することによって，つぎの定理がえられる：

定理 2 ──────────────── **陰関数の極値をとるための必要条件**

$f(x,y)$ が全微分可能で，方程式: $f(x,y)=0$ の陰関数: $y=y(x)$ が微分可能であるとき，$y=y(x)$ が，$x=a$ で極値 $b=y(a)$ をとるための必要条件は，

(6) $\qquad f(a,b)=0, \quad f_x(a,b)=0 \qquad (f_y(a,b) \neq 0).$

---

4 応用例

例2 つぎの方程式の陰関数の極値を求める：

(7) $\qquad f(x, y) \equiv x^2 - xy + y^2 - 1 = 0$.

(8) $\qquad f_x = 2x - y = 0$,

(9) $\qquad f_y = -x + 2y$.

(7)式と(8)式を連立させて解けば，

(10) $\qquad x = \pm \dfrac{1}{\sqrt{3}}, \quad y = \pm \dfrac{2}{\sqrt{3}} \qquad$ （複号同順）．

このとき，(9)式によって，$f_y = \pm\sqrt{3} \neq 0$ であるから，定理2によって，(10)式が，(7)の陰関数：$y = y(x)$ の極値の候補点．

y を x の関数とみなして，(7)式の両辺を x について微分すれば，
$$2x - y - xy' + 2yy' = 0 .$$
さらに，この両辺を x について微分すれば，
$$2 - y' - (y' + xy'') + (2y'^2 + 2yy'') = 0 .$$
$$\therefore \quad y'' = \dfrac{2(y'^2 - y' + 1)}{x - 2y} .$$
$y(x)$ が極値をとる点では，$y' = 0$ であるから，その点では，
$$y'' = \dfrac{2}{x - 2y} .$$

(10)の点 $\left(\dfrac{1}{\sqrt{3}}, \dfrac{2}{\sqrt{3}}\right)$ で，$y'' = -\dfrac{2}{\sqrt{3}} < 0$ ．ゆえに，§12の定理3 (74ページ)によって，$y = y(x)$ は，$x = \dfrac{1}{\sqrt{3}}$ で，極大値 $\dfrac{2}{\sqrt{3}}$ をとる．

(10)の点 $\left(-\dfrac{1}{\sqrt{3}}, -\dfrac{2}{\sqrt{3}}\right)$ で，$y'' = \dfrac{2}{\sqrt{3}} > 0$ ．ゆえに，$y = y(x)$ は，$x = -\dfrac{1}{\sqrt{3}}$ で，極小値 $-\dfrac{2}{\sqrt{3}}$ をとる．

問1 つぎの 1 ～ 4 の方程式の陰関数：$y = y(x)$ について，
- (i) (4)式 (182ページ) を利用して，$\dfrac{dy}{dx}$ を求めよ；
- (ii) (5)式 (182ページ) を利用して，方程式をみたす点 (a, b) での $y = y(x)$ の接線の方程式を求めよ．

$\boxed{1}$ $y^2 - x^2 - 1 = 0$　　　$\boxed{2}$ $2x^2 + 3y^2 - 6 = 0$

$\boxed{3}$ $x^2 - xy + y^2 - 1 = 0$　　　$\boxed{4}$ $3x^2 + 2xy + 3y^2 - 1 = 0$

問 2 つぎの方程式の陰関数: $y = y(x)$ について，定理 2（182 ページ）を利用して，極値の候補点を求め，例 2（183 ページ）にならって，極値を求めよ．

$\boxed{1}$ $x^2 + y^2 - 1 = 0$　　　$\boxed{2}$ $y^2 - x^2 - 1 = 0$

$\boxed{3}$ $x^2 + xy + y^2 - 1 = 0$　　　$\boxed{4}$ $x^2 + 2xy + 2y^2 - 1 = 0$

§31. 2 変数の関数の近似

$\boxed{1}$ 2 変数の関数の近似とは？

例 1 関数:

(1) $$f(x, y) \equiv e^x(\cos y + \sin y)$$

を，$(x, y) = (0, 0)$ の近くで，一般の，2 次の整式:

(2) $$p(x, y) \equiv a_0 + (a_1 x + b_1 y) + (a_2 x^2 + 2b_2 xy + c_2 y^2)$$

で近似することを考えよう．　具体的には，$(0, 0)$ で，$f(x, y)$ と $p(x, y)$ の関数値と 2 階までの偏微分係数が一致するように，$p(x, y)$ の係数を決定する．

(3) $\begin{cases} f_x = e^x(\cos y + \sin y), & f_y = e^x(-\sin y + \cos y); \\ f_{xx} = e^x(\cos y + \sin y), & f_{xy} = e^x(-\sin y + \cos y), \\ f_{yy} = e^x(-\cos y - \sin y). \end{cases}$

$p_x = a_1 + 2a_2 x + 2b_2 y, \quad p_y = b_1 + 2b_2 x + 2c_2 y;$

$p_{xx} = 2a_2, \quad p_{xy} = 2b_2, \quad p_{yy} = 2c_2.$

したがって，$(0, 0)$ で，$f(x, y)$ と $p(x, y)$ の関数値と 2 階までの偏微分係数が一致する $p(x, y)$ の係数の値は，

$$a_0 = 1; \quad a_1 = 1, \quad b_1 = 1; \quad a_2 = \frac{1}{2}, \quad b_2 = \frac{1}{2}, \quad c_2 = -\frac{1}{2}.$$

∴　$p(x, y) = 1 + (x + y) + \dfrac{1}{2}(x^2 + 2xy - y^2).$　（例 2 につづく）

§31. 2変数の関数の近似

2 2変数のテイラーの定理　$z = f(x, y)$ は，点 $(0,0)$ と点 (h, k) を結ぶ線分をふくむ領域で，連続な $(n+1)$ 階偏導関数をもつとする．

(4) $\quad x = ht, \quad y = kt \quad (0 \leqq t \leqq 1);$
$$z = F(t) \equiv f(ht, kt)$$

とおけば，2変数合成関数の微分の公式 (177ページ) によって，

(5) $\quad \dfrac{dz}{dt} = F'(t) = D_x z \dfrac{dx}{dt} + D_y z \dfrac{dy}{dt} = hD_x z + kD_y z\,.$

ここで，偏微分演算子: $hD_x + kD_y$ を導入すれば，(5)式は，

(6) $\quad \dfrac{dz}{dt} = (hD_x + kD_y)z = \bigl[\,(hD_x + kD_y)f(x, y)\,\bigr]_{x=ht, y=kt}$

と書ける．

(5)式を，さらに，t について微分すれば，(6)式によって，

$$\begin{aligned}
\dfrac{d^2 z}{dt^2} = F''(t) &= \dfrac{d}{dt}\{(hD_x + kD_y)z\} \\
&= (hD_x + kD_y)\{(hD_x + kD_y)z\} \\
&= (h^2 D_{xx} + 2hk D_{xy} + k^2 D_{yy})z \\
&= (hD_x + kD_y)^2 z = \bigl[\,(hD_x + kD_y)^2 f(x, y)\,\bigr]_{x=ht, y=kt}.
\end{aligned}$$

同様にして，一般に，

(7) $\quad \dfrac{d^m z}{dt^m} = F^{(m)}(t) = (hD_x + kD_y)^m z$
$$= \sum_{i=0}^{m} \binom{m}{i} h^{m-i} k^i D_x^{m-i} D_y^i z \quad (m = 1, \cdots, n+1)$$
$$(\because \S 10 \text{ の (12)式の2項定理 (62ページ)})$$

と書ける；ここに，

(8) $\quad D_x^{m-i} D_y^i z = \left[\dfrac{\partial^m f(x, y)}{\partial x^{m-i} \partial y^i}\right]_{x=ht, y=kt}$
$$(i = 0, \cdots, m; \ D_x^0 z = D_y^0 z = f(ht, kt)).$$

§13のテイラーの定理 (83ページ) によって，

$$\begin{aligned}
F(t) = F(0) &+ F'(0)\,t + \dfrac{F''(0)}{2!}\,t^2 + \cdots + \dfrac{F^{(n)}(0)}{n!}\,t^n \\
&+ \dfrac{F^{(n+1)}(\theta t)}{(n+1)!}\,t^{n+1} \quad (0 < \theta < 1)
\end{aligned}$$

をみたす θ が存在する．この式において，$t=1$ とおいたのちに，(4)式と (7)式を用いれば，

$f(h,k)$
$= f(0,0) + (hD_x + kD_y)f(0,0) + \dfrac{1}{2!}(hD_x + kD_y)^2 f(0,0) + \cdots$
$\quad + \dfrac{1}{n!}(hD_x + kD_y)^n f(0,0) + \dfrac{1}{(n+1)!}(hD_x + kD_y)^{n+1} f(\theta h, \theta k)$
$\hspace{20em} (0 < \theta < 1).$

この式において，h, k, x, y を，それぞれ，x, y, u, v でおきかえれば，つぎの定理 1 がえられる：

定理 1 ──────────────── **2 変数のテイラーの定理**

$z = f(u, v)$ は，点 $(0, 0)$ と点 (x, y) を結ぶ線分をふくむ領域で，連続な $(n+1)$ 階偏導関数をもつとする．そのとき，

(9)
$f(x, y) = f(0,0) + (xD_u + yD_v)f(0,0) + \dfrac{1}{2!}(xD_u + yD_v)^2 f(0,0)$
$\quad + \cdots + \dfrac{1}{n!}(xD_u + yD_v)^n f(0,0)$
$\quad + \dfrac{1}{(n+1)!}(xD_u + yD_v)^{n+1} f(\theta x, \theta y) \quad (0 < \theta < 1)$

をみたす θ が存在する；ここに，
$(xD_u + yD_v)^m f(0,0) = [\,(xD_u + yD_v)^m f(u,v)\,]_{u=0, v=0}$
$\hspace{15em} (m = 1, \cdots, n),$
$(xD_u + yD_v)^{n+1} f(\theta x, \theta y) = [\,(xD_u + yD_v)^{n+1} f(u,v)\,]_{u=\theta x, v=\theta y}.$

---

3 応用例

例 2 （例 1 のつづき） (1)式: $f(x, y) = e^x(\cos y + \sin y)$ について，(3)式 (184 ページ) につづいて，3 階偏導関数を求めれば，

§31. 2変数の関数の近似

(10) $\begin{cases} f_{xxx} = e^x(\cos y + \sin y), & f_{xxy} = e^x(-\sin y + \cos y), \\ f_{xyy} = e^x(-\cos y - \sin y), & f_{yyy} = e^x(\sin y - \cos y). \end{cases}$

簡単のために，(1)式と(3)式の $f, f_x, f_y, \cdots, f_{yy}$ の，点 $(0,0)$ における値を，$f^0, f_x^0, f_y^0, \cdots, f_{yy}^0$ によって表す．そのとき，(1)式の関数に，$n=2$ の場合の定理1を適用すれば，

(11) $\quad f(x, y) = e^x(\cos x + \sin x)$

$$= f^0 + (xf_x^0 + yf_y^0) + \frac{1}{2!}(x^2 f_{xx}^0 + 2xy f_{xy}^0 + y^2 f_{yy}^0)$$

$$+ \frac{1}{3!}\left[(xD_u + yD_v)^3 f(u,v)\right]_{u=\theta x, v=\theta y}$$

(12) $\qquad\qquad = 1 + (x+y) + \frac{1}{2}(x^2 + 2xy - y^2)$

(13) $\qquad\qquad + \frac{1}{6}(x^3 f_{xxx}^\theta + 3x^2 y f_{xxy}^\theta + 3xy^2 f_{xyy}^\theta + y^3 f_{yyy}^\theta);$

ここに，$f_{xxx}^\theta, f_{xxy}^\theta, f_{xyy}^\theta, f_{yyy}^\theta$ は，(10)式の $f_{xxx}, f_{xxy}, f_{xyy}, f_{yyy}$ の変数 x, y に，それぞれ，$\theta x, \theta y$ を代入したものである．(12)式(例1で求めたものと同じ)が，(11)式を近似する2次の整式，(13)式の剰余項が，その誤差をあたえる．

4 一般の点でのテイラーの定理　　一般の点 (a, b) のまわりでの，2変数のテイラーの定理は，つぎのように，のべることができる：

定理 2 ────────────── 2変数のテイラーの定理

$z = f(u, v)$ は，点 (a, b) と点 (x, y) を結ぶ線分をふくむ領域で，連続な $(n+1)$ 階偏導関数をもつとする．そのとき，

(14) $\quad f(x, y) = f(a, b) + \{(x-a)D_u + (y-b)D_v\}f(a, b) + \cdots$

$$+ \frac{1}{n!}\{(x-a)D_u + (y-b)D_v\}^n f(a,b)$$

$$+ \frac{1}{(n+1)!}\{(x-a)D_u + (y-b)D_v\}^{n+1} f(a+\theta(x-a), b+\theta(y-b))$$

$$(0 < \theta < 1)$$

をみたす θ が存在する．

この定理は，変数変換: $x = a + s$, $y = b + t$ を行えば，$(s, t) = (0, 0)$ のまわりでのテイラーの定理(定理1)に帰着する． (9)式の形の $(0, 0)$ のまわりでのテイラーの定理を，一般の点 (a, b) のまわりでの，テイラーの定理と区別するために，**2変数のマクローリンの定理**ともよぶ．

5 **2変数のテイラー展開** $f(x, y)$ が，点 $(0, 0)$ のまわりで，何回でも偏微分可能であるとする．そのとき，1変数のテイラー展開 (84ページ) の場合と同様にして，2変数のテイラーの定理の (9)式 (186ページ) において，

(15) $\quad \dfrac{1}{(n+1)!} (xD_u + yD_v)^{n+1} f(\theta x, \theta y) \to 0 \quad (n \to \infty)$

がみたされるならば，$f(x, y)$ は，つぎの定理3の (16)式のように，**2変数のマクローリン級数**($(0, 0)$ のまわりでの**テイラー級数**)に展開できる：

定理 3 ──────────────── **2変数のマクローリン展開**

$f(x, y)$ が，点 $(0, 0)$ のまわりで，何回でも偏微分可能であって，(15)式の極限関係がみたされるとする．そのとき，$f(x, y)$ は，点 $(0, 0)$ のまわりで，つぎのように，**2変数のテイラー級数に展開できる**：

(16) $\quad f(x, y) = f(0, 0) + (xD_u + yD_v) f(0, 0)$

$\qquad\qquad + \dfrac{1}{2!} (xD_u + yD_v)^2 f(0, 0) + \cdots$

$\qquad\qquad = \sum\limits_{n=0}^{\infty} \dfrac{1}{n!} (xD_u + yD_v)^n f(0, 0);$

ここに，

$\qquad (xD_u + yD_v)^n f(0, 0) = \{(xD_u + yD_v)^n f(u, v)\}_{u=0, v=0}$

$\qquad\qquad\qquad\qquad\qquad\qquad (n = 1, 2, \cdots).$

---

6 応用例

例 3 $f(x, y) = e^x(\cos y + \sin y)$ のマクローリン展開を，x, y について3次の項まで，求める．

(16)式と(3)式(184ページ)，(10)式(187ページ)によって，

$$e^x(\cos y + \sin y) = 1 + (x + y) + \frac{1}{2}(x^2 + 2xy - y^2)$$

$$+ \frac{1}{6}(x^3 + 3x^2y - 3xy^2 - y^3) + \cdots.$$

問 1 定理1を利用し，例2にならって，つぎの関数に，$n = 1$ の場合の2変数のマクローリンの定理を適用せよ．

1. $z = e^x \cos y$
2. $z = e^{-x} \sin y$
3. $z = \cos x \sin y$
4. $z = \sin x \cosh y$
5. $z = \cos x \sinh y$
6. $z = \dfrac{x}{x + y + 1}$
*7. $z = \log \sqrt{(x-1)^2 + y^2}$
*8. $z = \tan^{-1} \dfrac{y}{x - 1}$

問 2 定理3を利用し，例3にならって，つぎの関数の2変数のマクローリン展開を，x, y について3次の項まで求めよ．

1. $z = e^x \cos y$
2. $z = e^{-x} \sin y$
3. $z = \cos x \sin y$
4. $z = \cos x \cos y$
5. $z = \sin x \cosh y$
6. $z = \cos x \cosh y$

§32. 2変数の関数の極値

1 2変数の関数の極値とは？

例 1 関数(回転放物面)：

(1) $$f(x, y) \equiv x^2 + y^2$$

は，点 $(0, 0)$ で値 0 をとり，$(0, 0)$ に近い $(0, 0)$ 以外のすべての (x, y) に対して正の値をとる；すなわち，

$$f(x,y) > f(0,0) \qquad ((x,y) \neq (0,0)).$$

このとき，$f(x,y)$ は，点 $(0,0)$ で**極小値** 0 をとる，という（図1）．

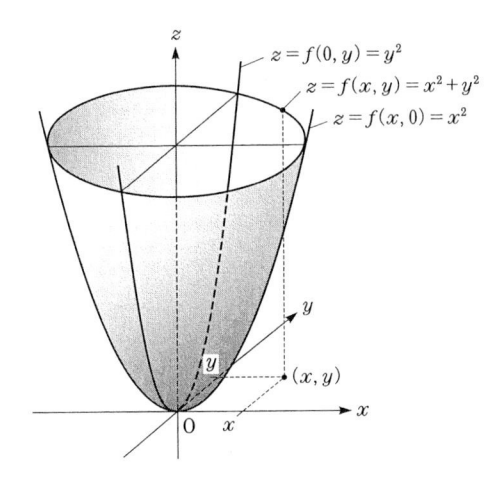

図1 回転放物面: $z = f(x,y) \equiv x^2 + y^2$ のグラフ．この関数は，点 $(0,0)$ で極小値 0 をとる．

　平面: $y = 0$ での断面で，$f(x,0) = x^2$ は，1変数の関数として，$x = 0$ で極小値をとるから，$f_x(0,0) = 0$．同様に，平面: $x = 0$ での断面で，$f(0,y) = y^2$ となり，$f_y(0,0) = 0$ がしたがう．

　$f(x,y)$ が $(0,0)$ で極小値をとれば，平面: $y = 0$ での断面で，$f(x,0) = x^2$ を考えれば，$f(x,0) = x^2$ は，1変数の関数として，$x = 0$ で極小値をとる．したがって，極値であるための必要条件（73ページ）によって，$f_x(0,0) = 0$．実際，計算によっても，$f_x(0,0) = 0$ がえられる．同様に，平面: $x = 0$ での断面で，$f(0,y) = y^2$ を考えれば，$f_y(0,0) = 0$ がしたがう．したがって，$f(x,y)$ が $(0,0)$ で極小値をとることから，つぎの関係式がえられる:

$$f_x(0,0) = 0, \qquad f_y(0,0) = 0.　　　　（例2につづく）$$

　一般の関数 $f(x,y)$ の極小値や極大値を求める，解析的(図などにたよらない)方法について，このあとのべる．

2 極値をとるための必要条件　　一般に，点 (a,b) に十分近い (a,b) 以外のすべての (x,y) に対して，

$$f(x,y) > f(a,b) \qquad [f(x,y) < f(a,b)]$$

がなりたつとき，

§32. 2変数の関数の極値

$f(x,y)$ は，点 (a,b) で**極小値**〔**極大値**〕$f(a,b)$ をとる
という．　極小値と極大値を，総称して，**極値**という．

$f(x,y)$ は，(a,b) で偏微分可能であるとする．$f(x,y)$ が (a,b) で極小値をとれば，平面: $y=b$ での断面で，$f(x,b)$ を考えれば，a 以外のすべての x に対して，

$$f(x,b) > f(a,b).$$

したがって，$f(x,b)$ は，1変数の関数として，$x=a$ で極小値をとる．そのとき，§12 の定理 2 (73 ページ) によって，

(2) $\qquad\qquad f_x(a,b) = 0.$

同様に，平面: $x=a$ での断面で，$f(a,y)$ を考えることによって，

(3) $\qquad\qquad f_y(a,b) = 0.$

$f(x,y)$ が (a,b) で極大値をとる場合も，同様にして，(2)式と(3)式が，したがう．

したがって，つぎの定理がえられる:

定理 1 ────────────── **極値をとるための必要条件**

$f(x,y)$ は，(a,b) で偏微分可能であるとする．そのとき，$f(x,y)$ が (a,b) で極値をとれば，

(4) $\qquad\qquad f_x(a,b) = 0, \qquad f_y(a,b) = 0.$

---

3 **極値をとるための十分条件**　　$f(x,y)$ は，(a,b) の近くで，連続な 2 階偏導関数をもつとする．そのとき，$h=x-a$, $k=y-b$ とおいて，$n=1$ の場合に，§31 の定理 2 (187 ページ) を用いれば，

(5) $\quad f(a+h, b+k) - f(a,b)$

$\qquad = h f_x(a,b) + k f_y(a,b) + \dfrac{1}{2}\{h^2 f_{xx}(a+\theta h, b+\theta k)$

$\qquad\quad + 2hk f_{xy}(a+\theta h, b+\theta k) + k^2 f_{yy}(a+\theta h, b+\theta k)\}$

$\qquad\qquad\qquad\qquad\qquad (0 < \theta < 1).$

ここで，簡単のために，つぎのようにおく：

(6) $\begin{cases} \tilde{f}_{xx} = f_{xx}(a+\theta h, b+\theta k), & \tilde{f}_{xy} = f_{xy}(a+\theta h, b+\theta k), \\ \tilde{f}_{yy} = f_{yy}(a+\theta h, b+\theta k). \end{cases}$

さらに，(4)式がみたされていると仮定する．そのとき，(5)式と(6)式によって，

(7) $2\tilde{f}_{xx}\{f(a+h, b+k) - f(a,b)\}$
$= h^2\tilde{f}_{xx}{}^2 + 2hk\tilde{f}_{xx}\tilde{f}_{xy} + k^2\tilde{f}_{xx}\tilde{f}_{yy}$
$= (h\tilde{f}_{xx} + k\tilde{f}_{xy})^2 + k^2(\tilde{f}_{xx}\tilde{f}_{yy} - \tilde{f}_{xy}{}^2).$

ここで，**判別式**：

(8) $D(x,y) \equiv f_{xx}(x,y)f_{yy}(x,y) - f_{xy}(x,y)^2$

を導入し，簡単のために，

(9) $\tilde{D} \equiv D(a+\theta h, b+\theta k) = \tilde{f}_{xx}\tilde{f}_{yy} - \tilde{f}_{xy}{}^2$

とおく．[*]

$D(a,b) > 0$ の場合：

$f_{xx}(x,y),\ f_{xy}(x,y),\ f_{yy}(x,y)$ は，(a,b) の近くで連続であるから，$|h|$，$|k|$ が十分小さいとき，

$f_{xx}(a,b)$ と $\tilde{f}_{xx}$，$D(a,b)$ と $\tilde{D}$

は，それぞれ，同符号となる．したがって，$\tilde{D} > 0$．

さらに，$f_{xx}(a,b) > 0$ ならば，$\tilde{D} > 0$，$\tilde{f}_{xx} > 0$ となって，(7)式と(9)式によって，$f(x,y)$ は (a,b) で極小値をとる．

また，$f_{xx}(a,b) < 0$ ならば，$\tilde{D} > 0$，$\tilde{f}_{xx} < 0$ となって，(7)式と(9)式によって，$f(x,y)$ は (a,b) で極大値をとる．

$D(a,b) < 0$ の場合，$f(x,y)$ は (a,b) で極値をとらないことがしめされるが，証明は省略する．

したがって，つぎの定理がえられる：

---

[*] $D(x,y)$ の D は，Discriminant（判別式）の頭文字を採っている．

§32. 2変数の関数の極値

> **定理 2**
>
> $f(x, y)$ は，(a, b) の近くで，連続な2階偏導関数をもち，極値をとるための必要条件 (4)式 (191ページ) をみたすとする．　そのとき，
> (ⅰ) $D(a, b) > 0$ の場合:
> $f_{xx}(a, b) > 0$ ならば，$f(x, y)$ は (a, b) で極小値をとる．
> $f_{xx}(a, b) < 0$ ならば，$f(x, y)$ は (a, b) で極大値をとる．
>   　　　　　　　　　　　　　　　　（極値をとるための十分条件）
> (ⅱ) $D(a, b) < 0$ の場合:
> $f(x, y)$ は，(a, b) で極値をとらない．

4 応 用 例

例 2（例1のつづき）　例1の関数: $f(x, y) = x^2 + y^2$ について，
　　$f_x = 2x = 0$, $f_y = 2y = 0$ の解は，$(x, y) = (0, 0)$.
$$f_{xx} = 2, \ f_{xy} = 0, \ f_{yy} = 2.$$
$$\therefore \quad D(x, y) = f_{xx}f_{yy} - f_{xy}{}^2 = 4 > 0.$$
$f_{xx} = 2 > 0$ であるから，定理2の (ⅰ) によって，
　　$f(x, y)$ は，$(0, 0)$ で極小値 $f(0, 0) = 0$ をとる．
さらに，定理1によって，これ以外に，極値はない．　　　　⌢

例 3　$f(x, y) = x^2 - y^2$.
　　$f_x = 2x = 0$, $f_y = -2y = 0$ の解は，$(x, y) = (0, 0)$.
$$f_{xx} = 2, \ f_{xy} = 0, \ f_{yy} = -2.$$
$$\therefore \quad D(x, y) = f_{xx}f_{yy} - f_{xy}{}^2 = -4 < 0.$$
したがって，定理2の (ⅱ) によって，$f(x, y)$ は $(0, 0)$ で極値をとらない．
したがって，定理1によって，$f(x, y)$ は，極値をとらない．　　⌢

例 4　$f(x, y) = x^3 - xy + y^3$.
$$f_x = 3x^2 - y = 0, \qquad f_y = -x + 3y^2 = 0.$$

この 2 つの方程式を，連立させて，解けば，

$$(x, y) = (0, 0), \quad (x, y) = \left(\frac{1}{3}, \frac{1}{3}\right).$$

$$f_{xx} = 6x, \ f_{xy} = -1, \ f_{yy} = 6y.$$

$$\therefore \quad D(x, y) = f_{xx} f_{yy} - f_{xy}{}^2 = 36xy - 1.$$

$D(0, 0) = -1 < 0.$　ゆえに，定理 2 の (ii) によって，$(0, 0)$ で $f(x, y)$ は，極値をとらない．

$$D\left(\frac{1}{3}, \frac{1}{3}\right) = 36 \cdot \frac{1}{3} \cdot \frac{1}{3} - 1 > 0, \quad f_{xx}\left(\frac{1}{3}, \frac{1}{3}\right) = 6 \cdot \frac{1}{3} > 0.$$

したがって，定理 2 の (i) によって，

$$f(x, y) \text{ は，} \left(\frac{1}{3}, \frac{1}{3}\right) \text{ で，極小値：} f\left(\frac{1}{3}, \frac{1}{3}\right) = -\frac{1}{27} \text{ をとる．}$$

定理 1 によって，これ以外に，極値はない．

問 1　定理 1 と定理 2 を利用して，例 2 〜 例 4 にならって，つぎの関数の極値を求めよ．

1　$f(x, y) = x^2 + xy + y^2 - 3x - 3y + 4$

2　$f(x, y) = 2x^2 - 2xy + 5y^2 - 6x + 12y + 7$

3　$f(x, y) = -x^2 + 2xy - 2y^2 - 2x - 2y$

4　$f(x, y) = x^2 - 2xy - y^2 - 2x + 2y + 1$

5　$f(x, y) = x^3 - 6xy + y^3$

6　$f(x, y) = x^3 - 12xy + y^3$

問 2　定理 1 と定理 2 を利用して，体積が 1 である直方体のうちで，表面積が最小のものを求めよ．

〔ヒント：直方体の 3 辺の長さを x, y, z とすれば，$xyz = 1$ のもとで，$S = 2xy + 2yz + 2zx$ を最小にする問題．S を，x, y の関数として表せ．〕

第7章　重　積　分

§33.　2重積分

1　2重積分とは？

例1　xy-平面上の長方形領域:

(1) $$R = \{\, a \leqq x \leqq b,\ c \leqq y \leqq d \,\}\ \text{*)}$$

上で，つぎの関数を考える:

(2) $$f(x, y) \equiv x + y + \alpha \quad (a + c + \alpha \geqq 0;\ \alpha \text{は定数; 図1}).$$

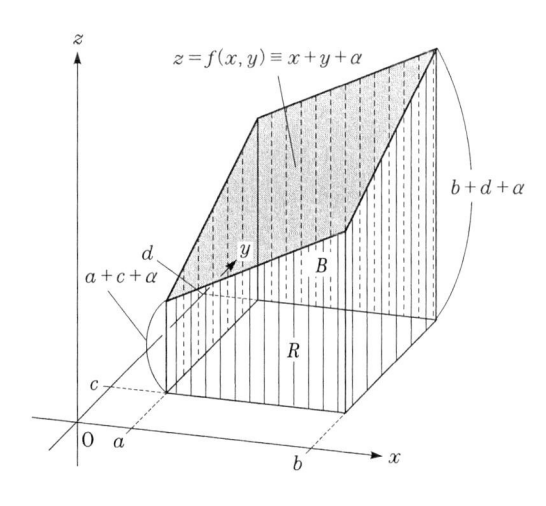

図1　長方形領域 R 上の関数: $f(x, y) \equiv x + y + \alpha$. 長方形領域 R と，4つの平面: $x = a$, $x = b$, $y = c$, $y = d$（たて線 ||||| の部分），および，平面: $z = f(x, y) \equiv x + y + \alpha$（うすずみ色の部分），によってかこまれた立体を B とし，B の体積を $V = V[B]$ とする．図の z-方向の尺度は，縮尺されている．

R と4つの平面:

$$x = a, \quad x = b, \quad y = c, \quad y = d,$$

---

*)　R は，Rectangle（長方形）の頭文字を採っている．

および，平面: $z = f(x, y) \equiv x + y + \alpha$，によってかこまれた立体を B とする:

(3) $\qquad B = \{ 0 \leqq z \leqq x + y + \alpha, \ (x, y) \in R \}$ *) （図1）．

さらに，B の体積を $V = V[B]$ とする．

区間: $a \leqq x \leqq b$，$c \leqq y \leqq d$ を，それぞれ，任意の幅の有限個の小区間に分割し，それらの分割を，

$$a = a_0 < a_1 < a_2 < \cdots < a_{m-1} < a_m = b ,$$
$$c = b_0 < b_1 < b_2 < \cdots < b_{n-1} < b_n = d$$

とする．　この区間の分割をもとにして，長方形領域 R の mn 個の小長方形への分割: $\varDelta = \varDelta[R]$ をつくることができる(図2):

(4) $\qquad \varDelta: R_{ij} = \{ a_{i-1} \leqq x \leqq a_i, \ b_{j-1} \leqq y \leqq b_j \}$

$\qquad\qquad\qquad\qquad\qquad (i = 1, \cdots, m; \ j = 1, \cdots, n)$.

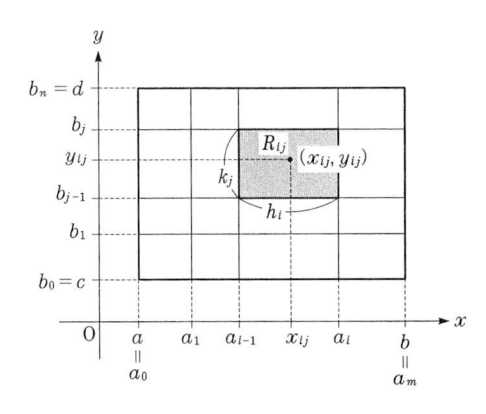

図2　長方形領域 R の mn 個の小長方形:

$R_{ij} = \{ a_{i-1} \leqq x \leqq a_i, \ b_{j-1} \leqq y \leqq b_j \}$

$(i = 1, \cdots, m; \ j = 1, \cdots, n)$

への分割 $\varDelta$．　R_{ij} のよこ，たての幅を，それぞれ，$h_i = a_i - a_{i-1}$，$k_j = b_j - b_{j-1}$ とし，各 R_{ij} 上に，任意にえらんだ点を (x_{ij}, y_{ij}) とする．

各小長方形 R_{ij} のよこ，たての幅を，それぞれ，

(5) $\qquad h_i = a_i - a_{i-1}, \ k_j = b_j - b_{j-1} \quad (i = 1, \cdots, m; \ j = 1, \cdots, n)$,

各 R_{ij} 上に，任意にえらんだ点を (x_{ij}, y_{ij})，x_{ij}, y_{ij}，それぞれの組を，X，Y とする:

(6) $\qquad\qquad\qquad X = \{ x_{ij} \}, \qquad Y = \{ y_{ij} \}$.

---

*) B は，Body（立体）の頭文字を採っている．

§33. 2重積分

(4) の分割 Δ に対して，つぎの 2 つの**近似和**をつくる:

(7) $\quad s[\Delta] = \sum_{i=1}^{m}\sum_{j=1}^{n} f(a_{i-1}, b_{j-1}) A_{ij} \quad (A_{ij} = h_i k_j$ は R_{ij} の面積$)$,

(8) $\quad S[\Delta] = \sum_{i=1}^{m}\sum_{j=1}^{n} f(a_i, b_j) A_{ij}$.

さらに，(4) の分割 Δ と，(6) の X, Y の組に対して，つぎの**近似和**をつくる:

(9) $\quad S[\Delta; X, Y] = \sum_{i=1}^{m}\sum_{j=1}^{n} f(x_{ij}, y_{ij}) A_{ij}$.

(9)式で，とくに，$x_{ij} = a_{i-1}$, $y_{ij} = b_{j-1}$ とえらべば，$S[\Delta; X, Y] = s[\Delta]$, $x_{ij} = a_i$, $y_{ij} = b_j$ とえらべば，$S[\Delta; X, Y] = S[\Delta]$.

(2)式 (195 ページ) によって，

(10) $\quad f(a_{i-1}, b_{j-1}) < f(x, y) < f(a_i, b_j)$

$\quad\quad\quad\quad\quad\quad\quad\quad\quad\quad (a_{i-1} < x < a_i, \ b_{j-1} < y < b_j)$.

立体 B の R_{ij} 上にある部分を B_{ij} とし，B_{ij} の体積を $V[B_{ij}]$ とすれば，(10)式によって，

(11) $\quad f(a_{i-1}, b_{j-1}) A_{ij} < V[B_{ij}] < f(a_i, b_j) A_{ij} \quad$ (つぎのページの図 3).

(7)式, (8)式, (11)式によって，

(12) $\quad\quad\quad\quad\quad s[\Delta] < V < S[\Delta]$.

また，

(13) $\quad f(a_{i-1}, b_{j-1}) A_{ij} \leqq f(x_{ij}, y_{ij}) A_{ij} \leqq f(a_i, b_j) A_{ij} \quad$ (図 3)

であることに注意すれば，(7)式, (8)式, (9)式によって，

(14) $\quad\quad\quad\quad\quad s[\Delta] \leqq S[\Delta; X, Y] \leqq S[\Delta]$.

つぎに，分割 Δ の分割の幅 (5) のうち，最大のものを $\delta[\Delta]$ とする;

(15) $\quad\quad\quad\quad \delta = \delta[\Delta] \equiv \max_{1 \leqq i \leqq m, 1 \leqq j \leqq n} (h_i, k_j)$.

そのとき，(2)式と (5)式, および,

(16) $\quad\quad\quad \sum_{i=1}^{m} h_i = b - a, \quad\quad \sum_{j=1}^{n} k_j = d - c$

であることに注意すれば，

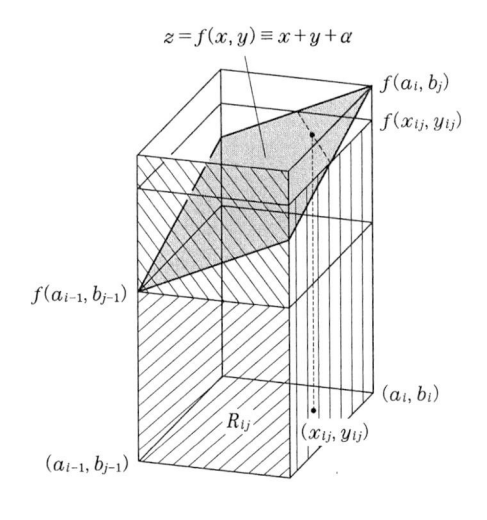

図3 (11)式の左辺は，左さがりの斜線////の直方体の部分の体積． (11)式の右辺は，左さがりの斜線の直方体の部分に，右さがりの斜線\\\\\の直方体の部分をくわえた体積． (11)式の $V[B_{ij}]$ は，うすずみ色■の平面: $z = x + y + a$ の下部の部分の体積． (13)式の中辺は，たて線|||||の直方体の部分の体積をしめす．

(17) $\quad 0 < S[\Delta] - s[\Delta]$

$\quad = \sum_{i=1}^{m} \sum_{j=1}^{n} \{f(a_i, b_j) - f(a_{i-1}, b_{j-1})\} A_{ij}$

$\quad = \sum_{i=1}^{m} \sum_{j=1}^{n} \{(a_i - a_{i-1}) + (b_j - b_{j-1})\} h_i k_j \quad (\because \ (2)式)$

$\quad = \sum_{i=1}^{m} \sum_{j=1}^{n} h_i^2 k_j + \sum_{i=1}^{m} \sum_{j=1}^{n} h_i k_j^2 \quad (\because \ (5)式)$

$\quad = (d - c) \sum_{i=1}^{m} h_i^2 + (b - a) \sum_{j=1}^{n} k_j^2 \quad (\because \ (16)式)$

$\quad \leqq 2(b - a)(d - c)\delta[\Delta] \quad (\because \ (15)式, \ (16)式)$

$\quad = 2A[R]\delta[\Delta]\ ;$

ここで，$A[R]$ は，長方形 R の面積． つぎに，

(18) $\quad\quad\quad\quad\quad\quad \delta[\Delta] \to 0$

となるように，分割 Δ を，かぎりなく細かくしていったとき，(17)式の最後の項は0に近づく． そのとき，(12)式と(17)式によって，

(19) $\quad s[\Delta] \to V, \quad S[\Delta] \to V \quad (\delta[\Delta] \to 0)$.

さらに，(19)式と(14)式によって，

(20) $\quad\quad\quad S[\Delta;\ X,\ Y] \to V \quad (\delta[\Delta] \to 0)$.

この，$S[\Delta;\ X,\ Y]$ の $\delta[\Delta] \to 0$ のときの極限値を I とし，この I を，

(2)式の関数: $f(x, y) \equiv x + y + \alpha$ の R 上での**2重積分**といい,

(21) $$I = \iint_R (x + y + \alpha)\, dx\, dy$$

によって表す; すなわち,

(22) $$\iint_R (x + y + \alpha)\, dx\, dy = \lim_{\delta[\varDelta] \to 0} \sum_{i=1}^{m} \sum_{j=1}^{n} (x_{ij} + y_{ij} + \alpha) A_{ij}.$$

(§34 の問1の $\boxed{1}$ (208ページ) 参照).

2 **2重積分**　一般に, 195ページの(1)の長方形領域 R 上で, 関数: $z = f(x, y)$ は, **有界**($|f(x, y)| \leqq M$)であるとする(図4).

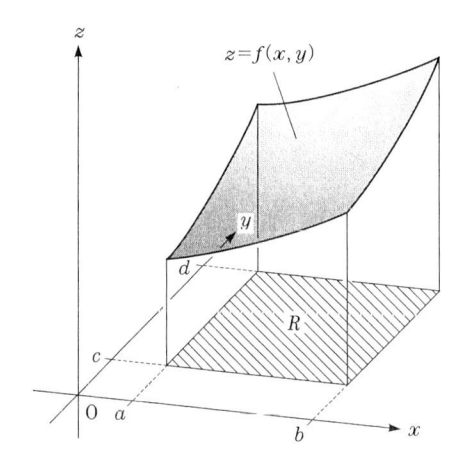

図4 長方形領域 R (斜線の部分) と R 上の有界な関数: $z = f(x, y)$ (うすずみ色の曲面).

この関数 $f(x, y)$ に対して, 197ページの(9)式の近似和 $S[\varDelta; X, Y]$ をつくる. 197ページの(15)式の $\delta[\varDelta]$ に対して, $\delta[\varDelta] \to 0$ となるように, 分割をかぎりなく細かくしていったとき,

・分割 $\varDelta$ を細かくする$\overset{\cdot\cdot\cdot}{\text{しかた}}$

・196ページの(6)式の $X = \{x_{ij}\}$, $Y = \{y_{ij}\}$ の$\overset{\cdot\cdot\cdot}{\text{えらび方}}$

に無関係に, $S[\varDelta; X, Y]$ が一定の値 I に, かぎりなく近づくならば, すなわち,

$$S[\varDelta; X, Y] \to I \quad (\delta[\varDelta] \to 0)$$

ならば，この I を，$f(x,y)$ の長方形領域 R 上での**2重積分**といい，

(23) $$I = \iint_R f(x,y)\,dx\,dy$$

によって表す．そして，$f(x,y)$ は R 上で**積分可能**であるという．また，2重積分 (23) の値を求めることを，$f(x,y)$ を R で**積分する**という．例1 (195ページ) は，$f(x,y) \equiv x+y+a$ の場合である．

つぎの定理がなりたつことがしめされる:

定理 1

$f(x,y)$ が，長方形領域 R で連続ならば，そこで積分可能である．

---

3 **一般の領域での2重積分** 閉領域 D で，関数 $f(x,y)$ は，有界であるとする．D をふくむ長方形領域 R (下の図5)をつくり，

(24) $$f(x,y) = 0 \quad (R-D)$$

とおくことによって，$f(x,y)$ の定義域を R にまで拡張し，D 上での $f(x,y)$ の2重積分を，

(25) $$\iint_D f(x,y)\,dx\,dy \equiv \iint_R f(x,y)\,dx\,dy$$

によって定義する．

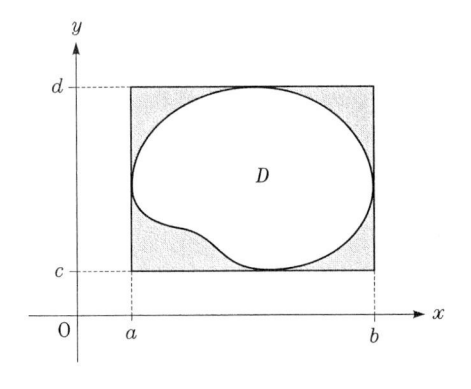

図5 図のように，D をふくむ長方形領域 R をつくり，D では，もとの $f(x,y)$，$R-D$ (うすずみ色 ■ の部分) では，$f(x,y) = 0$ と定義する．

4 2重積分の幾何学的意味

$f(x, y)$ は，閉領域 D で連続で，$f(x, y) \geqq 0$ とする．閉領域 D と，D の境界 C 上の z-軸に平行な直線を母線とする柱面，[*]および，曲面: $z = f(x, y)$ によってかこまれた立体を B とする:

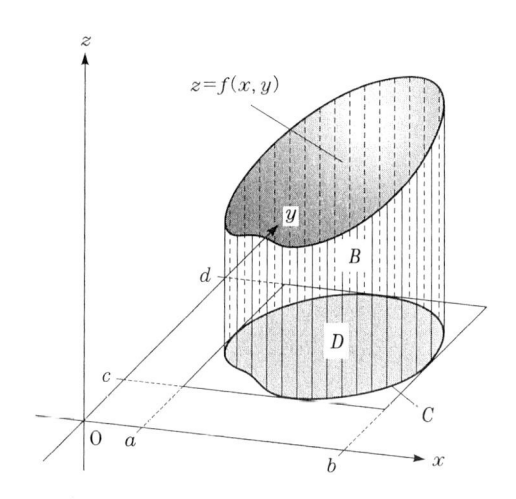

(26) $\qquad B = \{\, 0 \leqq z \leqq f(x, y),\ (x, y) \in D \,\}$ 　　(図6)．

図6 　xy-平面上の閉領域 D（下側のうすずみ色 ▨ の部分）と曲面: $z = f(x, y)$（上側のうすずみ色 ▨ の部分）と D の境界 C 上の柱面（たて線 ‖‖‖‖ の部分）によってかこまれた立体 B．

(24)式のようにおくことによって，$f(x, y)$ は R で定義されているとしてよい． 196ページの(4)式の R の分割 $\varDelta$ に対して，

(27) $\qquad m_{ij} = \min\limits_{(x,y) \in R_{ij}} f(x, y), \qquad M_{ij} = \max\limits_{(x,y) \in R_{ij}} f(x, y)$

$\qquad\qquad\qquad\qquad\qquad (i = 1, \cdots, m;\ j = 1, \cdots, n)$

とし，(26)式の立体 B の小長方形 R_{ij} 上にある部分を B_{ij}，B_{ij} の体積を $V[B_{ij}]$ とすれば，

(28) $\qquad m_{ij} A_{ij} \leqq V[B_{ij}] \leqq M_{ij} A_{ij}$

$\qquad\qquad (i = 1, \cdots, m;\ j = 1, \cdots, n)$ （つぎのページの図7）;

ここで，$R_{ij} \cap D = \phi$（空集合）のときは，$V[B_{ij}] = 0$ とする．

---

[*] 　C は，Curve（曲線）の頭文字を採っている．

図7 (28)式において，長方形 R_{ij} と曲面: $z = f(x, y)$ (うすずみ色 ▨ の部分)の間の立体が B_{ij}. R_{ij} を底面，高さを m_{ij} とする直方体(左さがりの斜線 ▨ の部分は，その側面の1つ)の体積が $m_{ij}A_{ij}$. R_{ij} を底面，高さを M_{ij} とする直方体(右さがりの斜線 ▨ の部分は，その側面の1つ)の体積が $M_{ij}A_{ij}$.

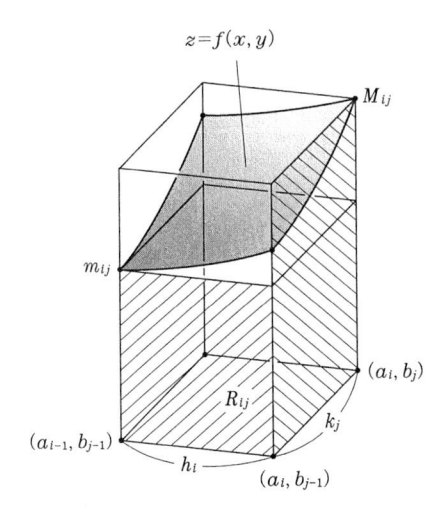

いま，

(29) $$s[\varDelta] = \sum_{i=1}^{m}\sum_{j=1}^{n} m_{ij}A_{ij}, \qquad S[\varDelta] = \sum_{i=1}^{m}\sum_{j=1}^{n} M_{ij}A_{ij}$$

とすれば，$s[\varDelta]$, $S[\varDelta]$ は，ともに，197ページの(9)式の近似和の1つであって，立体 B の体積を $V[B]$ とすれば，(28)式によって，

(30) $$s[\varDelta] \leqq V[B] \leqq S[\varDelta].$$

$f(x, y)$ は，D で連続，$R - D$ 上で 0 で，境界 C と共通な部分をもつ R_{ij} の全体の近似和 (29) への寄与は，$\delta[\varDelta] \to 0$ のとき，0 に近づくから (図8)，定理 1 (200ページ) によって，$f(x, y)$ は R 上で積分可能であって，(30)式によって，

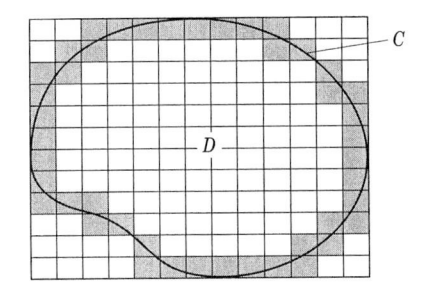

図8 D の境界 C と共通部分をもつ分割 $\varDelta$ の R_{ij} (うすずみ色 ▨ の小長方形) の全体の面積は，$\delta[\varDelta] \to 0$ のとき，0 に近づく．したがって，それらの部分の $s[\varDelta]$, $S[\varDelta]$ への寄与は，$\delta[\varDelta] \to 0$ のとき，0 に近づく．

$$\iint_R f(x,y)\,dx\,dy = \lim_{\delta[\varDelta]\to 0} s[\varDelta] = \lim_{\delta[\varDelta]\to 0} S[\varDelta] = V[B].$$

したがって，(25)式(200ページ)に注意して，つぎの定理がえられる：

定理 2 ─────────────── 2重積分の幾何学的意味

$f(x,y)$ は閉領域 D で連続で，$f(x,y) \geqq 0$ とする．いま，立体 B が(26)式によってあたえられているとし，その体積を $V[B]$ とする．そのとき，

(31) $$\iint_D f(x,y)\,dx\,dy = V[B].$$

定理2において，閉領域 D は，領域(境界をふくまない)としてもよいことがわかる(境界の部分は，2重積分には寄与しない！)．

§34. 2重積分と累次積分

1 2重積分を求めよう！

例 1 $D = \{\,x^2 + y^2 \leqq 1,\ x \geqq 0,\ y \geqq 0\,\}$ とするとき，

(1) $\quad I = \iint_D xy\,dx\,dy \qquad$ (§23の例1(142ページ))．

§33の定理2によって，立体：

(2) $\quad B = \{\,0 \leqq z \leqq xy,\ (x,y) \in D\,\}$

の体積を $V[B]$ とするとき，

$$I = \iint_D xy\,dx\,dy = V[B].$$

立体 B の $x =$ 一定 での断面積(つぎのページの図1の $\triangle\mathrm{PQR}$ の面積)を $A(x)$ とすれば，§23の定理1(142ページ)によって，

(3) $\quad I = V[B] = \int_0^1 A(x)\,dx.$

ここで，$A(x)$ は，x を定数とみなして，$z = xy$ を，y について積分することによって，

(4) $$A(x) = \int_0^{\sqrt{1-x^2}} xy\, dy \quad (\text{図 1})$$
$$= \left[x \cdot \frac{1}{2} y^2\right]_{y=0}^{\sqrt{1-x^2}} = x \cdot \frac{1}{2}(1-x^2).$$

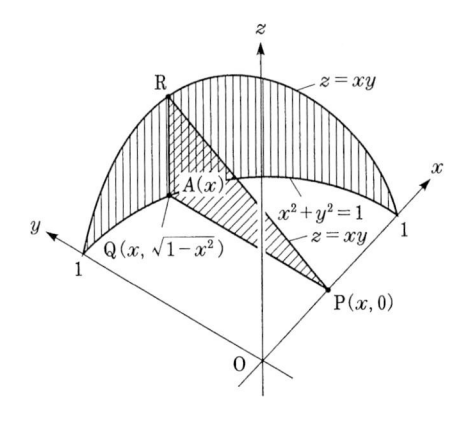

図1 (2) の立体 B の $x=$ 一定 での断面積 $A(x)$（$\triangle$ PQR の面積）は，図から，x を定数とみなして，y について積分して，
$$A(x) = \int_0^{\sqrt{1-x^2}} xy\, dy$$
によって，求めることができる．

(3)式と (4)式によって，
$$I = \int_0^1 \left\{ \int_0^{\sqrt{1-x^2}} xy\, dy \right\} dx = \int_0^1 \frac{1}{2}(x-x^3)\, dx$$
$$= \frac{1}{2}\left[\frac{1}{2} x^2 - \frac{1}{4} x^4\right]_0^1 = \frac{1}{2} \cdot \frac{1}{4} = \frac{1}{8}.$$

ここで，
$$\int_0^1 \left\{ \int_0^{\sqrt{1-x^2}} xy\, dy \right\} dx \equiv \int_0^1 dx \int_0^{\sqrt{1-x^2}} xy\, dy$$
と記して，これを**累次積分**という．

$$\therefore \quad \iint_D xy\, dx\, dy = \int_0^1 dx \int_0^{\sqrt{1-x^2}} xy\, dy = \frac{1}{8}.$$

このように，2重積分は，累次積分に変換して求めることができる．

2　2重積分と累次積分の関係

一般に，閉区間 $[a, b]$ 上の連続関数 $f_1(x), f_2(x)$（$f_1(x) \leq f_2(x)$）によって，閉領域：

(5) $\quad D = \{ f_1(x) \leq y \leq f_2(x),\ a \leq x \leq b \}$

が定義される（つぎのページの図2）．

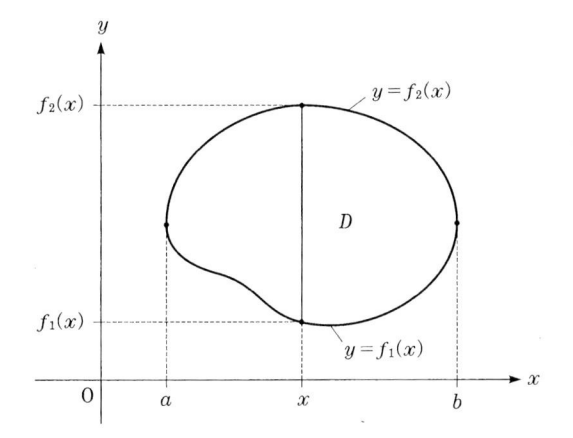

図2 閉領域: $D = \{f_1(x) \leqq y \leqq f_2(x),\ a \leqq x \leqq b\}$.
$x = $ 一定 での D の切り口は, $f_1(x) \leqq y \leqq f_2(x)$.

$f(x, y)$ は, D で連続で, $f(x, y) \geqq 0$ とする. そのとき, 立体:
(6) $\qquad B = \{0 \leqq z \leqq f(x, y),\ (x, y) \in D\}$
の体積を $V[B]$ とすれば, §33 の定理 2 (203ページ) によって,

(7) $\qquad\qquad \iint_D f(x, y)\,dx\,dy = V[B]$.

B の $x = $ 一定 での断面積を $A(x)$ (図3)とすれば, §23 の定理 1 (142

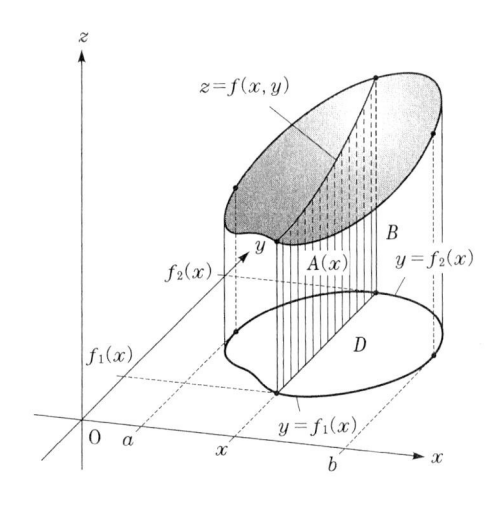

図3 平面: $x = $ 一定 での立体 B の断面積 $A(x)$ (たて線 ||||| の部分の面積)は,
$$A(x) = \int_{f_1(x)}^{f_2(x)} f(x, y)\,dy$$
によって求められる.

ページ)によって,

(8) $$V[B] = \int_a^b A(x)\, dx.$$

ここで，$A(x)$ は，x を定数とみなして，$f(x,y)$ を，y について積分することによって(図 3)，

(9) $$A(x) = \int_{f_1(x)}^{f_2(x)} f(x,y)\, dy$$

として，求められる．(7), (8), (9) の 3 式によって，

(10) $$\iint_D f(x,y)\, dx\, dy = \int_a^b A(x)\, dx = \int_a^b \left\{ \int_{f_1(x)}^{f_2(x)} f(x,y)\, dy \right\} dx.$$

ここで，

(11) $$\int_a^b \left\{ \int_{f_1(x)}^{f_2(x)} f(x,y)\, dy \right\} dx \equiv \int_a^b dx \int_{f_1(x)}^{f_2(x)} f(x,y)\, dy$$

と記して，これを**累次積分**という．

---

(12) $$\therefore \quad \iint_D f(x,y)\, dx\, dy = \int_a^b dx \int_{f_1(x)}^{f_2(x)} f(x,y)\, dy.$$

（2重積分と累次積分の関係）

つぎに，$[c,d]$ で定義された連続関数: $g_1(y), g_2(y)$（$g_1(y) \leqq g_2(y)$）に対して，閉領域 D が，

(13) $$D = \{ g_1(y) \leqq x \leqq g_2(y),\ c \leqq y \leqq d \}$$

によってあたえられているとき(つぎのページの図 4)，まったく，同様にして，つぎの公式がえられる:

---

(14) $$\iint_D f(x,y)\, dx\, dy = \int_c^d dy \int_{g_1(y)}^{g_2(y)} f(x,y)\, dx.$$

（2重積分と累次積分の関係）

$f(x,y) \geqq 0$ と仮定したが，この仮定は不要である．この仮定がみたされないときは，$m = \min_{(x,y) \in D} f(x,y)$ とおけば，$f(x,y) - m\ (\geqq 0)$ と定数

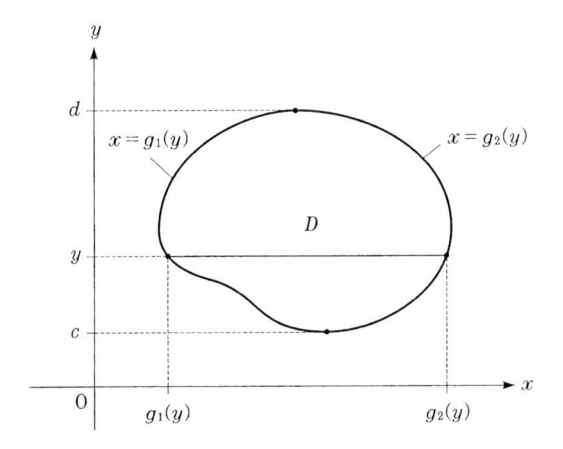

図4 閉領域: $D = \{\, g_1(y) \leqq x \leqq g_2(y),\ c \leqq y \leqq d\,\}$.
$y = $ 一定 での D の切り口は, $g_1(y) \leqq x \leqq g_2(y)$.

関数 m に対しては, (12)式と(14)式がなりたつから, $f(x, y)$ に対しても, (12)式と(14)式がなりたつことがわかる.

[3] **応用例** （例1（203ページ）の再出）

[例]2 $\displaystyle\iint_D xy\,dx\,dy$ （$D = \{\, x^2 + y^2 \leqq 1,\ x \geqq 0,\ y \geqq 0\,\}$; 図5）.

D の $y = $ 一定 での切り口は, $0 \leqq x \leqq \sqrt{1 - y^2}$ （図5）. したがって, (14)式によって,

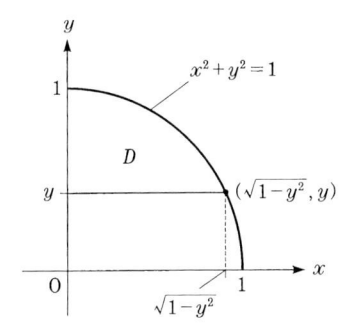

図5 領域 D の $y = $ 一定 での切り口が, $0 \leqq x \leqq \sqrt{1 - y^2}$ であることをしめす.

$$\iint_D xy\,dx\,dy = \int_0^1 dy \int_0^{\sqrt{1-y^2}} xy\,dx = \int_0^1 \left[\frac{1}{2}x^2 y\right]_{x=0}^{\sqrt{1-y^2}} dy$$

$$= \int_0^1 \frac{1}{2}(1-y^2)y\,dy = \frac{1}{2}\int_0^1 (y-y^3)\,dy$$

$$= \frac{1}{2}\left[\frac{1}{2}y^2 - \frac{1}{4}y^4\right]_0^1 = \frac{1}{2}\left(\frac{1}{2} - \frac{1}{4}\right) = \frac{1}{8}.$$

[問 1] つぎの2重積分を累次積分に変換して，その値を求めよ

〔ヒント：例1，例2にならって，領域 D の図を書いて，$x =$ 一定，または，$y =$ 一定，の切り口を求め，(12)式，または，(14)式（どちらか，やさしそうな方）を利用〕．

[1] $\iint_D (x+y+a)\,dx\,dy$, $\quad D = \{a \leqq x \leqq b,\ c \leqq y \leqq d\}$

（§33 の (21)式（199 ページ））．

[2] $\iint_D y\,dx\,dy$, $\quad D = \{0 \leqq y \leqq x \leqq 1\}$

[3] $\iint_D x\,dx\,dy$, $\quad D = \{0 \leqq y \leqq x \leqq 1\}$

[4] $\iint_D \sqrt{y}\,dx\,dy$, $\quad D = \{0 \leqq y \leqq x \leqq 1\}$

[5] $\iint_D xy\,dx\,dy$, $\quad D = \{0 \leqq x \leqq y \leqq 1\}$

[6] $\iint_D y\,dx\,dy$, $\quad D = \{x+y \leqq 1,\ x \geqq 0,\ y \geqq 0\}$

[7] $\iint_D x\,dx\,dy$, $\quad D = \{x+y \geqq 1,\ x \leqq 1,\ y \leqq 1\}$

[8] $\iint_D xy\,dx\,dy$, $\quad D = \{x \leqq y \leqq \sqrt{x}\}$

[9] $\iint_D x\,dx\,dy$, $\quad D = \{x \leqq y \leqq \sqrt{x}\}$

〔[8]と[9]のヒント：$x \leqq \sqrt{x}$ である x の範囲を定めよ〕

[10] $\iint_D y\,dx\,dy$, $\quad D = \{x^2 \leqq y \leqq x\}$

[11] $\iint_D x\,dx\,dy$, $\quad D = \{x^2 \leqq y \leqq x\}$

〔[10]と[11]のヒント：$x^2 \leqq x$ である x の範囲を定めよ〕

$\boxed{12}$ $\iint_D y\,dx\,dy$, $D = \{x^2 + y^2 \leq 1,\ x \geq 0,\ y \geq 0\}$

*$\boxed{13}$ $\iint_D x\,dx\,dy$, $D = \{x^2 + y^2 \leq 1,\ 0 \leq x \leq y\}$.

$\boxed{14}$ $\iint_D \sin(x+y)\,dx\,dy$, $D = \{x + y \leq \pi,\ x \geq 0,\ y \geq 0\}$

$\boxed{15}$ $\iint_D e^{x+y}\,dx\,dy$, $D = \{0 \leq x \leq 1,\ 0 \leq y \leq 1\}$

$\boxed{問 2}$ $\boxed{1}$ つぎのディリクレの公式を証明せよ：

$$\int_a^b dx \int_a^x f(x,y)\,dy = \int_a^b dy \int_y^b f(x,y)\,dx$$

〔ヒント：$D = \{a \leq y \leq x \leq b\}$ 上での $f(x,y)$ の 2 重積分を，2 通りの方法で，累次積分に変換〕．

$\boxed{2}$ $\boxed{1}$ の結果を利用して，つぎの公式をみちびけ：

$$\int_0^1 dx \int_0^x f(y)\,dy = \int_0^1 (1-y)f(y)\,dy$$

〔ヒント：$\boxed{1}$ で，$f(x,y) = f(y)$，$a = 0$，$b = 1$ とおけ〕．

§35. 積分変数の変換

$\boxed{1}$ **1次変換**　積分変数の変換とは，1変数の関数の，定積分の置換積分 (131 ページ) に相当する．

1次変換：

(1) $\begin{cases} u = \alpha x + \beta y, \\ v = \gamma x + \delta y \end{cases}$

によって，[*] 閉領域 D が閉領域 G に写像されているとする．[**] そのとき，§33 の $\boxed{3}$ 項 (200 ページ) で定義した D をふくむ長方形 R は，G をふくむ

---

[*] ギリシャ文字 α (アルファ)，β (ベータ)，γ (ガンマ)，δ (デルタ) は，a, b, c, d に対応している．

[**] D, G は，それぞれ，英語の Domain (領域)，ドイツ語の Gebiet (領域) の頭文字を採っている．

平行4辺形 P に写像される（図1）.[*]

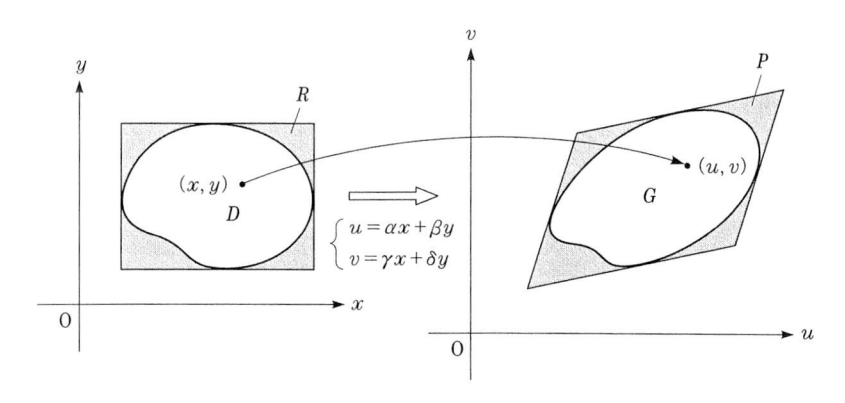

図1 1次変換 (1) によって，閉領域 D は閉領域 G に写像され，D をふくむ長方形 R は，G をふくむ平行4辺形 P に写像される．

R 内の小長方形:

(2) $\qquad \varDelta R = \{\, a \leqq x \leqq a+h,\ b \leqq y \leqq b+k \,\}$

の，写像 (1) による像閉領域を $\varDelta P$ とする．

(3) $\qquad c = \alpha a + \beta b, \qquad d = \gamma a + \delta b$

とおくとき，$\varDelta P$ は，4点：

$\qquad$ A(c, d), $\qquad\qquad$ B$(c+h\alpha, d+h\gamma)$,
$\qquad$ C$(c+k\beta, d+k\delta)$, $\qquad$ D$(c+h\alpha+k\beta, d+h\gamma+k\delta)$

を頂点とする平行4辺形である（つぎのページの図2）；ここで，a, b, c, d は，長方形領域 R を定義する，§33 の (1) 式（195 ページ）の a, b, c, d とは，無関係であることに注意！

□ABDC の面積 $A[\varDelta P]$ をもとめよう．

2つのベクトル $(\alpha, \gamma), (\beta, \delta)$ を2辺にもつ平行4辺形の面積は，

(4) $\qquad \begin{vmatrix} \alpha & \beta \\ \gamma & \delta \end{vmatrix} \equiv \alpha\delta - \beta\gamma$

---

[*] P は，Parallelogram（平行4辺形）の頭文字を採っている．

§35. 積分変数の変換

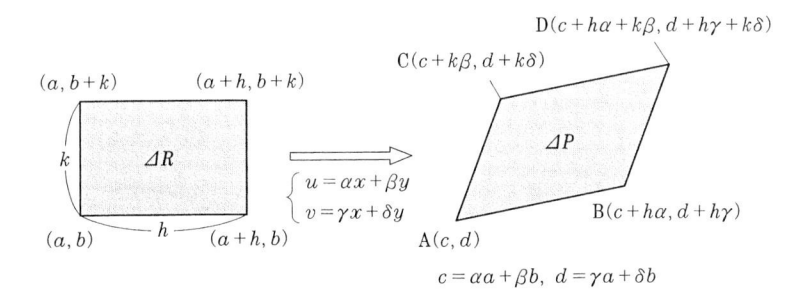

図2 R 内の小長方形 (2) (左のうすずみ色 の部分) の，1次変換 (1) による像閉領域 ΔP は，$\square ABDC$ (右のうすずみ色 の部分).

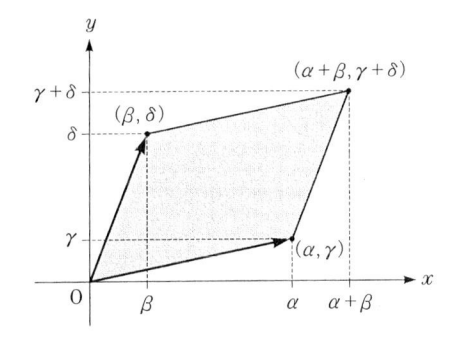

図3 2つのベクトル (α, γ)，(β, δ) を2辺にもつ平行4辺形 (うすずみ色 の部分) の面積が，(4) 式の絶対値によってあたえられることは，図から，直接，求められる．図で，(α, γ) と (β, δ) が入れかわれば，(4) 式の符号が入れかわることにも注意！

の絶対値に等しい (図3). したがって，$A[\Delta P]$ は，2つのベクトル $(h\alpha, h\gamma)$，$(k\beta, k\delta)$ を2辺にもつ平行4辺形の面積として，

$$(5) \quad \begin{vmatrix} h\alpha & k\beta \\ h\gamma & k\delta \end{vmatrix} = hk \begin{vmatrix} \alpha & \beta \\ \gamma & \delta \end{vmatrix} = hk(\alpha\delta - \beta\gamma)$$

の絶対値に等しい．ここで，$hk = A[\Delta R]$ であるから，

$$(6) \quad A[\Delta P] = \left| \begin{vmatrix} \alpha & \beta \\ \gamma & \delta \end{vmatrix} \right| A[\Delta R].$$

いま，§33 の [1] 項 (196ページ) で定義した，R の小長方形への分割を $\Delta = \Delta[R]$ とする．分割 $\Delta[R]$ の像として，P の分割 $\Delta[P]$ が定義される

(図4). $\varDelta R$ は, 分割 $\varDelta[R]$ の任意の小長方形で, (2)式によって表されているとし, $\varDelta P$ は, 1次変換 (1) による $\varDelta R$ の像平行4辺形とする(図4).

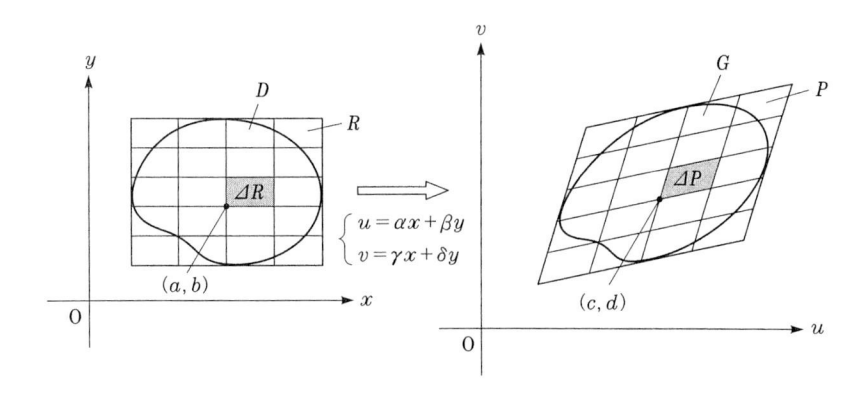

図4 閉領域 D をふくむ長方形 R の小長方形への分割 $\varDelta[R]$ と, それの1次変換 (1) による像分割 $\varDelta[P]$. $\varDelta R$ は, $\varDelta[R]$ の任意の小長方形で, $\varDelta P$ は, その像平行4辺形.

$f(u,v)$ は, G 上で連続で, $P-G$ 上で, $f(u,v)=0$ とする. (3)式の c,d に対して, 近似和:

(7) $$S[\varDelta[P]] \equiv \sum_{\varDelta P \in \varDelta[P]} f(c,d)\, A[\varDelta P]$$

をつくり, 分割の最大幅 $\delta[\varDelta] \to 0$ となるように, 分割 $\varDelta[R]$ を, かぎりなく細かくするとき,

(8) $$S[\varDelta[P]] \to \iint_G f(u,v)\, du\, dv \quad (\delta[\varDelta] \to 0).$$

他方において, (6)式によって,

$$S[\varDelta[P]] = \sum_{\varDelta R \in \varDelta[R]} f(\alpha a + \beta b, \gamma a + \delta b) \left\| \begin{matrix} \alpha & \beta \\ \gamma & \delta \end{matrix} \right\| A[\varDelta R].$$

(9) $\therefore$ $$S[\varDelta[P]] \to \iint_D f(\alpha x + \beta y, \gamma x + \delta y) \left\| \begin{matrix} \alpha & \beta \\ \gamma & \delta \end{matrix} \right\| dx\, dy$$
$$(\delta[\varDelta] \to 0).$$

(8)式と (9)式によって，つぎの公式がえられる:

―――― 2重積分の1次変換による積分変数の変換公式 ――――

1次変換 (1) (209 ページ) によって，閉領域 D が閉領域 G に写像されているとし，$f(u,v)$ は，G で連続であるとする．そのとき，

(10) $\quad \iint_G f(u,v)\,du\,dv$

$\qquad = \iint_D f(\alpha x + \beta y, \gamma x + \delta y) \left\| \begin{array}{cc} \alpha & \beta \\ \gamma & \delta \end{array} \right\| dx\,dy$.

2 応用例

例 1 $\quad \iint_D (x^2 - y^2)\,dx\,dy$, $\quad D = \{\,0 \leqq x+y \leqq 1,\ 0 \leqq x-y \leqq 1\,\}$.

1次変換:

(11) $\qquad\qquad u = x+y, \qquad v = x-y$

によって，閉領域 D は，閉領域 $G = \{\,0 \leqq u \leqq 1,\ 0 \leqq v \leqq 1\,\}$ に写像される (図5).

そのとき，公式 (10) によって，

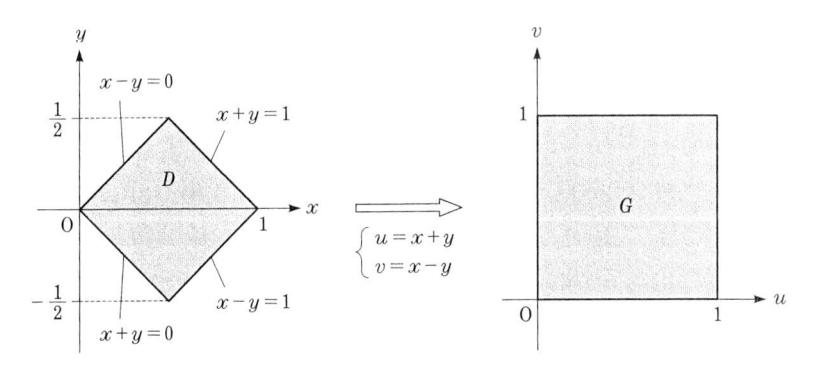

図5 1次変換 (11) によって，$D = \{\,0 \leqq x+y \leqq 1,\ 0 \leqq x-y \leqq 1\,\}$ は，$G = \{\,0 \leqq u \leqq 1,\ 0 \leqq v \leqq 1\,\}$ に写像される．

$$\iint_D (x^2-y^2) \left| \begin{matrix} 1 & 1 \\ 1 & -1 \end{matrix} \right| dx\,dy = \iint_G uv\,du\,dv$$

$$= \int_0^1 du \int_0^1 uv\,dv = \int_0^1 u \left[\frac{1}{2}v^2 \right]_0^1 du$$

$$= \frac{1}{2} \int_0^1 u\,du = \frac{1}{2} \left[\frac{1}{2}u^2 \right]_0^1 = \frac{1}{4}.$$

したがって,

$$\left| \begin{matrix} 1 & 1 \\ 1 & -1 \end{matrix} \right| = 1\cdot(-1) - 1\cdot 1 = -2$$

に注意すれば,

$$\iint_D (x^2-y^2)\,dx\,dy = \frac{1}{8}.$$　　　☺

3 **極座標**　　極座標から直交座標への変換:

(12)　　　　$x = r\cos\theta, \quad y = r\sin\theta \quad (r > 0)$

によって,閉領域 D が閉領域 G に写像されているとする.そのとき, D をふくむ長方形:

(13)　　　　$R = \{\, r_1 \leqq r \leqq r_2,\ \theta_1 \leqq \theta \leqq \theta_2 \,\}$

は, G をふくむせ̇ん̇(扇)形:

(14)　　　　$Q = \left\{\, r_1 \leqq \sqrt{x^2+y^2} \leqq r_2,\ \theta_1 \leqq \tan^{-1}\dfrac{y}{x} \leqq \theta_2 \,\right\}$

に写像される(つぎのページの図6);*) ここに, $\tan^{-1}\dfrac{y}{x}$ は,主値ではない.

長さ $\varDelta r, \varDelta\theta$ を2辺とする R 内の小長方形 $\varDelta R$ の変換(12)による像せ̇ん̇形を $\varDelta Q$ とし, $\varDelta Q$ と1辺を共有する2辺の長さが $\varDelta r, r\varDelta\theta$ である小長方形を $\varDelta P$ とする(つぎのページの図7).さらに, $\varDelta R, \varDelta Q, \varDelta P$ の面積を,それぞれ, $A[\varDelta R], A[\varDelta Q], A[\varDelta P]$ とする.そのとき, $A[\varDelta R] = \varDelta r\,\varDelta\theta$ であることに注意すれば,

---

*)　Q は,Quadrangle(4辺形)の頭文字を採っている.

§35. 積分変数の変換

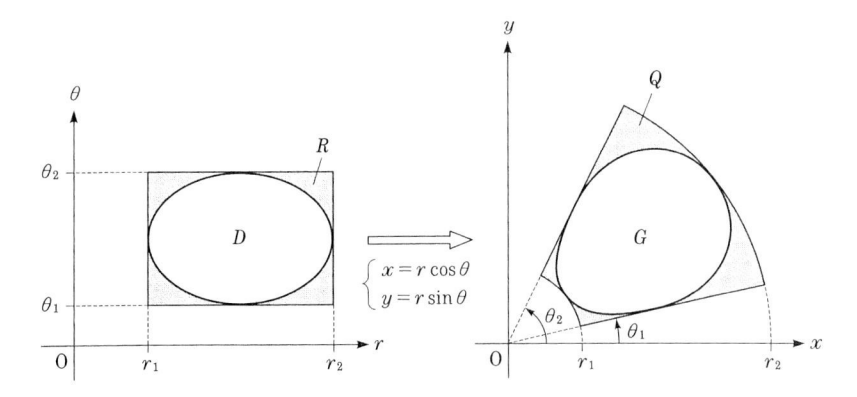

図6 変換 (12) によって，閉領域 D は閉領域 G に写像され，D をふくむ長方形 (13) は，G をふくむせん形 (14) に写像される．

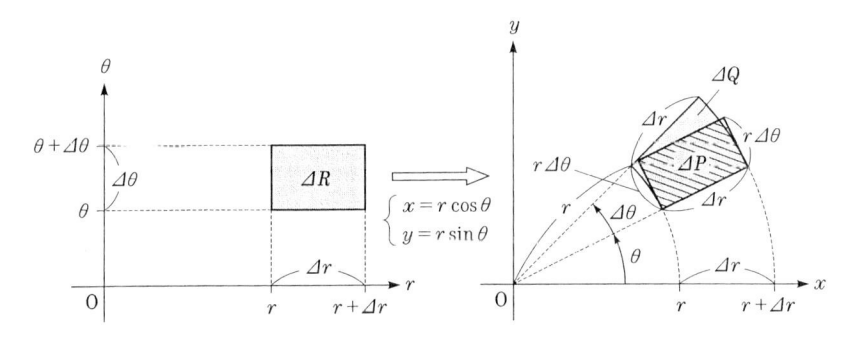

図7 小長方形 ΔR（左のうすずみ色 の部分）の，変換 (12) による像せん形 ΔQ（右のうすずみ色 の部分），と ΔQ と 1 辺を共有する小長方形 ΔP（斜線 の部分）．

$$A[\Delta Q] = \pi(r+\Delta r)^2 \cdot \frac{\Delta\theta}{2\pi} - \pi r^2 \cdot \frac{\Delta\theta}{2\pi}$$

$$= \left(r + \frac{1}{2}\Delta r\right)\Delta r\,\Delta\theta = r\,\Delta r\,\Delta\theta + \frac{1}{2}(\Delta r)^2\Delta\theta = *.$$

$\Delta r \to 0$, $\Delta\theta \to 0$ のとき，右辺の第 2 項は，第 1 項より早く（高位の無限小で）0 に近づくから，

$$* \fallingdotseq r\,\Delta r\,\Delta\theta = A[\Delta P] = r\,A[\Delta R].$$

したがって，$\boxed{1}$ 項の (7)式 ～ (9)式 (212 ページ) の場合と同様にして，つぎの公式がえられる：

--- 2重積分の極座標表示 ---
極座標から直交座標への変換 (12) (214 ページ) によって，閉領域 D が閉領域 G に写像されているとし，$f(x, y)$ は，G で連続であるとする．そのとき，
(15) $\qquad \iint_G f(x, y)\, dx\, dy = \iint_D f(r\cos\theta, r\sin\theta)\, r\, dr\, d\theta$.

$\boxed{4}$ 応用例

$\boxed{例\,2}$ $\quad I = \iint_G xy\, dx\, dy, \qquad G = \{\, x^2 + y^2 \leq 1,\ x \geq 0,\ y \geq 0 \,\}$
$\hfill$ (§34 の例 1 (203 ページ))．

公式 (15) によって，
$$I = \iint_{0 \leq r \leq 1,\ 0 \leq \theta \leq \frac{\pi}{2}} r\cos\theta \cdot r\sin\theta\ r\, dr\, d\theta$$
$$= \int_0^{\frac{\pi}{2}} \sin\theta \cos\theta\, d\theta \int_0^1 r^3\, dr = \int_0^{\frac{\pi}{2}} \frac{1}{2}\sin 2\theta\, d\theta \int_0^1 r^3\, dr$$
$$= \frac{1}{2} \int_0^{\frac{\pi}{2}} \sin 2\theta \left[\frac{1}{4} r^4\right]_0^1 d\theta = \frac{1}{8}\left[-\frac{1}{2}\cos 2\theta\right]_0^{\frac{\pi}{2}} = \frac{1}{8}.$$

$\boxed{5}$ 一般の変換 $\quad$ 変換：
(16) $\qquad \begin{cases} u = \varphi(x, y), \\ v = \psi(x, y) \end{cases}$

によって，閉領域 D が閉領域 G に，1対1に写像されているとする．さらに，§33 の $\boxed{3}$ 項 (200 ページ) で定義した D をふくむ長方形 R は，閉領域 Q に写像されているとする (つぎのページの図 8)．

R 内の小長方形：
(17) $\qquad \Delta R = \{\, a \leq x \leq a+h,\ b \leq y \leq b+k \,\}$

§35. 積分変数の変換

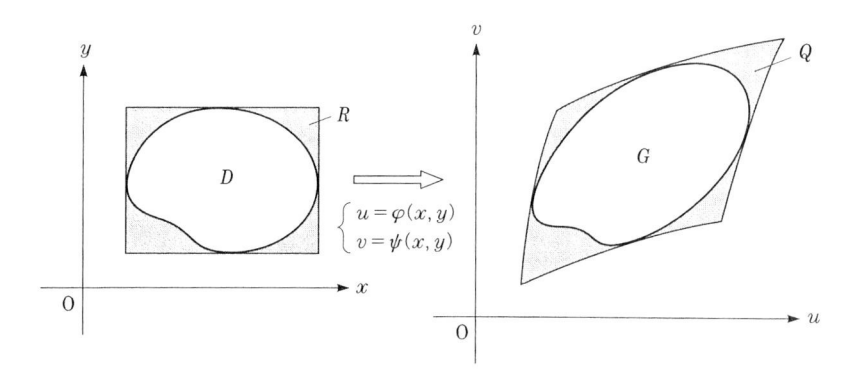

図 8 変換 (16) によって，閉領域 D は閉領域 G に写像され，D をふくむ長方形 R は，G をふくむ閉領域 Q に写像される．

の変換 (16) による像閉領域を $\varDelta Q$ とする．　簡単のために，
$$c = \varphi(a,b), \quad \alpha = \varphi_x(a,b), \quad \beta = \varphi_y(a,b);$$
$$d = \psi(a,b), \quad \gamma = \psi_x(a,b), \quad \delta = \psi_y(a,b)$$
とおく．ここで，$\varphi(x,y)$，$\psi(x,y)$ は，R で全微分可能であるとすれば，

(18) $\quad \begin{cases} \varphi(a+h, b+k) = c + (h\alpha + k\beta) + \varepsilon_1, \\ \psi(a+h, b+k) = d + (h\gamma + k\delta) + \varepsilon_2; \end{cases}$

(19) $\quad \dfrac{\varepsilon_1}{|h|+|k|} \to 0, \quad \dfrac{\varepsilon_2}{|h|+|k|} \to 0 \quad (h, k \to 0).$

いま，4 点:

(20) $\quad \begin{cases} \mathrm{A}(c,d), & \mathrm{B}(c+h\alpha, d+h\gamma), \\ \mathrm{C}(c+k\beta, d+k\delta), & \mathrm{D}(c+h\alpha+k\beta, d+h\gamma+k\delta) \end{cases}$

を頂点とする平行 4 辺形を $\varDelta P$ とし，$\varDelta P, \varDelta Q$ の面積を，それぞれ，$A[\varDelta P]$，$A[\varDelta Q]$ とする．　(19) 式によって，$h \to 0$，$k \to 0$ のとき，ε_1，ε_2 が h, k よりはやく (高位の無限小で) 0 に近づくことに注意すれば，(18) 式と (20) 式によって，$A[\varDelta Q] - A[\varDelta P]$ は $A[\varDelta Q]$ よりはやく (高位の無限小で) 0 に近づく．　したがって，

(21) $\quad\quad\quad A[\varDelta Q] \fallingdotseq A[\varDelta P] \quad$ (つぎのページの図 9).

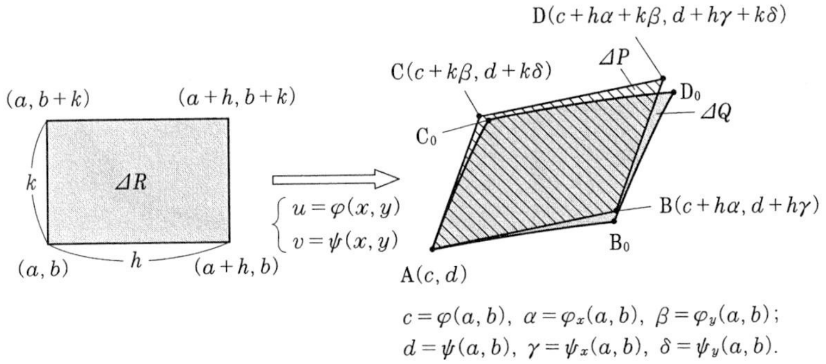

図9 小長方形 $\varDelta R$(左のうすずみ色 ▨ の部分)の,変換(16)による像閉領域 $\varDelta Q$ が,曲線4辺形 $\mathrm{AB_0D_0C_0}$(右のうすずみ色 ▨ の部分).$\varDelta P$ は,$\square \mathrm{ABDC}$(斜線 ▨ の部分)で,$A[\varDelta Q] \fallingdotseq A[\varDelta P]$.

平行4辺形 $\varDelta P$ の頂点が (20)式によってあたえられることと,211 ページの (6)式によって,

(22) $\quad A[\varDelta P] = \left\| \begin{array}{cc} h\alpha & k\beta \\ h\gamma & k\delta \end{array} \right\| = hk \cdot \left\| \begin{array}{cc} \alpha & \beta \\ \gamma & \delta \end{array} \right\|$

$\qquad\qquad\quad = \left\| \begin{array}{cc} \alpha & \beta \\ \gamma & \delta \end{array} \right\| A[\varDelta R]$.

$f(u, v)$ は,G 上で連続で,$Q - G$ 上で,$f(u, v) = 0$ とする.

近似和:

(23) $\quad S[\varDelta[Q]] \equiv \sum\limits_{\varDelta Q \in \varDelta[Q]} f(c, d) A[\varDelta Q]$

をつくり,分割の最大幅 $\delta[\varDelta] \to 0$ となるように,分割 $\varDelta[R]$ を,かぎりなく細かくするとき,

(24) $\quad S[\varDelta[Q]] \to \iint_G f(u, v)\, du\, dv \qquad (\delta[\varDelta] \to 0)$.

他方において,(21)式と (22)式によって,

$$S[\Delta[Q]] \fallingdotseq \sum_{\Delta R \in \Delta[R]} f(\varphi(a,b), \psi(a,b)) \left\| \begin{array}{cc} \alpha & \beta \\ \gamma & \delta \end{array} \right\| A[\Delta R]$$

$$\to \iint_D f(\varphi(x,y), \psi(x,y)) \left\| \begin{array}{cc} \varphi_x & \varphi_y \\ \psi_x & \psi_y \end{array} \right\| dx\, dy$$

$$(\delta[\Delta] \to 0).$$

したがって，つぎの定理がえられる:

定理 1 ──────────── 2重積分の積分変数の変換公式

　変換 (16) によって，閉領域 D が閉領域 G に，1対1に写像されているとし，$\varphi(x,y)$，$\psi(x,y)$ は連続な1階偏導関数をもつとする．そのとき，$f(u,v)$ が G で連続ならば，

(25) $$\iint_G f(u,v)\, du\, dv$$
$$= \iint_D f(\varphi(x,y), \psi(x,y)) \left| \frac{\partial(\varphi, \psi)}{\partial(x,y)} \right| dx\, dy.$$

ここに，

(26) $$\frac{\partial(\varphi, \psi)}{\partial(x,y)} \equiv \left| \begin{array}{cc} \varphi_x & \varphi_y \\ \psi_x & \psi_y \end{array} \right| = \varphi_x \psi_y - \varphi_y \psi_x$$

は，φ, ψ の x, y に関する**ヤコビアン**とよばれる．

---

§27 の定理1 (170ページ) によって，上の定理1の $\varphi(x,y)$，$\psi(x,y)$ の1階偏導関数の連続性(積分可能であるための条件)から，217ページの〰〰の部分の，$\varphi(x,y)$，$\psi(x,y)$ の全微分可能性がしたがうことに注意！

6　2重積分の無限積分

例 3　$I = \int_{-\infty}^{\infty} e^{-x^2} dx = 2\int_0^{\infty} e^{-x^2} dx$　　（つぎのページの図10）．

$$I^2 = \int_{-\infty}^{\infty} e^{-x^2} dx \int_{-\infty}^{\infty} e^{-y^2} dy = \lim_{R \to \infty} \iint_{x^2+y^2 \leq R^2} e^{-(x^2+y^2)} dx\, dy = *.$$

ここで，極座標への変換公式 (15) (216ページ) を利用すれば，

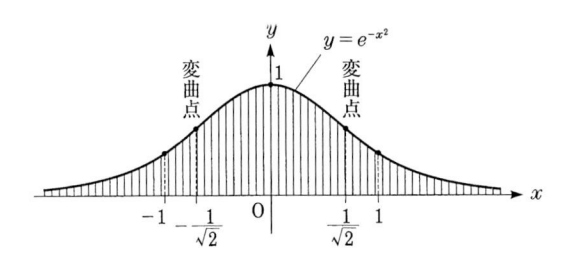

図10 $y = e^{-x^2}$ のグラフ (§12の問1の $\boxed{4}$ (79ページ)).

$I = \int_{-\infty}^{\infty} e^{-x^2}\, dx$ の値は,たて線||||||の部分の面積.

$$
\begin{aligned}
* &= \lim_{R\to\infty} \iint_{r\leq R} e^{-r^2}\, r\, dr\, d\theta \\
&= \lim_{R\to\infty} \int_0^{2\pi} d\theta \int_0^R r\, e^{-r^2}\, dr = \lim_{R\to\infty} \int_0^{2\pi} d\theta \cdot \left[-\frac{1}{2}\, e^{-r^2}\right]_0^R \\
&= 2\pi \lim_{R\to\infty}\left(-\frac{1}{2}\, e^{-R^2} + \frac{1}{2}\right) = \pi.
\end{aligned}
$$

$I > 0$ であるから,

$$
(27) \qquad \int_{-\infty}^{\infty} e^{-x^2}\, dx = 2\int_0^{\infty} e^{-x^2}\, dx = \sqrt{\pi}.
$$

この積分は,確率・統計や,熱伝導・拡散の理論などにあらわれる,応用上,重要な積分である.

問1 1次変換による積分変数の変換公式 (10) (213ページ) を利用して,例1 (213ページ) にならって,つぎの2重積分の値を求めよ.

$\boxed{1}$ $\iint_D \dfrac{x+y+1}{x-y+1}\, dx\, dy$, $\quad D = \{0 \leq x+y \leq 1,\ 0 \leq x-y \leq 1\}$.

$\boxed{2}$ $\iint_D (x-y)\sin(x+y)\, dx\, dy$,
$\qquad\qquad\qquad D = \{0 \leq x+y \leq \pi,\ 0 \leq x-y \leq \pi\}$.

問2 2重積分の極座標表示 (15) (216ページ) を利用して,例2 (216ページ) にならって,つぎの2重積分の値を求めよ.

$\boxed{1}$ $\iint_D x\, dx\, dy$, $\qquad\qquad D = \{x^2 + y^2 \leq 1,\ x \geq 0,\ y \geq 0\}$.

2 $\iint_D y\,dx\,dy$, $\qquad D = \{\,x^2+y^2 \leqq 1,\ 0 \leqq x \leqq y\,\}$.

3 $\iint_D x\,dx\,dy$, $\qquad D = \{\,x^2+y^2 \leqq 1,\ 0 \leqq x \leqq y\,\}$.

〔§34 の問1の 13 (209 ページ) に既出〕．

4 $\iint_D \dfrac{1}{x^2+y^2}\,dx\,dy$, $\qquad D = \{\,2 \leqq \sqrt{x^2+y^2} \leqq 3\,\}$.

5 $\iint_D \sqrt{1-x^2-y^2}\,dx\,dy$, $\quad D = \{\,x^2+y^2 \leqq 1\,\}$.

6 $\iint_D \tan^{-1}\dfrac{y}{x}\,dx\,dy$, $\qquad D = \{\,x^2+y^2 \leqq 1,\ x \geqq 0,\ y \geqq 0\,\}$.

$\left[\text{ヒント}: \tan^{-1}\dfrac{y}{x} = \tan^{-1}\tan\theta = \theta \ \left(0 \leqq \theta \leqq \dfrac{\pi}{2}\right)\right]$

問3 2重積分の極座標表示 (15) (216 ページ) を利用して，つぎの立体の体積を求めよ．

1 放物面: $z = x^2+y^2$, 円柱面: $x^2+y^2 = 1$, および，xy-平面 によってかこまれた立体．

2 円柱面: $x^2+y^2 = 1$, 平面: $z = x+1$, および，xy-平面，によってかこまれた立体．

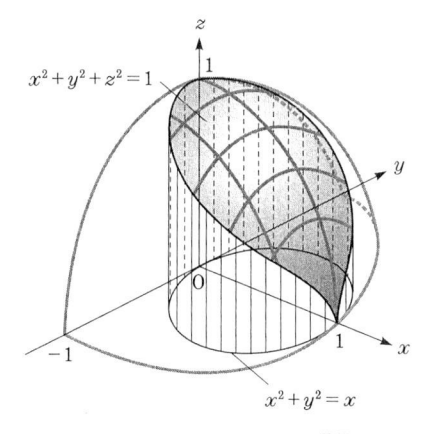

図 11 立体は，うすずみ色 の球面の部分とたて線 ||||| の柱面の部分と xy-平面によってかこまれた部分．

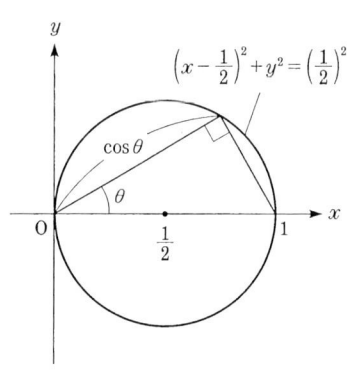

図 12 円柱の極座標表示は，
$0 \leqq r \leqq \cos\theta,\ -\dfrac{\pi}{2} \leqq \theta \leqq \dfrac{\pi}{2}$．

*⑶ 球: $x^2+y^2+z^2 \leqq 1$ と円柱: $x^2+y^2 \leqq x$ と上半空間. $z \geqq 0$ の共通部分の立体(図11).

[ヒント: この円柱は, $\left(x-\dfrac{1}{2}\right)^2+y^2 \leqq \left(\dfrac{1}{2}\right)^2$ と表せ, この円柱の極座標表示は $r \leqq \cos\theta$ (図12)]

§36. 3重積分*⁾

1 直交座標

例1 平面:

(1) $$x+y+z=1$$

と3つの座標平面とでかこまれた, 空間の領域 D の体積 V を, 3重積分を用いて求める(図1).

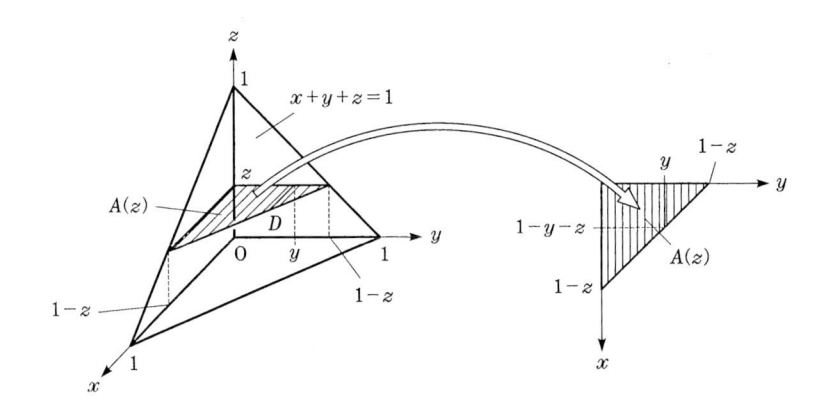

図1 平面(1)と3つの座標平面とでかこまれた, 領域 D の体積 V を求める. $z=$ 一定 ($0 \leqq z \leqq 1$) での D の断面図(たて線||||||の部分)の面積 $A(z)$ を, 2重積分で求めて, それを z について積分.

---

*⁾ §36と§37はやらないで, §35で終ってもよい.

$z=$ 一定 ($0 \leqq z \leqq 1$) での, D の断面図の面積を $A(z)$ とすれば,
$$V = \iiint_D dx\,dy\,dz = \int_0^1 A(z)\,dz = *.$$
ここで, 図1によって,
$$A(z) = \int_0^{1-z} dy \int_0^{1-y-z} dx.$$
$$\therefore\ * = \int_0^1 dz \int_0^{1-z} dy \int_0^{1-y-z} dx = \int_0^1 dz \int_0^{1-z} [x]_0^{1-y-z} dy$$
$$= \int_0^1 dz \int_0^{1-z} (1-y-z)\,dy = \int_0^1 \left[y - \frac{1}{2}y^2 - zy \right]_{y=0}^{1-z} dz$$
$$= \int_0^1 \left\{ (1-z) - \frac{1}{2}(1-z)^2 - z(1-z) \right\} dz$$
$$= \frac{1}{2} \int_0^1 (1-z)^2\,dz = \frac{1}{2} \left[-\frac{1}{3}(1-z)^3 \right]_0^1 = \frac{1}{6}. \qquad \frown$$

2 円柱座標(半極座標)　　空間の円柱座標(半極座標) (r,θ,z) と直交座標 (x,y,z) との関係は,

(2) 　　　　　$x = r\cos\theta,\quad y = r\sin\theta,\quad z = z.$

この変換は, 直交座標の z-方向は, 変更しないで, x,y についてだけ, §35 の **3** 項 (214 ページ) の直交座標から極座標への変換を, 採用したものである. したがって, §35 の2重積分の極座標表示 (15)式 (216 ページ) から, つぎの公式がえられる:

────── 3重積分の円柱座標表示 ──────
$r\theta z$-空間の閉領域 D が, (2)式の変換によって, xyz-空間の閉領域 G に写像されているとき,

(3) 　　　$\iiint_G f(x,y,z)\,dx\,dy\,dz$
　　　　　　　$= \iiint_D f(r\cos\theta, r\sin\theta, z)\,r\,dr\,d\theta\,dz.$

[例 2] 放物面: $z = x^2 + y^2$, 円柱面: $x^2 + y^2 = 1$, および, xy 平面によってかこまれた立体の体積 V (§35 の問 3 の [1] (221 ページ)) を, (3)式を利用して求める.

$$V = \iiint_{x^2+y^2 \leq 1,\ 0 \leq z \leq x^2+y^2} dx\,dy\,dz = \iiint_{r \leq 1,\ 0 \leq z \leq r^2} r\,dr\,d\theta\,dz$$

$$= \int_0^{2\pi} d\theta \int_0^1 r\,dr \int_0^{r^2} dz = 2\pi \int_0^1 \bigl[z\bigr]_0^{r^2} r\,dr$$

$$= 2\pi \int_0^1 r^3\,dr = 2\pi \left[\frac{r^4}{4}\right]_0^1 = \frac{\pi}{2}.$$

[3] **極座標**　図 2 によって, 空間の**極座標** (r, θ, φ) と直交座標 (x, y, z) の関係は,

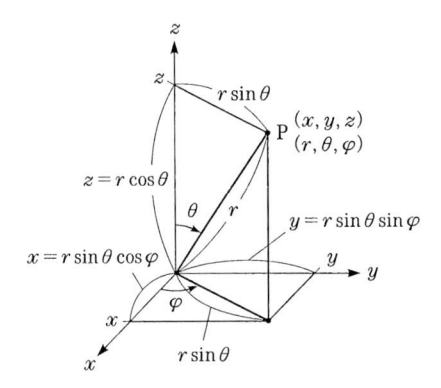

$$(4) \quad \begin{cases} x = r\sin\theta\cos\varphi, \\ y = r\sin\theta\sin\varphi, \\ z = r\cos\theta \end{cases} \quad (r \geq 0,\ 0 \leq \theta \leq \pi,\ 0 \leq \varphi < 2\pi).$$

図 2　極座標と直交座標の関係
(4)式をみちびくための補助図.

つぎに, $r\theta\varphi$-空間の, 各座標軸に平行な 3 辺: $\Delta r, \Delta\theta, \Delta\varphi$ をもつ小直方体 ΔR の変換 (4) による, xyz-空間での像を ΔQ とし, $\Delta R, \Delta Q$ の体積を, それぞれ, $V[\Delta R]$, $V[\Delta Q]$ とする (つぎのページの図 3). そのとき, 図 3 によって, 近似的に (高位の無限小をのぞいて),

§36. 3重積分

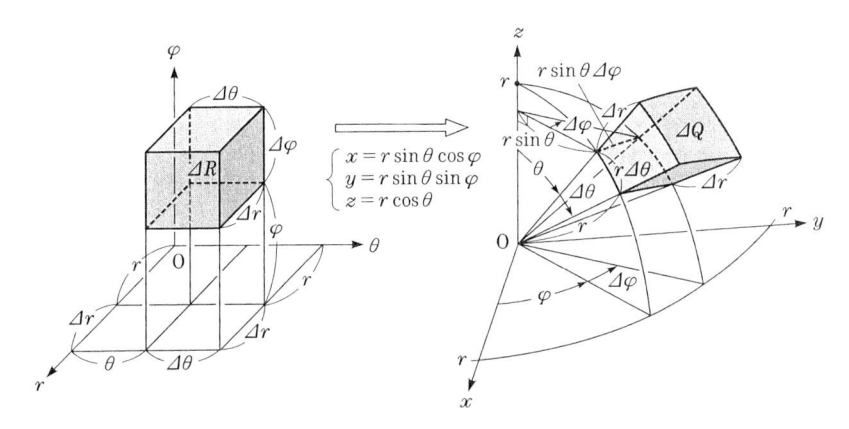

図3 $r\theta\varphi$-空間の小直方体 ΔR (左のうすずみ色 ▨ の部分) の変換 (4) による, xyz-空間での像 ΔQ (右のうすずみ色 ▨ の部分) の体積 $V[\Delta Q]$ は, $\Delta r, r\Delta\theta, r\sin\theta\,\Delta\varphi$ を3辺にもつ直方体の体積: $r^2\sin\theta\,\Delta r\Delta\theta\Delta\varphi = r^2\sin\theta\cdot V[\Delta R]$ で, 高位の無限小を除いて, 近似される.

(5)
$$V[\Delta Q] \fallingdotseq \Delta r \cdot r\Delta\theta \cdot r\sin\theta\,\Delta\varphi$$
$$= r^2\sin\theta\,\Delta r\Delta\theta\Delta\varphi$$
$$= r^2\sin\theta \cdot V[\Delta R].$$

したがって, 2重積分の極座標表示 (§35 の ③ 項 (216 ページ)) をみちびいたのと同様にして, つぎの公式がみちびかれる:

3重積分の極座標表示

$r\theta\varphi$-空間の閉領域 D が, 変換 (4) によって, xyz-空間の閉領域 G に写像され, $f(x,y,z)$ が G で連続であるとき,

(6) $\iiint_G f(x,y,z)\,dx\,dy\,dz$
$= \iiint_D f(r\sin\theta\cos\varphi, r\sin\theta\sin\varphi, r\cos\theta)\,r^2\sin\theta\,dr\,d\theta\,d\varphi.$

例 3 球: $r \leq 1$ の, $0 \leq \theta \leq \alpha$ ($0 < \alpha \leq \pi$), $0 \leq \varphi < \beta$ ($0 < \beta \leq 2\pi$), の範囲にある部分(図4のうすずみ色 の部分)の体積 V.

$$V = \iiint_{r \leq 1, 0 \leq \theta \leq \alpha, 0 \leq \varphi < \beta} r^2 \sin\theta \, dr \, d\theta \, d\varphi$$

$$= \int_0^\beta d\varphi \int_0^\alpha \sin\theta \, d\theta \int_0^1 r^2 \, dr$$

$$= \int_0^\beta d\varphi \int_0^\alpha \sin\theta \left[\frac{1}{3} r^3\right]_0^1 d\theta$$

$$= \frac{1}{3} \int_0^\beta \left[-\cos\theta\right]_0^\alpha d\varphi$$

$$= \frac{1}{3}(1-\cos\alpha)\beta.$$

$\alpha = \pi$, $\beta = 2\pi$ のとき, V は, 球: $r \leq 1$ の体積となる:

$$V = \frac{1}{3}(1-\cos\pi)2\pi$$

$$= \frac{4\pi}{3}.$$

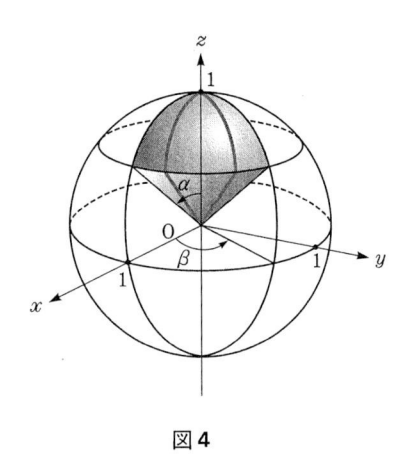

図4

問 1 例1 (222ページ) にならって, つぎの3重積分を累次積分に変換して, その値を求めよ.

① $\iiint_D (x+y+z) \, dx \, dy \, dz$, $D = \{0 \leq x \leq y \leq z \leq 1\}$.

② $\iiint_D e^{x+y+z} \, dx \, dy \, dz$, D は ① と同じ.

③ $\iiint_D x \, dx \, dy \, dz$, D は例1と同じ. 〔ヒント: 例1にならえ〕

問 2 円柱座標 (r, θ, z) を用いて, 円柱座標で表された, つぎの立体の体積を, 例2 (224ページ) にならって, 公式 (3) (223ページ) を利用して求めよ.

① 円柱: $r \leq a$, $0 \leq z \leq b$ ($a > 0$, $b > 0$).

② 円柱: $r \leq 1$ の, 平面: $z = r\cos\theta + 1$ と平面: $z = 0$ に, はさまれた部分(§35の問3の ② (221ページ)).

*③ 球: $r^2 + z^2 \leq 1$ と, 直円柱: $r \leq \cos\theta$ の共通部分(§35の問3の ③ とそのヒント (222ページ) をみよ).

[問3] 空間の極座標 (r, θ, φ) を用いて、極座標で表された、つぎの立体の体積を、例3 (226ページ) にならって、公式 (6) (225ページ) を利用して求めよ．

[1] 球: $r \leqq 1$ と円すい(錐): $0 \leqq \theta \leqq \dfrac{\pi}{4}$ の共通部分．

[2] 球: $r \leqq 2\cos\theta$．
〔ヒント: $r \leqq 2\cos\theta$ は，$(0,0,1)$ を中心とする半径 1 の球 (図 5)〕

*[3] 球: $r \leqq 2\cos\theta$ と円すい: $0 \leqq \theta \leqq \dfrac{\pi}{6}$ の共通部分．

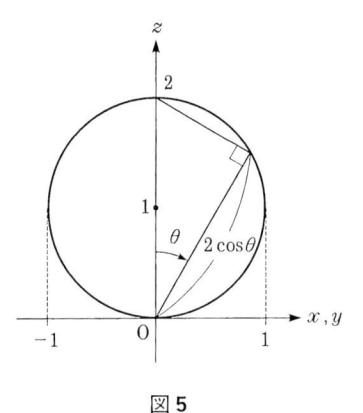

図 5

§37. 曲面の面積

1 平面の面積

[例1] 閉領域(正方形領域):

(1) $\qquad R: 0 \leqq x \leqq 1, \quad 0 \leqq y \leqq 1$

上の関数(平面の方程式):

(2) $\qquad z = ax + by \quad ((x, y) \in R)$

によって定義される平行 4 辺形 Π の表面積 $A[\Pi]$ を求めよう(つぎのページの図 1).[*)]

平行 4 辺形 Π が xy-平面となす角を θ とすれば,

(3) $\qquad A[\Pi] \cos\theta = A[R] \quad \left(-\dfrac{\pi}{2} < \theta < \dfrac{\pi}{2}\right)$.

ここに，$A[R]$ は (1) の R の面積で，$A[R] = 1$．角 θ は，Π 上の 1 点 $P(\xi, \eta, \zeta)$ における Π の法線方向ベクトル $\boldsymbol{n}$ と z-軸方向ベクトルとのな

---

*) Π は，Plane (平面) の頭文字 P に対応するギリシャ文字パイ(大文字)を採っている．

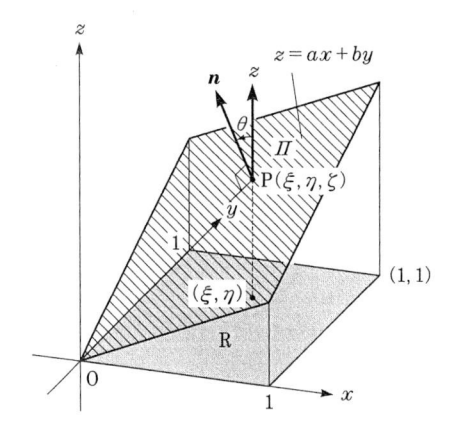

図1 (1) の閉領域 R（うすずみ色の部分）上の関数 (2) によって定義される平行4辺形 Π（斜線の部分）. Π が xy-平面となす角 θ は, Π 上1点 $P(\xi, \eta, \zeta)$ での法線方向ベクトル $\boldsymbol{n}$ が z-軸方向のベクトルとなす角に等しい.

す角に等しい.[*] 平面の方程式 (2) が,

(4) $\quad a(x-\xi) + b(y-\eta) + (-1)(z-\zeta) = 0 \quad (\zeta = a\xi + b\eta)$

と表せることに注意すれば, 法線ベクトルの1つ $\boldsymbol{n}$ は,

(5) $\quad\quad\quad\quad\quad\quad \boldsymbol{n} = (a, b, -1)$

によってあたえられる. (5)式の z-軸方向成分が -1 であることに注意すれば,

(6) $\quad\quad\quad\quad \cos\theta = \dfrac{|-1|}{\sqrt{a^2 + b^2 + (-1)^2}}.$

(3)式と (6)式によって.

(7) $\quad\quad\quad\quad A[\Pi] = \sqrt{1 + a^2 + b^2}\, A[R].$

この式は, つぎのように表せることを注意しておこう:

(8) $\quad\quad\quad\quad A[\Pi] = \iint_R \sqrt{1 + a^2 + b^2}\, dx\, dy.$

例1では, 簡単のために, R は正方形領域 (1) と仮定したが, R は任意の領域でもよいことが, 確かめられる.

---

[*] ξ, η, ζ は, 英語の x, y, z に対応するギリシャ文字: グザイ, イータ, ツェータ.

§37. 曲面の面積

[2] 曲面の面積
閉領域 D 上の関数:
$$(9) \quad z = f(x, y) \quad ((x, y) \in D)$$
によって定義される曲面 S の表面積 A を求める積分公式をみちびこう．

§33 の [3] 項 (200 ページ) で定義した D をふくむ長方形領域を R とする．R 内にある小長方形:
$$(10) \quad \Delta R: x_0 \leqq x \leqq x_0 + h, \quad y_0 \leqq y \leqq y_0 + k$$
上にある S の部分を ΔS とし，$\Delta R, \Delta S$ の面積を，それぞれ，$A[\Delta R]$, $A[\Delta S]$ とする (図2)．

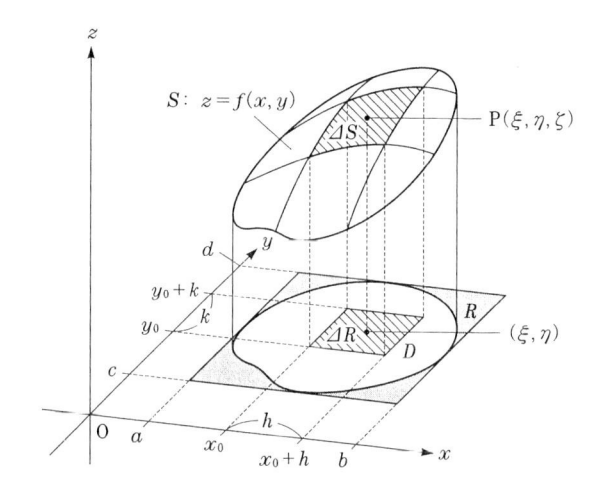

図2 閉領域 D 上の関数 (9) によって定義される曲面を S とする．R は，D をふくむ長方形領域 (うすずみ色 の部分)，(10) の小長方形 ΔR (下の斜線 の部分) 上にある S の部分が ΔS (上の斜線の部分)．

$f(x, y)$ は，領域 D で全微分可能であるとする．そのとき，小曲面 ΔS 上の1点 $P(\xi, \eta, \zeta)$ における接平面 Π の方程式は，§27 の (11) 式 (168 ページ) によって，
$$(11) \quad z - \zeta = a(x - \xi) + b(y - \eta) \quad (\zeta = f(\xi, \eta));$$

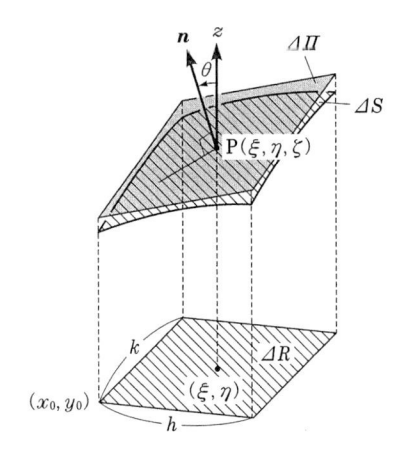

図3 (10)式の小長方形 ΔR（下の斜線 \\\\\\\\ の部分）上にある曲面 S の部分が ΔS（上の斜線の部分）．ΔS 上の1点 $P(\xi,\eta,\zeta)$ における接平面 Π の ΔR 上にある部分が $\Delta\Pi$（うすずみ色 ▨ の部分）．
点 P における $\Delta\Pi$ の法線ベクトル $\boldsymbol{n}=(a,b,-1)$ が，z-軸方向ベクトルとなす角が θ．

ここで，簡単のために，

$$a = f_x(\xi, \eta), \qquad b = f_y(\xi, \eta)$$

とおいた．この接平面 Π の ΔR 上にある部分を $\Delta\Pi$ とし，$\Delta\Pi$ の面積を $A[\Delta\Pi]$（図3）とする．そのとき，228ページで，(4)式から(7)式をみちびいたのと，まったく，同様にして，(11)式から，つぎの式がみちびかれる：

(12) $\qquad A[\Delta\Pi] = \sqrt{1+a^2+b^2}\, A[\Delta R]$ ．

§33 の [1] 項（195ページ）と同様にして，R の小長方形への分割を $\Delta = \Delta[R]$ とし，ΔR を Δ の任意の小長方形とする．§33 の (15)式（197ページ）の分割の最大幅 $\delta[\Delta] \to 0$ となるように，分割 $\Delta[R]$ をかぎりなく細かくするとき，高位の無限小を除いて，$A[\Delta S] \fallingdotseq A[\Delta\Pi]$（図3）であることがしめされる．したがって，(12)式によって，

(13) $\qquad \sum_{\Delta R \subset D} A[\Delta S] \fallingdotseq \sum_{\Delta R \subset D} A[\Delta\Pi]$

$$= \sum_{\Delta R \subset D} \sqrt{1+a^2+b^2}\, A[\Delta R];$$

ここで，$\sum$ は，$\Delta R \subset D$ であるすべての $\Delta R \in \Delta$ についてとられる．(13)式の左辺から，

(14) $$\sum_{\Delta R \subset D} A[\Delta S] \to A \qquad (\delta[\Delta] \to 0).$$

ここで，f_x, f_y は，D で連続であるとすれば，(13)式の右辺から，

(15) $$\sum_{\Delta R \subset D} \sqrt{1 + a^2 + b^2}\, A[\Delta R]$$
$$\to \iint_D \sqrt{1 + f_x{}^2 + f_y{}^2}\, dx\, dy \qquad (\delta[\Delta] \to 0).$$

(14)式と(15)式から，つぎの公式がえられる：

───── 曲面の面積の積分表示 ─────

$f(x, y)$ が閉領域 D で連続な偏導関数をもつとき，(9)式によって定義される曲面 S の面積 A は，

(16) $$A = \iint_D \sqrt{1 + f_x(x, y)^2 + f_y(x, y)^2}\, dx\, dy$$
$$= \iint_D \sqrt{1 + \left(\frac{\partial f}{\partial x}\right)^2 + \left(\frac{\partial f}{\partial y}\right)^2}\, dx\, dy\,.$$

3 応用例

例 2 単位球面の部分曲面:

(17) $$x^2 + y^2 + z^2 = 1, \quad x^2 + y^2 \leq \frac{1}{4}, \quad z \geq 0$$

の表面積 A.

(17) の最初の式と $z \geq 0$ から，

$$z = \sqrt{1 - x^2 - y^2} = (1 - x^2 - y^2)^{\frac{1}{2}}.$$
$$z_x = \frac{1}{2}(1 - x^2 - y^2)^{-\frac{1}{2}}(-2x) = \frac{-x}{\sqrt{1 - x^2 - y^2}},$$
$$z_y = \frac{1}{2}(1 - x^2 - y^2)^{-\frac{1}{2}}(-2y) = \frac{-y}{\sqrt{1 - x^2 - y^2}}.$$
$$\therefore \quad \sqrt{1 + z_x{}^2 + z_y{}^2} = \frac{1}{\sqrt{1 - x^2 - y^2}}.$$

したがって，公式 (16) によって，

$$A = \iint_{x^2+y^2 \leq \frac{1}{4}} \frac{1}{\sqrt{1-x^2-y^2}}\, dx\, dy = *.$$

ここで，極座標：$x = r\cos\theta,\ y = r\sin\theta$ を導入すれば，

$$* = \iint_{r \leq \frac{1}{2}} \frac{1}{\sqrt{1-r^2}}\, r\, dr\, d\theta = \int_0^{2\pi} d\theta \int_0^{\frac{1}{2}} (1-r^2)^{-\frac{1}{2}} r\, dr$$

$$= 2\pi \left[(1-r^2)^{\frac{1}{2}}(-1) \right]_0^{\frac{1}{2}} = 2\pi\left(1 - \frac{\sqrt{3}}{2}\right).$$

問1 例2にならって，公式 (16) を利用して，つぎの曲面の表面積を求めよ．

1 平面：$x+y+z=1$ の，$x \geq 0,\ y \geq 0,\ z \geq 0$ の範囲にある部分．

2 曲面：$z = \dfrac{1}{\sqrt{2}} \cosh(x+y)$ の，正方角柱：$0 \leq x \leq 1,\ 0 \leq y \leq 1$ の範囲にある部分． 〔ヒント：公式：$\cosh^2 a - \sinh^2 a = 1$〕

3 放物面：$z = x^2 + y^2$ の，円柱：$x^2 + y^2 \leq 1$ の範囲にある部分．

4 曲面：$z = xy$ の，4分円柱：$x^2 + y^2 \leq 1,\ x \geq 0,\ y \geq 0$ の範囲にある部分．

*5 球面：$x^2 + y^2 + z^2 = 1$ の，円柱：$x^2 + y^2 \leq x$ の範囲にある部分．
〔ヒント：§35 の問3の 3 のヒント（222 ページ）をみよ〕

問 の 答 え

第1章 微 分

§1. 関数の極限値

問1 ① 3   ② -2 ③ $\dfrac{4}{3}$ ④ 3

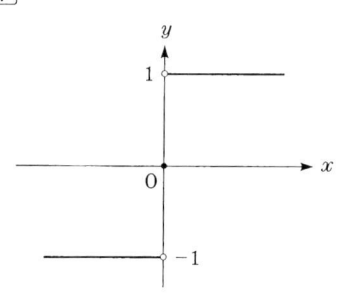

   ⑤ $-\dfrac{2}{3}$ ⑥ $\dfrac{1}{2}$ ⑦ $\dfrac{1}{3}$ ⑧ 1

   ⑨ 1   ⑩ 2   ⑪ -2 ⑫ $-\infty$

   ⑬ ∞ ⑭ ∞ ⑮ 1

問2 ① ∞ ② $-\infty$ ③ $-\infty$ ④ ∞

   ⑤ ∞ ⑥ 0

§2. 連続関数

問1 ①

図1: sgn x のグラフ

   ② 1   ③ -1

問2 ① 連続でない (a)   ② 連続

   ③ 連続でない (c)   ④ 連続

   ⑤ 連続でない (b)   ⑥ 連続

§3. 導関数

問1
1. $(x^3)' = 3x^2$ 　　　　$y = 3x - 2$
2. $\left(\dfrac{1}{x}\right)' = -\dfrac{1}{x^2}$ 　　$y = -\dfrac{x}{4} + 1$
3. $\left(\dfrac{1}{x^2}\right)' = -\dfrac{2}{x^3}$ 　　$y = -\dfrac{x}{4} + \dfrac{3}{4}$
4. $(\sqrt{x})' = \dfrac{1}{2\sqrt{x}}$ 　　$y = \dfrac{x}{4} + 1$
5. $\left(\dfrac{1}{\sqrt{x}}\right)' = -\dfrac{1}{2\sqrt{x^3}}$ 　　$y = -\dfrac{x}{2} + \dfrac{3}{2}$

§4. 微分の公式

問1
1. $4x^3 - 21x^2 + 10x - 3$
2. $-\dfrac{1}{x^2} + \dfrac{6}{x^3} - \dfrac{15}{x^4}$
3. $3x^2 + 2x - 1$
4. $(x+1)(4x^2 - x + 1)$
5. $-\dfrac{1}{(x-1)^2}$
6. $-\dfrac{2x}{(1+x^2)^2}$
7. $\dfrac{2}{(x+1)^2}$
8. $\dfrac{2(1-x^2)}{(x^2+1)^2}$
9. $6(2x+1)^2$
10. $4(2x-1)(x^2-x+1)^3$
11. $(x-1)(15x-13)(3x-2)^2$
12. $-\dfrac{3}{x^2}\left(\dfrac{1}{x}+1\right)^2$
13. $3\left(x - \dfrac{1}{x}\right)^2\left(1 + \dfrac{1}{x^2}\right)$
14. $\dfrac{3x^2}{(1-x)^4}$
15. $-\dfrac{x}{\sqrt{1-x^2}}$
16. $\dfrac{2x+3}{2\sqrt{(x+1)(x+2)}}$
17. $-\dfrac{1}{(1+x)\sqrt{1-x^2}}$
18. $-\dfrac{1}{x^2\sqrt{1+x^2}}$
19. $\dfrac{1}{\sqrt{(x^2+1)^3}}$
20. $-\dfrac{1}{3\sqrt[3]{x^4}}$
21. $\dfrac{2x}{3\sqrt[3]{(x^2+1)^2}}$
22. $\dfrac{2}{3} \cdot \dfrac{1}{\sqrt[3]{x^2}(1-\sqrt[3]{x})^2}$

問2
1. (ⅰ) $y' = -\dfrac{x}{4y}$ 　　(ⅱ) $\dfrac{a}{4}x + by = 1$
2. (ⅰ) $y' = \dfrac{x}{y}$ 　　(ⅱ) $ax - by = 1$
3. (ⅰ) $y' = \dfrac{1}{2y}$ 　　(ⅱ) $\dfrac{x+a}{2} - by = 0$

第2章 初等関数の微分

§5. 3角関数

問1 証明は省略.

問2 ① 2　　② 2　　③ 1　　④ $\dfrac{1}{2}$

問3 ① $-2\sin(2x+1)$　　② $\dfrac{\cos\sqrt{x}}{2\sqrt{x}}$

③ $3\sec^2(3x-1)$　　④ $\sin^2 x + x\sin 2x$

⑤ $x\sin x$　　⑥ $4x\sin 2x$

⑦ $x^2\sin x$　　⑧ 0

⑨ $\dfrac{3x\cos 3x - \sin 3x}{x^2}$　　⑩ $-\dfrac{\sin x}{x+1} - \dfrac{\cos x}{(x+1)^2}$

⑪ $\tan x \sec x$　　⑫ $-\cot x \operatorname{cosec} x$

⑬ $\dfrac{1}{1+\cos x}$　　⑭ $\dfrac{1}{\cos x - 1}$

⑮ $\dfrac{1}{1-\sin x}$　　⑯ $-\dfrac{1}{1-\sin 2x}$

⑰ $\dfrac{\sin x}{1+\sin x}$　　⑱ $\dfrac{\sin 2x}{2\sqrt{1+\sin^2 x}}$

問4 ① (ⅰ) $\dfrac{x^2}{9} + \dfrac{y^2}{4} = 1$（図2）　　(ⅱ) $\dfrac{dy}{dx} = -\dfrac{2}{3}\cot t$

(ⅲ) $\dfrac{\cos\alpha}{3}x + \dfrac{\sin\alpha}{2}y = 1$

図2

図3

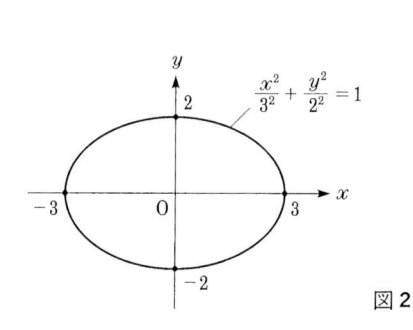

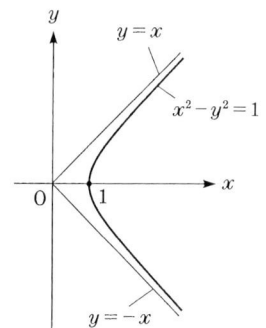

$\boxed{2}$ (i) $x^2 - y^2 = 1$ の $x > 0$ の部分 (まえのページの図 3)

(ii) $\dfrac{dy}{dx} = \dfrac{1}{\sin t}$ (iii) $(\sec a)\,x - (\tan a)\,y = 1$

§6. 指数関数・対数関数

$\boxed{問\,1}$ $\boxed{1}$ $\dfrac{2}{2x+1}$ $\boxed{2}$ $2\,e^{2x-1}$ $\boxed{3}$ $\dfrac{x}{x^2+1}$

$\boxed{4}$ $e^{2x}\left\{2\log(x+1) + \dfrac{1}{x+1}\right\}$

$\boxed{5}$ $-2x\,e^{-x^2}$ $\boxed{6}$ $(x+1)\,e^x$ $\boxed{7}$ $x(2-x)\,e^{-x}$

$\boxed{8}$ $\log x$ $\boxed{9}$ $\left(\dfrac{1}{x^3} - \dfrac{1}{x^2}\right)e^{-\frac{1}{x}}$ $\boxed{10}$ $\dfrac{1}{x\log x}$

$\boxed{11}$ $\dfrac{1}{\sqrt{x^2-1}}$ $\boxed{12}$ $-\dfrac{1}{\sqrt{x^2+a}}$ $\boxed{13}$ $\cot x$

$\boxed{14}$ $\dfrac{1}{x^2-1}$ $\boxed{15}$ $2\,e^x\cos x$ $\boxed{16}$ $2\,e^x\sin x$

$\boxed{17}$ $e^{2x}(2\cos 3x - 3\sin 3x)$

$\boxed{18}$ $13\,e^{2x}\sin 3x$ $\boxed{19}$ $\dfrac{1}{\cos x}$ $\boxed{20}$ $\dfrac{1}{\sin x}$

$\boxed{21}$ $\dfrac{x^2}{(x-1)^3}$ $\boxed{22}$ $2\sqrt{x^2+1}$ $\boxed{23}$ $2^x\log 2$

$\boxed{24}$ $10^x\log 10$ $\boxed{25}$ $\sqrt{2}\,x^{\sqrt{2}-1}$

$\boxed{問\,2}$ $\boxed{1}$ $-3^{-x}\log 3$ $\boxed{2}$ $-\dfrac{1}{x^2}3^{\frac{1}{x}}\log 3$

$\boxed{3}$ $2^{\tan x}\sec^2 x\,\log 2$ $\boxed{4}$ $x^x(\log x + 1)$

$\boxed{5}$ $(\sin x)^{\sin x}\cos x\,(\log\sin x + 1)$

$\boxed{6}$ $(x-1)^{\frac{1}{x}}\dfrac{1}{x}\left\{\dfrac{1}{x-1} - \dfrac{1}{x}\log(x-1)\right\}$

$\boxed{7}$ $\dfrac{2(x^2+2)}{(x-1)^2(x+2)^2}$

$\boxed{8}$ $\left\{\dfrac{1}{x^2-1} + \dfrac{1}{x(x-2)}\right\}\sqrt{\dfrac{(x-1)(x-2)}{x(x+1)}}$

$\boxed{問\,3}$ $\boxed{1}$ $y' = 2a\,e^{2x} = 2y$ をみちびけ $\boxed{2}$ $a = 1$

§7. 双曲線関数

$\boxed{問\,1}$ $\boxed{1}$ $-\tanh x\,\text{sech}\,x$ $\boxed{2}$ $-\coth x\,\text{cosech}\,x$

$\boxed{3}$ $-\text{cosech}^2 x$ $\boxed{4}$ $\sinh 2x + 2x\cosh 2x$

5 $\dfrac{2x\sinh 2x - \cosh 2x}{x^2}$ 6 $e^{2x}(2\cosh 3x + 3\sinh 3x)$

7 $e^{-x}(-\sinh 2x + 2\cosh 2x)$ 8 $\cosh 2x$

9 $\sinh 2x$ 10 $\dfrac{1}{1+\cosh x}$

11 $\dfrac{2\cosh x}{(1-\sinh x)^2}$ 12 $\dfrac{1}{\sinh 2x - \cosh 2x}$

13 $2\cosh 2x \sin 3x + 3\sinh 2x \cos 3x$

14 $3\sinh 3x \cos 2x - 2\cosh 3x \sin 2x$

問2 （ⅰ） $x^2 - y^2 = 1$ の $x > 0$ の部分．図は，235ページの図3と同じ．

（ⅱ） $\dfrac{dy}{dx} = \coth t$ （ⅲ） $(\cosh a)x - (\sinh a)y = 1$

§8. 逆3角関数

問1 証明は省略．

問2

1 $\dfrac{1}{x^2+2x+2}$ 2 $\sin^{-1} x + \dfrac{x}{\sqrt{1-x^2}}$

3 $\dfrac{1}{\sqrt{4-x^2}}$ 4 $\dfrac{3}{x^2+9}$

5 $2x\tan^{-1} x + \dfrac{x^2}{1+x^2}$ 6 $\dfrac{2\sin x}{\sqrt{1-4\cos^2 x}}$

7 $\tan^{-1} x$ 8 $\dfrac{2}{(1+x^2)^2}$

9 $\sin^{-1}\dfrac{x}{2}$ 10 $2\sqrt{1-x^2}$

11 $\dfrac{2}{(1-x)(1+x^2)}$ 12 $\dfrac{1}{\sqrt{1+x-x^2}}$

13 $\dfrac{1}{x^2-x+1}$ 14 $\dfrac{x+2}{x^2+x+1}$

第3章　微分の応用

§10. 高階導関数

問1 証明は省略．

問2 1 $y' = 2\cos 2x,$ $y'' = -4\sin 2x$

[2] $y' = -3\sin 3x,\quad y'' = -9\cos 3x$

[3] $y' = 2\cosh 2x,\quad y'' = 4\sinh 2x$

[4] $y' = 3\sinh 3x,\quad y'' = 9\cosh 3x$

[5] $y' = \dfrac{1}{1+x^2},\quad y'' = -\dfrac{2x}{(1+x^2)^2}$

[6] $y' = \dfrac{1}{\sqrt{1-x^2}},\quad y'' = \dfrac{x}{\sqrt{(1-x^2)^3}}$

問 3 $y'' = 2(\tan x + \tan^3 x),\quad y''' = 2(1 + 4\tan^2 x + 3\tan^4 x)$

問 4 $y' = \tan x \sec x,\quad y'' = (2\tan^2 x + 1)\sec x,$
$y''' = (6\tan^3 x + 5\tan x)\sec x$

問 5 [1] $2^n m(m-1)\cdots(m-n+1)(2x-1)^{m-n}$

[2] $(-1)^n 3^n e^{-3x}$ [3] $2^x(\log 2)^n$

[4] $(-1)^{n-1}(n-1)!\,\dfrac{2^n}{(2x-1)^n}$ [5] $\dfrac{n!}{(1-x)^{n+1}}$

[6] $2^n \sin\!\left(2x + \dfrac{n\pi}{2}\right)$

[7] $\dfrac{1}{2}(-1)^n n!\left\{\dfrac{1}{(x-1)^{n+1}} - \dfrac{1}{(x+1)^{n+1}}\right\}$

[8] $\dfrac{1}{2}\left\{3^n \sin\!\left(3x + \dfrac{n\pi}{2}\right) + \sin\!\left(x + \dfrac{n\pi}{2}\right)\right\}$

[9] $n = 2m+1$ のとき, $\cosh x$, $n = 2m$ のとき, $\sinh x$

[10] $n = 2m+1$ のとき, $\sinh x$, $n = 2m$ のとき, $\cosh x$

問 6 [1] $y'' = -4a\sin 2x - 4b\cos 2x = -4y$ をみちびけ

[2] $b = 1,\ a = \dfrac{1}{2}$

問 7 [1] $y'' = a\sinh x + b\cosh y = y$ をみちびけ

[2] $b = 1,\ a = \dfrac{1-\cosh 1}{\sinh 1}$.

$y = \dfrac{1-\cosh 1}{\sinh 1}\sinh x + \cosh x = \dfrac{\sinh x + \sinh(1-x)}{\sinh 1}$

問 8 [1] $-2e^x(\sin x + \cos x)$ [2] $-4e^x \cos x$

[3] $e^{-x}(x^2 - 12x + 30)$ [4] $-4e^{-x}\sin x$

問 9 [1] $(-1)^n e^{-x}\{x^2 - 2nx + n(n-1)\}$

[2] $x\cos\!\left(x + \dfrac{n\pi}{2}\right) + n\cos\!\left(x + \dfrac{(n-1)\pi}{2}\right)$

[3] $(-1)^n(n-2)!\,\dfrac{1}{x^{n-1}}$

§11. 不定形の極限値

問 1
[1] 1　　[2] 1　　[3] $\log a$　　[4] 1
[5] 0　　[6] $\frac{1}{2}$　　[7] $\frac{1}{3}$　　[8] $\frac{1}{2}$
[9] -2　　[10] $\frac{1}{2}$　　[11] -1　　[12] -3
[13] 1　　[14] 1　　[15] -1　　[16] $\frac{1}{2}$
[17] $\frac{1}{2}$　　[18] 0　　[19] $\frac{1}{2}$　　[20] 0

問 2
[1] 1　　[2] e　　[3] $\sqrt{6}$
[4] 1　　[5] 1　　[6] 1

§12. 曲線の増減・凹凸

問 1　つぎのページの図 4. 図の中で，変は変曲点の略，漸は漸近線の略
問 2

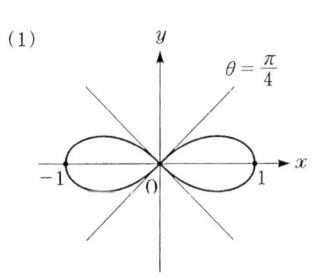

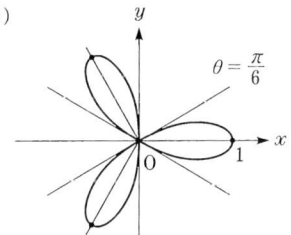

(1) $\theta = \dfrac{\pi}{4}$

(2) $\theta = \dfrac{\pi}{6}$

図 5

§13. 関数の近似

問 1
[1] $\dfrac{1}{1+x} = 1 - x + x^2 - \cdots + (-1)^n x^n + (-1)^{n+1} \dfrac{x^{n+1}}{(1+\xi)^{n+2}}$　　$(0 \leqq \xi \leqq x)$.

$x = 0.1$ のとき，$0 < \xi < 0.1$, $\left| (-1)^{n+1} \dfrac{x^{n+1}}{(1+\xi)^{n+2}} \right| < (0.1)^{n+1}$. $n = 3$ とえらべばよい．　0.909.

[2] $\sinh x = x + \dfrac{x^3}{3!} + \cdots + \dfrac{x^{2n-1}}{(2n-1)!} + \dfrac{x^{2n}}{(2n)!} \sinh \xi$　　$(0 \leqq \xi \leqq x)$.

$x = 1$ のとき，$0 < \sinh \xi < \sinh 1 < 0.5 e$. $n = 4$ とえらべばよい．　1.175.

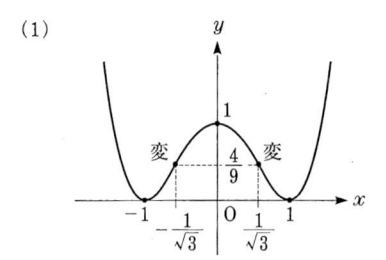

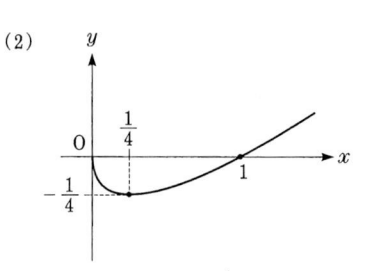

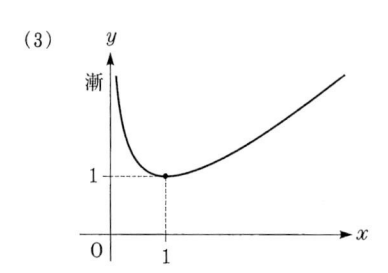

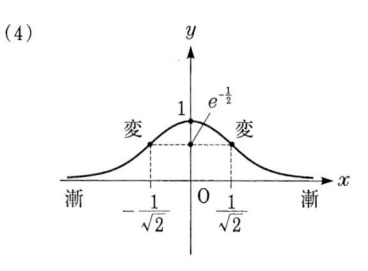

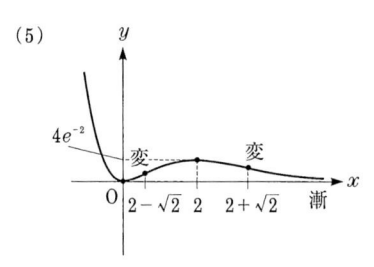

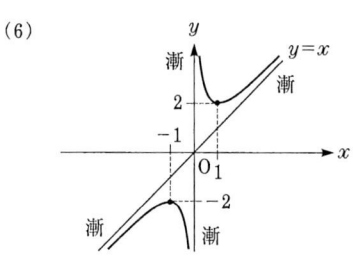

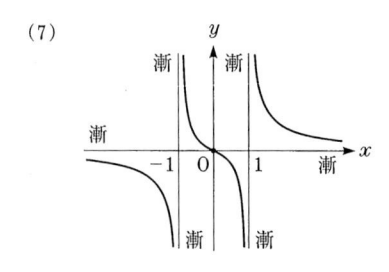

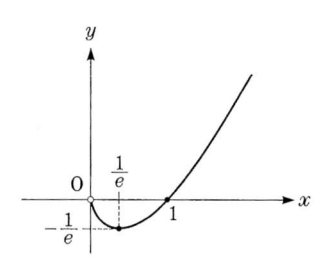

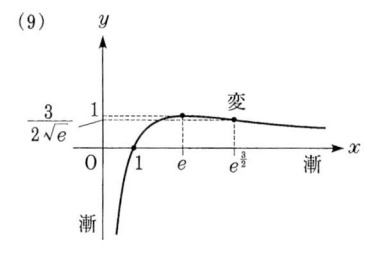

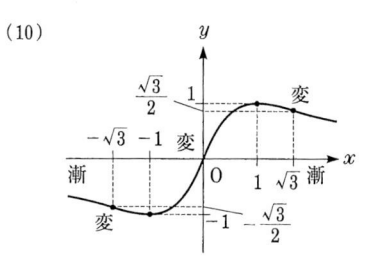

図4

3 $\sin x = x - \dfrac{x^3}{3!} + \cdots + (-1)^{n-1}\dfrac{x^{2n-1}}{(2n-1)!} + (-1)^n\dfrac{x^{2n}}{(2n)!}\sin\xi \qquad (0 \leqq \xi \leqq x)$.

$|\sin\xi| < 1$ だから，$n = 4$ とえらべばよい． 0.841．

問 2 1 $\dfrac{1}{1-x^2} = 1 + x^2 + x^4 + \cdots + x^{2n} + \cdots \qquad (|x| < 1)$

2 $\dfrac{1}{1+x^2} = 1 - x^2 + x^4 - \cdots + (-1)^n x^{2n} + \cdots \qquad (|x| < 1)$

3 $\dfrac{1}{\sqrt{1-x^2}} = 1 + \dfrac{1}{2}x^2 + \dfrac{3\cdot 1}{2^2 2!}x^4 + \cdots$
$\qquad\qquad + \dfrac{(2n-1)(2n-3)\cdots 1}{2^n n!}x^{2n} + \cdots \qquad (|x| < 1)$

4 $\dfrac{1}{\sqrt{1+x^2}} = 1 - \dfrac{1}{2}x^2 + \dfrac{3\cdot 1}{2^2 2!}x^4 - \cdots$
$\qquad\qquad + (-1)^n\dfrac{(2n-1)(2n-3)\cdots 3\cdot 1}{2^n n!}x^{2n} + \cdots \qquad (|x| < 1)$

問 3 1 $a^x = 1 + (\log a)x + \dfrac{(\log a)^2}{2!}x^2 + \cdots + \dfrac{(\log a)^n}{n!}x^n + \cdots$
$\qquad\qquad\qquad\qquad\qquad\qquad (|x| < \infty)$

2 $\sinh x = x + \dfrac{x^3}{3!} + \dfrac{x^5}{5!} + \cdots + \dfrac{x^{2n+1}}{(2n+1)!} + \cdots \qquad (|x| < \infty)$

3 $\cosh x = 1 + \dfrac{x^2}{2!} + \dfrac{x^4}{4!} + \cdots + \dfrac{x^{2n}}{(2n)!} + \cdots \qquad (|x| < \infty)$

4 $\log(1+x) = x - \dfrac{x^2}{2} + \dfrac{x^3}{3} - \cdots + (-1)^{n-1}\dfrac{x^n}{n} + \cdots \qquad (|x| < 1)$

問 4 1 $\tan x = x + \dfrac{x^3}{3} + \cdots$

2 $\sec x = 1 + \dfrac{x^2}{2} + \cdots$ （ 3 次の項は 0 ）

3 $e^x \cos x = 1 + x - \dfrac{x^3}{3} + \cdots$

4 $e^{-x}\sin x = x - x^2 + \dfrac{x^3}{3} + \cdots$

5 $\log(1+\sin x) = x - \dfrac{x^2}{2} + \dfrac{x^3}{6} + \cdots$

第4章 不定積分

§14. 不定積分

[問1]
1. $\frac{1}{3}x^3 - \frac{3}{2}x^2 + C$
2. $-\frac{1}{2x^2} + \frac{1}{x} + C$
3. $\frac{2}{3}\sqrt{x^3} - 2\sqrt{x} + C$
4. $\frac{3}{4}\sqrt[3]{x^4} + \frac{3}{2}\sqrt[3]{x^2} + C$
5. $2\sqrt{x-1} + C$
6. $\frac{1}{2}e^{2x+1} + C$
7. $\frac{1}{2}(e^{2x} - e^{-2x}) - 2x + C$
8. $\frac{2^x}{\log 2} + C$
9. $\frac{1}{2}\log|2x+1| + C$
10. $\frac{1}{2}\log(x^2+1) + C$
11. $-\log|\cos x| + C$
12. $\log|x-1| + x + C$
13. $\frac{1}{2}\sin 2x + C$
14. $-\frac{1}{3}\cos(3x-1) + C$
15. $\frac{1}{2}(x + \sin x) + C$
16. $\frac{1}{2}(x - \sin x) + C$
17. $-\frac{1}{4}\cos 2x + C$
18. $\frac{1}{6}(\sin 3x + 3\sin x) + C$
19. $x + \frac{1}{2}\cos 2x + C$
20. $2\tan\frac{x}{2} - x + C$
21. $\frac{1}{2}\sinh 2x + C$
22. $\frac{1}{2}\cosh(2x-1) + C$
23. $\frac{1}{4}\cosh 2x + C$
24. $\frac{1}{2}\left(x + \frac{1}{2}\sinh 2x\right) + C$
25. $\frac{1}{2}\left(\frac{1}{2}\sinh 2x - x\right) + C$
26. $\log\left|1 - \frac{1}{x}\right| + C$
27. $\frac{1}{3}\log\left|\frac{x-1}{x+2}\right| + C$

§15. 置換積分法

[問1] 証明は省略.

[問2]
1. $\frac{1}{8}(2x-1)^4 + C$
2. $-\frac{1}{2(2x+1)} + C$
3. $\frac{1}{3}\sqrt{(2x-1)^3} + C$
4. $\tan^{-1}(x+1) + C$

問の答え (§16)

[5] $\dfrac{1}{8}(x^2+1)^4 + C$ 　　　[6] $\dfrac{1}{2}\sin^{-1}x^2 + C$

[7] $\dfrac{1}{2}\tan^{-1}x^2 + C$ 　　　[8] $\dfrac{1}{4}\log\left|\dfrac{x^2-1}{x^2+1}\right| + C$

[9] $-\sqrt{3+2x-x^2} + C$ 　　　[10] $\sin^{-1}\dfrac{x-1}{2} + C$

[11] $\log(x^2-x+1) + C$ 　　　[12] $\dfrac{2}{\sqrt{3}}\tan^{-1}\dfrac{2x-1}{\sqrt{3}} + C$

[13] $\dfrac{1}{2}\log(x^2-x+1) - \sqrt{3}\tan^{-1}\dfrac{2x-1}{\sqrt{3}} + C$

[14] $\dfrac{1}{2}\log(x^2+x+1) + \sqrt{3}\tan^{-1}\dfrac{2x+1}{\sqrt{3}} + C$

[15] $-\dfrac{1}{3}\cos^3 x + C$ 　　　[16] $-\log(1+\cos x) + C$

[17] $\sin x - \dfrac{1}{3}\sin^3 x + C$ 　　　[18] $-\cos x + \dfrac{1}{3}\cos^3 x + C$

[19] $\dfrac{1}{2}\log\left|\dfrac{1+\tan x}{1-\tan x}\right| + C$ 　　　[20] $-\dfrac{1}{2}e^{-x^2} + C$

[21] $\dfrac{1}{2}\log\left|\dfrac{\sin x+1}{\sin x-1}\right| + C$ 　　　[22] $\dfrac{1}{2}\log\left|\dfrac{\cos x-1}{\cos x+1}\right| + C$

[23] $\dfrac{1}{3}(e^x-1)^3 + C$ 　　　[24] $\log|1-e^{-x}| + C$

[25] $\dfrac{1}{3}(\log x)^3 + C$ 　　　[26] $\dfrac{1}{3}\sinh^3 x + C$

§16. 部分積分法

[問1] $-x\cos x + \sin x + C$

[問2] $x^2\sin x + 2x\cos x - 2\sin x + C$

[問3] $\dfrac{e^{2x}}{2^2+3^2}(2\cos 3x + 3\sin 3x) + C$

[問4] [1] $\dfrac{1}{42}(6x-1)(x+1)^6 + C$ 　　　[2] $-(x+1)e^{-x} + C$

[3] $(x^2-2x+2)e^x + C$ 　　　[4] $x(\log x - 1) + C$

[5] $\dfrac{1}{2}(\log x)^2 + C$ 　　　[6] $2\sqrt{x}(\log x - 2) + C$

[7] $x\tan x + \log|\cos x| + C$ 　　　[8] $-\sqrt{1-x^2}\sin^{-1}x + x + C$

[9] $x\tan^{-1}x - \dfrac{1}{2}\log(1+x^2) + C$

[10] $\dfrac{1}{2}(x^2+1)\tan^{-1}x - \dfrac{x}{2} + C$ [11] $x\sin^{-1}x + \sqrt{1-x^2} + C$

[12] $\dfrac{1}{8}(2x^2 - 2x\sin 2x - \cos 2x) + C$

[13] $-\dfrac{e^{-x}}{2}(\sin x + \cos x) + C$ [14] $\dfrac{e^{-x}}{2}(\sin x - \cos x) + C$

[15] $x\log(x^2+1) - 2x + 2\tan^{-1}x + C$

[16] $x(\log^2 x - 2\log x + 2) + C$

問 5 解答は省略． 問 6 証明は省略．

§17. 分数式の積分

問 1 [1] $\dfrac{1}{2}x^2 + 2x + \log|x-1| + C$

[2] $2x + \log|x^2 - x - 2| + C$

[3] $x^2 + x + \log\left|\dfrac{x-2}{x-1}\right| + C$

[4] $\dfrac{1}{2}x^2 + \dfrac{1}{2}\log(x^2 + 2x + 2) + \tan^{-1}(x+1) + C$

問 2 [1] $\log\dfrac{(x-1)^2}{|x+1|} + C$ [2] $\log\dfrac{(x+1)^2}{|x+2|} + C$

[3] $\log\left|\dfrac{(x+1)(x+2)}{x}\right| + C$ [4] $\log\left|x - \dfrac{1}{x}\right| + C$

問 3 [1] $\dfrac{1}{4}\log\dfrac{(x+1)^2}{x^2+1} + \dfrac{1}{2}\tan^{-1}x + C$

[2] $\dfrac{1}{4}\log\{(x+1)^2(x^2+1)\} + \dfrac{1}{2}\tan^{-1}x + C$

[3] $\log|x-1| - \dfrac{2}{\sqrt{3}}\tan^{-1}\dfrac{2x+1}{\sqrt{3}} + C$

[4] $\dfrac{1}{3}\log\dfrac{x^2 - x + 1}{(x+1)^2} + C$

[5] $\dfrac{1}{6}\log\dfrac{(x-1)^2}{x^2+x+1} - \dfrac{1}{\sqrt{3}}\tan^{-1}\dfrac{2x+1}{\sqrt{3}} + C$

問 4 [1] $\dfrac{1}{1-x} + \log(x-1)^2 + C$

[2] $-\dfrac{1}{2(x+1)^2} + \dfrac{1}{x+1} + \log|x+1| + C$

[3] $\dfrac{1}{2}\log|x^2 - 1| - \dfrac{1}{x-1} + C$

問の答え（§18） 245

$\boxed{4}$ $\dfrac{2x}{1-x^2} + \dfrac{1}{2}\log|1-x^2| + C$

$\boxed{問\ 5}$ $\boxed{1}$ $\dfrac{1}{2(x^2+1)} + \dfrac{1}{2}\log(x^2+1) + C$

$\boxed{2}$ $-\dfrac{3x+1}{2(x^2+1)} + \dfrac{3}{2}\tan^{-1}x + \dfrac{1}{2}\log(x^2+1) + C$

$\boxed{3}$ $\dfrac{1}{2}\left\{\dfrac{x+1}{x^2+1} + \log(x^2+1) - \tan^{-1}x\right\} + C$

$\boxed{問\ 6}$ $\boxed{1}$ $\dfrac{1}{3}\tan^{-1}x - \dfrac{1}{6}\tan^{-1}\dfrac{x}{2} + C$

$\boxed{2}$ $\dfrac{1}{6}\log\dfrac{x^2+1}{x^2+4} + \dfrac{1}{3}\tan^{-1}x - \dfrac{1}{6}\tan^{-1}\dfrac{x}{2} + C$

§18.　$\sin x,\ \cos x$ の分数式の積分

$\boxed{問\ 1}$ $\boxed{1}$ $-\dfrac{1}{\tan\dfrac{x}{2}} + C$ $\boxed{2}$ $\dfrac{2}{1-\tan\dfrac{x}{2}} + C$

$\boxed{3}$ $\log\left|\tan\dfrac{x}{2}+1\right| + C$ $\boxed{4}$ $\log\left|\dfrac{\tan\dfrac{x}{2}}{\tan\dfrac{x}{2}+1}\right| + C$

$\boxed{5}$ $\log\left|\dfrac{\tan\dfrac{x}{2}+1}{\tan\dfrac{x}{2}+3}\right| + C$

$\boxed{6}$ $\dfrac{1}{2}\log\dfrac{\left(\tan\dfrac{x}{2}+1\right)^2}{\tan^2\dfrac{x}{2}+1} + \tan^{-1}\tan\dfrac{x}{2} + C$

$\qquad = \dfrac{1}{2}\log\dfrac{\left(\tan\dfrac{x}{2}+1\right)^2}{\tan^2\dfrac{x}{2}+1} + \dfrac{x}{2} + C$

注意： $\tan^{-1}t$ は，主値： $-\dfrac{\pi}{2} < \tan^{-1}t < \dfrac{\pi}{2}$ に制限されるため，一般には，$\tan^{-1}\tan\dfrac{x}{2} = \dfrac{x}{2}$ とはならない！ ここで，主値との定数のちがいは，積分定数 C で調節される．

§19. 無理式の積分

問1
① $\frac{2}{15}(x-1)(3x+2)\sqrt{x-1}+C$

② $\frac{1}{\sqrt{2}}\log\left|\frac{\sqrt{x+1}-\sqrt{2}}{\sqrt{x+1}+\sqrt{2}}\right|+C$

問2
① $4(\sqrt[4]{x}-\tan^{-1}\sqrt[4]{x})+C$

② $6\left(\sqrt[6]{x}+\frac{1}{2}\log\left|\frac{\sqrt[6]{x}-1}{\sqrt[6]{x}+1}\right|\right)+C$

問3
① $-2\tan^{-1}\sqrt{\frac{1-x}{x}}+C$ ② $-2\tan^{-1}\sqrt{\frac{2-x}{x-1}}+C$

③ $\log\left|\frac{\sqrt{1+x}-\sqrt{1-x}}{\sqrt{1+x}+\sqrt{1-x}}\right|+2\tan^{-1}\sqrt{\frac{1+x}{1-x}}+C$

問4
① $2\tan^{-1}(x+\sqrt{x^2-1})+C$

② $\log\left|\frac{x+\sqrt{x^2+x+1}-1}{x+\sqrt{x^2+x+1}+1}\right|+C$

第5章 定積分

§20. 定積分

問1 (i) $s[\varDelta]=\sum_{i=1}^{n}\left(\frac{i-1}{n}\right)^2 h$, $S[\varDelta]=\sum_{i=1}^{n}\left(\frac{i}{n}\right)^2 h$

(ii) $\lim_{h\to 0} s[\varDelta]=\lim_{h\to 0} S[\varDelta]=\frac{1}{3}$

§21. 定積分の計算

問1 $\frac{\pi a^2}{4}$

問2 図は，つぎのページの図6をみよ．

① $\frac{1}{3}$ ② $\frac{1}{3}$ ③ 1 ④ $\log 2$

⑤ $\frac{\pi}{\sqrt{3}}-\log 2$ ⑥ $\frac{\pi}{2}-1$

⑦ $2\sinh 1 = e-\frac{1}{e}$ ⑧ $\cosh 1-1$

問の答え(§21)　　　　　　　　　　　　　　　　　　247

(1) $y = x^2$, 0 から 1 まで

(2) $x = \frac{1}{2}y^2 + \frac{1}{2}$

(3) $y = \cos x$

(4) $y = \tan x$

(5) $y = \tan^{-1} x$

(6) $y = \sin^{-1} x$

(7) $y = \cosh x$

(8) $y = \sinh x$

図 6

問 3

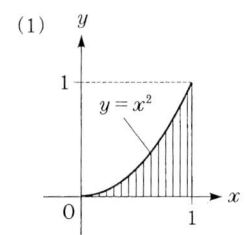

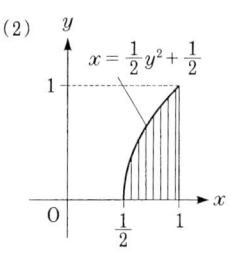

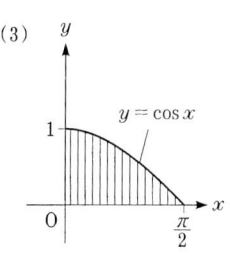

[1] $-\dfrac{1}{12}$　　[2] 5　　[3] 1

[4] $\log \dfrac{4}{3}$　　[5] $-\dfrac{1}{4}\log 3$　　[6] $\dfrac{\pi}{6}$

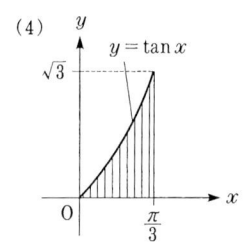

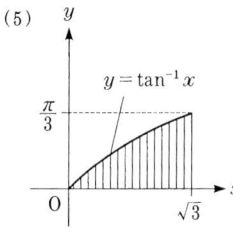

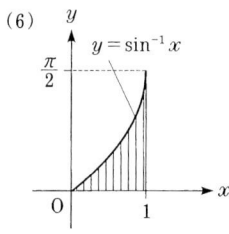

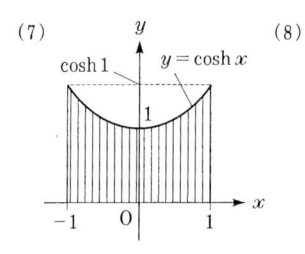

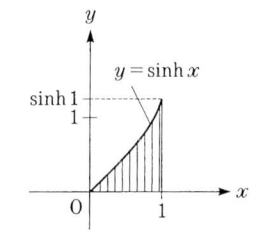

[7] $\dfrac{\pi}{3}$　　[8] $\dfrac{1}{2}\left(\dfrac{\pi}{4} - \tan^{-1}\dfrac{1}{2}\right)$　　[9] $\dfrac{2\pi}{3\sqrt{3}}$

[10] $\log(1+\sqrt{2})$　　[11] $\log \dfrac{3+2\sqrt{2}}{2+\sqrt{3}}$　　[12] $\dfrac{\pi}{4}$

[13] $\dfrac{\pi}{4}$　　[14] $\dfrac{2}{3}$　　[15] $\dfrac{2}{3}$

[16] $\dfrac{3}{5}$　　[17] $\dfrac{2}{5}$　　[18] 1

[19] $\dfrac{\pi}{2} - 1$　　[20] $1 - \dfrac{2}{e}$　　[21] $\dfrac{e^2+1}{4}$

[22] $\dfrac{1}{2}\left(1 - \dfrac{1}{e}\right)$　　[23] $\log \dfrac{2e}{1+e}$　　[24] $\dfrac{\pi}{16}$

問の答え(§22)

問4 ① $\dfrac{3\pi}{16}$ ② $\dfrac{8}{15}$

問5 ① $\dfrac{3\pi}{16}$ ② $\dfrac{8}{15}$

§22. 図形の面積

問1 図は，下の図7をみよ．

① $\dfrac{1}{3}$ ② $\dfrac{9}{2}$ ③ $\dfrac{1}{3}$ ④ $2\left(1-\dfrac{1}{\log 3}\right)$ ⑤ $\dfrac{5}{2}$

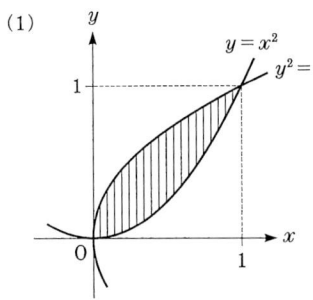

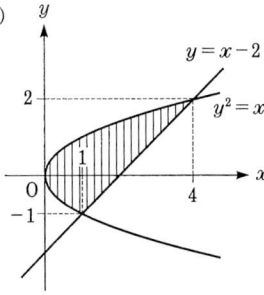

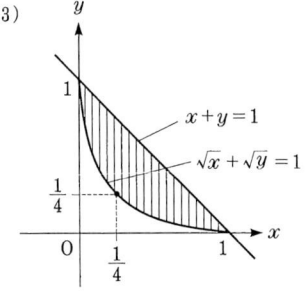

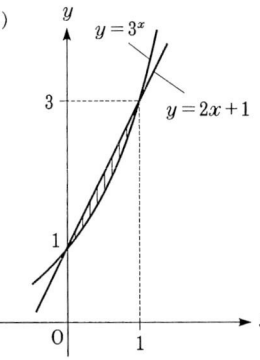

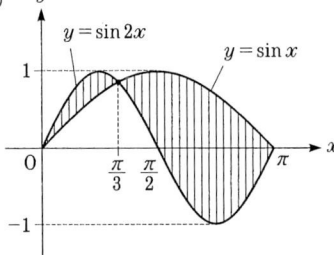

(1) $y=x^2$, $y^2=x$

(2) $y=x-2$, $y^2=x$

(3) $x+y=1$, $\sqrt{x}+\sqrt{y}=1$

(4) $y=3^x$, $y=2x+1$

(5) $y=\sin 2x$, $y=\sin x$

図7

問の答え(§24)   249

問2 6π

問3 $\dfrac{8}{15}$

問4 6π

問5 曲線の概形は図8. $\dfrac{1}{6}$.

問6 曲線の概形は，あとの図9.

[1] 1   [2] $\dfrac{\pi}{4}$ [3] $\dfrac{\pi}{4}$

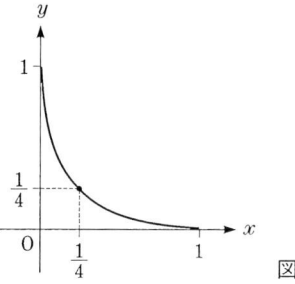

図8

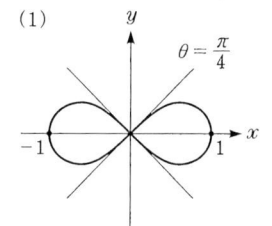

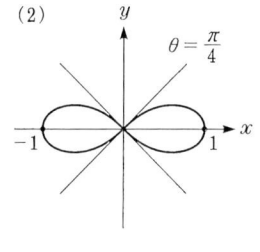

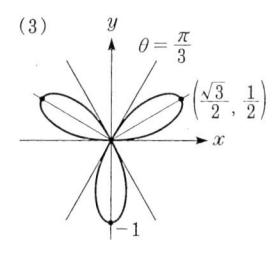

図9

§23. 立体の体積

問1 [1] $\dfrac{\pi}{3}$ [2] 16π [3] $\dfrac{\pi}{15}$ [4] $\dfrac{\pi^2}{2}$
     [5] $\pi\left(1+\dfrac{1}{2}\sinh 2\right)$ [6] $4\pi^2$ [7] $5\pi^2$

問2 [1] $\dfrac{1}{6}$ [2] $\dfrac{2}{3}$ [3] $\dfrac{2}{3}$ [4] $\dfrac{\pi}{2}$

問3 $A(x)=2\sqrt{3}\,(1-x^2)$. $V=\dfrac{8}{\sqrt{3}}$

§24. 曲線の長さ

問1 $2a\sinh\dfrac{b}{a}$

問2 [1] 2π [2] $\dfrac{1}{2}\{\sqrt{2}+\log(1+\sqrt{2})\}$

問の答え(§26)

3. $\sqrt{5}-\sqrt{2}+\log\dfrac{2(\sqrt{2}+1)}{\sqrt{5}+1}$　　4. $\log\sqrt{3}$

[問3] 1. 2π　　2. $\dfrac{1}{2}T^2$　　3. 6　　4. $\sqrt{2}(e^{2\pi}-1)$

§25. 広義の積分

[問1] 1. 3　　2. 存在しない　　3. 存在しない
4. 2　　5. 0　　6. $\dfrac{\pi}{3}$
7. 1　　8. $\log(2+\sqrt{3})$　　9. 存在しない
10. $2\log(\sqrt{2}-1)$　　11. 0

[問2] $0<a<1$ のとき，$\dfrac{1}{1-a}$. $a\geqq 1$ のとき，存在しない.

[問3] 1. 2　　2. 存在しない　　3. 存在しない
4. $\dfrac{1}{e}$　　5. $\dfrac{1}{2}$　　6. $\dfrac{\pi}{a}$
7. 存在しない　　8. $\log\dfrac{2}{\sqrt{3}}$　　9. $\dfrac{\pi}{2}$
10. $\dfrac{\pi}{2}$

[問4] $a>1$ のとき，$\dfrac{1}{a-1}$. $a\leqq 1$ のとき，存在しない.

[問5] 2

[問6] 証明は省略.

§26. 続・関数の近似

[問1] $\dfrac{1}{(1-x)^3}=\dfrac{1}{2}\sum_{n=0}^{\infty}(n+2)(n+1)x^n$　　$(|x|<1)$

[問2] 1. $\log\dfrac{1+x}{1-x}=2\sum_{n=0}^{\infty}\dfrac{x^{2n+1}}{2n+1}$　　$(|x|<1)$

2. $\sin^{-1}x=\sum_{n=0}^{\infty}\dfrac{(2n-1)(2n-3)\cdots 3\cdot 1}{2^n n!(2n+1)}x^{2n+1}$　　$(|x|<1)$

3. $\log(x+\sqrt{1+x^2})=\sum_{n=0}^{\infty}(-1)^n\dfrac{(2n-1)(2n-3)\cdots 3\cdot 1}{2^n n!(2n+1)}x^{2n+1}$　　$(|x|<1)$

第6章 偏微分

§27. 偏導関数

問 1
- [1] $z_x = 2x,\ z_y = -2y$
- [2] $z_x = 2y,\ z_y = 2x$
- [3] $z_x = 3x^2 - 3y^2,\ z_y = -6xy$
- [4] $z_x = 6xy,\ z_y = 3x^2 - 3y^2$
- [5] $z_x = 2x\,e^{x^2-y^2},\ z_y = -2y\,e^{x^2-y^2}$
- [6] $z_x = 2y\,e^{2xy},\ z_y = 2x\,e^{2xy}$
- [7] $z_x = e^x \cos y,\ z_y = -e^x \sin y$
- [8] $z_x = -e^{-x} \sin y,\ z_y = e^{-x} \cos y$
- [9] $z_x = \cos x \sinh y,\ z_y = \sin x \cosh y$
- [10] $z_x = -\sin x \cosh y,\ z_y = \cos x \sinh y$
- [11] $z_x = \dfrac{x}{x^2+y^2},\ z_y = \dfrac{y}{x^2+y^2}$
- [12] $z_x = -\dfrac{y}{x^2+y^2},\ z_y = \dfrac{x}{x^2+y^2}$
- [13] $z_x = e^x\{(x+1)\cos y - y\sin y\},\ z_y = -e^x\{(x+1)\sin y + y\cos y\}$
- [14] $z_x = e^x\{(x+1)\sin y + y\cos y\},\ z_y = e^x\{(x+1)\cos y\quad y\sin y\}$

問 2
- [1] $z - c = 6a(x-a) + 4b(y-b) \quad \therefore\ z + c = 6ax + 4by$
- [2] $z - c = 2a(x-a) - 2b(y-b) \quad \therefore\ z + c = 2(ax - by)$
- [3] $z - c = \dfrac{a}{\sqrt{a^2+b^2}}(x-a) + \dfrac{b}{\sqrt{a^2+b^2}}(y-b)$

  $\therefore\ cz - ax + by$
- [4] $z - c = -\dfrac{a}{\sqrt{(a^2+b^2)^3}}(x-a) - \dfrac{b}{\sqrt{(a^2+b^2)^3}}(y-b)$

  $\therefore\ z - 2c = -c^3(ax + by)$
- [5] $z - c = -\dfrac{a}{\sqrt{1-a^2-b^2}}(x-a) - \dfrac{b}{\sqrt{1-a^2-b^2}}(y-b)$

  $\therefore\ ax + by + cz = 1$
- [6] $z - c = \dfrac{a}{\sqrt{1+a^2+b^2}}(x-a) + \dfrac{b}{\sqrt{1+a^2+b^2}}(y-b)$

  $\therefore\ cz = ax + by + 1$

問 3 〔ヒント: 問1で求めた z_x, z_y から,$dz = z_x\,dx + z_y\,dy$ をつくればよい.〕
- [1] $dz = 2x\,dx - 2y\,dy$
- [2] $dz = 2y\,dx + 2x\,dy$

以下省略.

§28. 高階偏導関数

問 1
- [1] $z_{xx}=2,\ z_{xy}=0=z_{yx},\ z_{yy}=-2$
- [2] $z_{xx}=0,\ z_{xy}=2=z_{yx},\ z_{yy}=0$
- [3] $z_{xx}=6x,\ z_{xy}=-6y=z_{yx},\ z_{yy}=-6x$
- [4] $z_{xx}=6y,\ z_{xy}=6x=z_{yx},\ z_{yy}=-6y$
- [5] $z_{xx}=2(2x^2+1)e^{x^2-y^2},\ z_{xy}=-4xy\,e^{x^2-y^2}=z_{yx},\ z_{yy}=2(2y^2-1)e^{x^2-y^2}$
- [6] $z_{xx}=4y^2 e^{2xy},\ z_{xy}=2(2xy+1)e^{2xy}=z_{yx},\ z_{yy}=4x^2 e^{2xy}$
- [7] $z_{xx}=e^x\cos y,\ z_{xy}=-e^x\sin y=z_{yx},\ z_{yy}=-e^x\cos y$
- [8] $z_{xx}=e^{-x}\sin y,\ z_{xy}=-e^{-x}\cos y=z_{yx},\ z_{yy}=-e^{-x}\sin y$
- [9] $z_{xx}=-\sin x\sinh y,\ z_{xy}=\cos x\cosh y=z_{yx},\ z_{yy}=\sin x\sinh y$
- [10] $z_{xx}=-\cos x\cosh y,\ z_{xy}=-\sin x\sinh y=z_{yx},\ z_{yy}=\cos x\cosh y$
- [11] $z_{xx}=\dfrac{y^2-x^2}{(x^2+y^2)^2},\ z_{xy}=-\dfrac{2xy}{(x^2+y^2)^2}=z_{yx},\ z_{yy}=\dfrac{x^2-y^2}{(x^2+y^2)^2}$
- [12] $z_{xx}=\dfrac{2xy}{(x^2+y^2)^2},\ z_{xy}=\dfrac{y^2-x^2}{(x^2+y^2)^2}=z_{yx},\ z_{yy}=-\dfrac{2xy}{(x^2+y^2)^2}$
- [13] $z_{xx}=e^x\{(x+2)\cos y-y\sin y\},\ z_{xy}=-e^x\{(x+2)\sin y+y\cos y\},$
  $z_{yx}=z_{xy},\ z_{yy}=e^x\{-(x+2)\cos y+y\sin y\}$
- [14] $z_{xx}=e^x\{(x+2)\sin y+y\cos y\},\ z_{xy}=e^x\{(x+2)\cos y-y\sin y\},$
  $z_{yx}=z_{xy},\ z_{yy}=-e^x\{(x+2)\sin y+y\cos y\}$

§29. 合成関数の偏微分

問 1
- [1] $2(x+y)\left(1-\dfrac{1}{t^2}\right)=2\left(t+\dfrac{1}{t}\right)\left(1-\dfrac{1}{t^2}\right)$
- [2] $e^t\cos x\cos y+e^{-t}\sin x\sin y$
- [3] $2x\sinh t+4y\cosh t=3\sinh 2t$
- [4] $-6x\sin t-4y\cos t=-5\sin 2t$
- [5] $\dfrac{x\sinh t+y\cosh t}{x^2+y^2}=\tanh 2t$
- [6] $\dfrac{-y\sinh t+x\cosh t}{x^2-y^2}=\mathrm{sech}\,2t$
- [7] $\dfrac{(x^2+y^2)\sin t+2xy\cos t}{(x^2-y^2)^2}=\dfrac{\sin t(1+2\cos^2 t)}{\cos^2 2t}$
- [8] $\dfrac{-2xy\sinh t+(x^2-y^2)\cosh t}{(x^2+y^2)^2}=\dfrac{\cosh t(1-2\sinh^2 t)}{\cosh^2 2t}$

問 2
- [1] $z_x=2(x+y)\cos(u+v),\ z_y=2(x-y)\cos(u+v)$

問の答え(§31)

[2] $z_x = 2(u+v)\{\cos(x+y) + \cos(x-y)\} = 4\sin 2x \cos^2 y$,
$z_y = 2(u+v)\{\cos(x+y) - \cos(x-y)\} = -4\sin^2 x \sin 2y$

[3] $z_x = -2u\sin x\cos y - 2v\cos x\sin y = -\sin 2x$,
$z_y = -2u\cos x\sin y - 2v\sin x\cos y = -\sin 2y$

[4] $z_x = 2v\cos x\cosh y - 2u\sin x\sinh y = \cos 2x \sinh 2y$,
$z_y = 2v\sin x\sinh y + 2u\cos x\cosh y = \sin 2x \cosh 2y$

[5] $z_x = \dfrac{-yu+v}{u^2+v^2} = \dfrac{x}{1+x^2}$, $z_y = \dfrac{-xu+v}{u^2+v^2} = \dfrac{y}{1+y^2}$

[6] $z_x = \dfrac{u+yv}{u^2+v^2} = \dfrac{1}{1+x^2}$, $z_y = \dfrac{u+xv}{u^2+v^2} = \dfrac{1}{1+y^2}$

[問 3] 証明は省略.   [問 4] 証明は省略.

[問 5] [1] $z_{rr} = z_{xx}\cos^2\theta + 2z_{xy}\sin\theta\cos\theta + z_{yy}\sin^2\theta$

[2] $z_{\theta\theta} = r^2(z_{xx}\sin^2\theta - 2z_{xy}\sin\theta\cos\theta + z_{yy}\cos^2\theta) - r(z_x\cos\theta + z_y\sin\theta)$

[3] 解答は省略.

§30. 陰関数

[問 1] [1] $\dfrac{dy}{dx} = \dfrac{x}{y}$, $by - ax = 1$

[2] $\dfrac{dy}{dx} = -\dfrac{2x}{3y}$, $2ax + 3by = 6$

[3] $\dfrac{dy}{dx} = \dfrac{y-2x}{2y-x}$, $(2a-b)x + (2b-a)y = 2$

[4] $\dfrac{dy}{dx} = -\dfrac{3x+y}{x+3y}$, $(3a+b)x + (a+3b)y = 1$

[問 2] [1] $(0,1)$ で極大値 1, $(0,-1)$ で極小値 -1

[2] $(0,1)$ で極小値 1, $(0,-1)$ で極大値 -1

[3] $x = \dfrac{1}{\sqrt{3}}$ で極小値 $-\dfrac{2}{\sqrt{3}}$, $x = -\dfrac{1}{\sqrt{3}}$ で極大値 $\dfrac{2}{\sqrt{3}}$

[4] $x = 1$ で極小値 -1, $x = -1$ で極大値 1

§31. 2変数の関数の近似

[問 1] [1] $z = 1 + x + \dfrac{e^{\theta x}}{2}\{(x^2 - y^2)\cos\theta y - 2xy\sin\theta y\}$

[2] $z = y + \dfrac{e^{-\theta x}}{2}\{(x^2 - y^2)\sin\theta y - 2xy\cos\theta y\}$

問の答え($\S 34$)

$\boxed{3}$ $z = y + \dfrac{1}{2}\{\ x^2 \cos\theta x \sin\theta y - 2xy \sin\theta x \cos\theta y - y^2 \cos\theta x \sin\theta y\}$

$\boxed{4}$ $z = x + \dfrac{1}{2}\{-x^2 \sin\theta x \cosh\theta y + 2xy \cos\theta x \sinh\theta y + y^2 \sin\theta x \sinh\theta y\}$

$\boxed{5}$ $z = y + \dfrac{1}{2}\{-x^2 \cos\theta x \sinh\theta y - 2xy \sin\theta x \cosh\theta y + y^2 \cos\theta x \sinh\theta y\}$

$\boxed{6}$ $z = x - \dfrac{x(x+y)}{\{\theta(x+y)+1\}^3}$ $\boxed{7}$ $z = -x + \dfrac{y^2 - \{\theta(x^2+y^2)-x\}^2}{2\{(\theta x - 1)^2 + \theta^2 y^2\}^2}$

$\boxed{8}$ $z = -y + \dfrac{y\{x(\theta x - 1) + \theta y^2\}}{\{(\theta x - 1)^2 + \theta^2 y^2\}^2}$

$\boxed{問 2}$ $\boxed{1}$ $z = 1 + x + \dfrac{1}{2}(x^2 - y^2) + \dfrac{1}{6}(x^3 - 3xy^2) + \cdots$

$\boxed{2}$ $z = y - xy + \dfrac{1}{6}(3x^2 y - y^3) + \cdots$

$\boxed{3}$ $z = y - \dfrac{1}{6}(3x^2 y + y^3) + \cdots$

$\boxed{4}$ $z = 1 - \dfrac{x^2 + y^2}{2} + \cdots$ （3次の項は0）

$\boxed{5}$ $z = x + \dfrac{1}{6}(-x^3 + 3xy^2) + \cdots$

$\boxed{6}$ $z = 1 + \dfrac{y^2 - x^2}{2} + \cdots$ （3次の項は0）

$\S 32.$ 2変数の関数の極値

$\boxed{問 1}$ $\boxed{1}$ $(1,1)$ で極小値 1 $\boxed{2}$ $(1,-1)$ で極小値 -2
$\boxed{3}$ $(-3,-2)$ で極大値 5
$\boxed{4}$ 極値をとらない　　（候補点 $(1,0)$ では極値をとらない）
$\boxed{5}$ $(2,2)$ で極小値 -8　　（$(0,0)$ では極値をとらない）
$\boxed{6}$ $(4,4)$ で極小値 -64　　（$(0,0)$ では極値をとらない）

$\boxed{問 2}$ 1辺の長さが1の立方体

第7章　重積分

$\S 34.$ 2重積分と累次積分

$\boxed{問 1}$ $\boxed{1}$ $(b-a)(d-c)\left\{\dfrac{1}{2}(a+b+c+d)+\alpha\right\}$

問の答え(§37)

$\boxed{2}$ $\dfrac{1}{6}$ $\boxed{3}$ $\dfrac{1}{3}$ $\boxed{4}$ $\dfrac{4}{15}$ $\boxed{5}$ $\dfrac{1}{8}$

$\boxed{6}$ $\dfrac{1}{6}$ $\boxed{7}$ $\dfrac{1}{3}$ $\boxed{8}$ $\dfrac{1}{24}$ $\boxed{9}$ $\dfrac{1}{15}$

$\boxed{10}$ $\dfrac{1}{15}$ $\boxed{11}$ $\dfrac{1}{12}$ $\boxed{12}$ $\dfrac{1}{3}$ $\boxed{13}$ $\dfrac{1}{3}\left(1-\dfrac{1}{\sqrt{2}}\right)$

$\boxed{14}$ π $\boxed{15}$ $(e-1)^2$

$\boxed{問\ 2}$ 証明は省略.

§35. 積分変数の変換

$\boxed{問\ 1}$ $\boxed{1}$ $\dfrac{3}{4}\log 2$ $\boxed{2}$ $\dfrac{\pi^2}{2}$

$\boxed{問\ 2}$ $\boxed{1}$ $\dfrac{1}{3}$ $\boxed{2}$ $\dfrac{1}{3\sqrt{2}}$ $\boxed{3}$ $\dfrac{1}{3}\left(1-\dfrac{1}{\sqrt{2}}\right)$ $\boxed{4}$ $2\pi\log\dfrac{3}{2}$

$\boxed{5}$ $\dfrac{2\pi}{3}$ $\boxed{6}$ $\dfrac{\pi^2}{16}$

$\boxed{問\ 3}$ $\boxed{1}$ $\dfrac{\pi}{2}$ $\boxed{2}$ π $\boxed{3}$ $\dfrac{1}{9}(3\pi-4)$

§36. 3重積分

$\boxed{問\ 1}$ $\boxed{1}$ $\dfrac{1}{4}$ $\boxed{2}$ $\dfrac{1}{6}(e-1)^3$ $\boxed{3}$ $\dfrac{1}{24}$

$\boxed{問\ 2}$ $\boxed{1}$ $\pi a^2 b$ $\boxed{2}$ π $\boxed{3}$ $\dfrac{2}{3}\left(\dfrac{\pi}{2}-\dfrac{2}{3}\right)$

$\boxed{問\ 3}$ $\boxed{1}$ $\dfrac{2}{3}\left(1-\dfrac{1}{\sqrt{2}}\right)\pi$ $\boxed{2}$ $\dfrac{4\pi}{3}$ $\boxed{3}$ $\dfrac{7\pi}{12}$

§37. 曲面の面積

$\boxed{問\ 1}$ $\boxed{1}$ $\dfrac{\sqrt{3}}{2}$ $\boxed{2}$ $\cosh 2 - 2\cosh 1 + 1$ $\boxed{3}$ $\dfrac{\pi}{6}(5\sqrt{5}-1)$

$\boxed{4}$ $\dfrac{\pi}{6}(2\sqrt{2}-1)$ $\boxed{5}$ $2(\pi-2)$

索 引

イ

1次変換　209
一般角　24
陰関数　180, 181
　——の極値　182
　——の極値をとる
　　ための必要条件　182
　——の接線の方程式
　　　　　　　　182
　——の微分　182

ウ エ

上に凸　74
円柱座標　223

カ

カージオイド(ハート形)
　　　　　　78, 139
回転体の体積　143
　——の積分表示　143
仮性積分　152, 153
傾き　10
　接線の——　11
関数
　——の近似　80, 158
　減少——　34
　増加——　34

2変数の——の近似
　　　　　　　　184
パラメター表示
　された——　137
関数の近似　80, 158,
　　　　　　　　184

キ

帰納法　16
　数学的——　16
逆関数　33, 34
　——の微分　35, 36
逆3角関数　48
極限値　1, 2, 3, 163
　——の基本定理　3
　片側——　5
　左側——　5
　不定形の——　66, 67
　右側——　5
極座標　78, 214, 224
　空間の——　224
極小　72, 190
極小値　72, 190, 191
曲線
　——の凹凸　74
　——の増減・凹凸　72
曲線の長さ　146, 147
　——の積分表示　148

パラメター表示
　された——　148
パラメター表示
　された——の
　積分表示　150
極大　72, 191
極大値　72, 191
極値　72, 191
　——をとるための
　十分条件　74, 191,
　　　　　　　　193
　——をとるための
　必要条件　73, 190,
　　　　　　　　191
　陰関数の——　182
　2変数の関数の——
　　　　　　　　189
極方程式　78, 138
　——による面積の
　　積分表示　139
曲面の面積　227, 228
　——の積分表示　231
近似和　120, 197

ケ

原始関数　91, 92
減少の状態　34
懸垂線　148, 150

索　引

コ

高階導関数	58, 59
初等関数の——	60
積の——	61
高階微分	
積の——の公式	63
高階偏導関数	172
広義の積分	152, 153, 155
弧度法	23
60分法と——の関係	24

サ

サイクロイド	137, 150
最小	72
最小値	72
最大	72
最大値	72
3角関数	23, 25
——の加法定理	25
——の減法定理	25
——の公式	25
——の微分	28
一般角の——	24
3重積分	222
——の円柱座標表示	223
——の極座標表示	225

シ

指数関数	33, 36
——の底	36
——のテイラー展開	86
——の微分	40
指数法則	37
自然対数	39
下に凸	74
重積分	195
収束	1, 2, 163
収束域	84
収束半径	84
主値	48, 49, 51, 52
$\cos^{-1}x$の——	49
$\cot^{-1}x$の——	52
$\sin^{-1}x$の——	48
$\tan^{-1}x$の——	51
初期条件	44
初等関数	23
——の高階導関数	60
——の微分	23
——の不定積分	93
伸開線	151

セ

積分	93, 123, 200
——の平均値の定理	127, 128
$\sin x, \cos x$の分数式	
の——	113, 114
仮性——	152, 153
広義の——	152, 153, 155
分数式の——	107
無理式の——	115
有界でない関数の——	153
積分可能	123, 200
積分定数	93
積分変数の変換	209
接線	9
——の方程式	12
接平面	164, 166
——の方程式	168
漸近線	77
全微分	170, 171
全微分可能	166, 169
——であるための十分条件	169, 170

ソ

増加の状態	34
双曲線関数	45
——の加法定理	46
——の減法定理	46
——の2倍角の公式	47
——の微分	47
増分	11

タ

対数関数	33, 37
——の底	37
——の微分	38
対数微分	41
対数微分法	42
対数法則	37

索　引

体積
　断面積による ―― の
　　積分表示　　　142
　立体の ――　　　141
　多変数関数　　　162
単調関数　　　　　34

チ

値域　　　　　　18, 48
置換積分法　　97, 131
　定積分の ――　131
　不定積分の ――　98

テ

定数　　　　　　　1
定積分　119, 121, 122,
　　　　　　　　123
　―― と不定積分の関係
　　　　　　　　129
　―― と面積　　124
　―― の基本定理　126
　―― の置換積分法
　　　　　　　　131
　―― の部分積分法
　　　　　　　　132
テイラー級数　　84
　―― の積分　159, 160
　―― の微分　158, 159
　2変数の ――　188
テイラー展開　　84
　―― 可能　　　84
　―― 可能であるための
　　十分条件　　85

　―― 可能であるための
　　条件　　　　84
　一般な点での ――　85
　初等関数の ――　86
　2変数の ――　188
テイラーの定理　80, 82,
　　　　　　　　83
　一般の点での2変数
　　の ――　　187
　2変数の ――　185,
　　　　　　186, 187

ト

導関数　　　　　9, 13
　n階 ――　　58, 59, 60
　n次 ――　　　60
　高階 ――　　58, 59, 60
　高次 ――　　　60

ナ

長さ
　線分の ――　146
　曲線の ――　147

ニ

2項定理　　　　62
2重積分　195, 199, 203
　―― と累次積分の関係
　　　　　　　204, 206
　―― の1次変換による
　　積分変数の変換　213
　―― の幾何学的意味
　　　　　　　201, 203

　―― の極座標表示
　　　　　　　　216
　―― の積分変数の変換
　　　　　　　　219
　―― の無限積分　219
　一般の領域での ――
　　　　　　　　200
　長方形領域での ――
　　　　　　　　200

ハ

パラメター　　　30
パラメター表示　30, 31
　―― された関数の積分
　　　　　　　　137
　―― された関数の微分
　　　　　　　　31
　―― された曲線の長さ
　　の積分表示　150
　関数の ――　　30, 31
半極座標　　　　223

ヒ

被積分関数　　93, 123
微分　　　　　　13
　陰関数の ――　182
　逆関数の ――　35, 36
　逆数関数の ――　17
　合成関数の ――　18,
　　　　　　　　19
　3角関数の ――　28
　指数関数の ――　40
　商の ――　　　17

索　引

初等関数の——　　　23
　積の——　　　　　15
　双曲線関数の——　47
　対数関数の——　　38
　定数倍の——　　　15
　2変数合成関数の——
　　　　　　　　　　176
　パラメター表示された
　　関数の——　　　31
　和・差の——　　　15
微分可能　　　　　　12
　開区間で——　　　13
　閉区間で——　　　13
微分形式　　　　　　99
微分係数　　　10,11,12
　片側——　　　　　12
　左側——　　　　　12
　右側——　　　　　12
微分方程式　　　　　44

フ

符号関数　　　　　　9
不定形　　　　　　　1
　——の極限値　66,67
不定積分　　　　 91,92
　——の置換積分法　98
　——の基本定理　　95
　——の部分積分法　103
　初等関数の——　　93
　定積分と——の関係
　　　　　　　　　　129
部分積分法　　102,132
　定積分の——　　　132

不定積分の——　　103
部分分数展開　　　　108
分割　　　　　　119,196
　長方形領域の——
　　　　　　　　　　196
　閉区間の——　　　119

ヘ

平均値の定理　　54,56,
　　　　　57,128,178
　コーシーの——　 57,
　　　　　　　　　　58
　積分の——　　　　128
　2変数の——　　　178
平均変化率　　　　10,11
閉領域　　　　　　　163
変曲点　　　　　　　75
変数　　　　　　　　1
偏導関数　　 162,165,172
　x に関する——　 166
　y に関する——　 166
　高階——　　　　　172
　高次——　　　　　172
偏微分　　　　　162,164
　合成関数の——の公式
　　　　　　　　　　176
偏微分可能
　x に関して——　 165
　y に関して——　 166
　領域で x に関して——
　　　　　　　　　　166
　領域で y に関して——
　　　　　　　　　　166

偏微分係数
　x に関する——　164,
　　　　　　　　　　165
　y に関する——　165,
　　　　　　　　　　166

マ

マクローリン級数　　86
　2変数の——　　　188
マクローリン展開　　86
　2変数の——　　　188

ム

無限回微分可能　　　84
無限積分　　　　154,155
　2重積分の——　　219
無限大 ∞　　　　　　4
　負の—— −∞　　　4
無限多価関数　　　　48

メ

命題　　　　　　　　16
面積
　2曲線間の——　　135

ユ

有界　　　　　　122,199

ラ

ライプニッツの公式　63
ラディアン　　　　　23

リ ル

領域 162
閉── 163
累次積分 204, 206
  2重積分と──の関係
    204, 206

レ

連続 7, 163
  開区間で── 8
  点で── 7, 163
  閉区間で── 8
  閉領域で── 163
領域で── 163
連続関数 7, 163
  ──の基本定理 8

ロ

ロールの定理 54, 55
ロピタルの定理 67, 68

著者略歴

水 本 久 夫
(みず もと ひさ お)

- 1929 年　大阪市に生まれる
- 1953 年　金沢大学理学部卒業
- 1958 年　東京工業大学大学院博士課程修了（理学博士）
- 1958 年　東京工業大学助手
- 1961 年　岡山大学助教授
- 1966 年　岡山大学教授
- 1977 年　広島大学教授
- 1991 年　広島大学名誉教授，川崎医療福祉大学教授
- 2001 年　川崎医療福祉大学名誉教授

例と図で学べる **微分積分**

2008 年 9 月 5 日　第 1 版 発 行
2022 年 2 月 25 日　第 1 版 6 刷発行

| 検 印
省 略	著作者	水 本 久 夫
	発行者	吉 野 和 浩
定価はカバーに表示してあります．	発行所	東京都千代田区四番町 8-1
電 話　03-3262-9166
株式会社 裳 華 房 |
| | 印刷製本 | 株式会社 デジタルパブリッシングサービス |

〈出版者著作権管理機構 委託出版物〉
本書の無断複製は著作権法上での例外を除き禁じられています．複製される場合は，そのつど事前に，出版者著作権管理機構（電話 03-5244-5088，FAX 03-5244-5089，e-mail: info@jcopy.or.jp）の許諾を得てください．

一般社団法人
自然科学書協会会員

ISBN 978-4-7853-1546-7

© 水本 久夫, 2008　Printed in Japan

「理工系の数理」シリーズ

線形代数	永井敏隆・永井 敦 共著	定価 2420円
微分積分＋微分方程式	川野・薩摩・四ツ谷 共著	定価 2970円
複素解析	谷口健二・時弘哲治 共著	定価 2420円
フーリエ解析＋偏微分方程式	藤原毅夫・栄 伸一郎 共著	定価 2750円
数値計算	柳田・中木・三村 共著	定価 2970円
確率・統計	岩佐・薩摩・林 共著	定価 2750円
ベクトル解析	山本有作・石原 卓 共著	定価 2420円

コア講義 線形代数	礒島・桂・間下・安田 著	定価 2420円
手を動かしてまなぶ 線形代数	藤岡 敦 著	定価 2750円
線形代数学入門 －平面上の1次変換と空間図形から－	桑村雅隆 著	定価 2640円
テキストブック 線形代数	佐藤隆夫 著	定価 2640円

コア講義 微分積分	礒島・桂・間下・安田 著	定価 2530円
微分積分入門	桑村雅隆 著	定価 2640円
数学シリーズ 微分積分学	難波 誠 著	定価 3080円
微分積分読本 －1変数－	小林昭七 著	定価 2530円
続 微分積分読本 －多変数－	小林昭七 著	定価 2530円

微分方程式	長瀬道弘 著	定価 2530円
基礎解析学コース 微分方程式	矢野健太郎・石原 繁 共著	定価 1540円

新統計入門	小寺平治 著	定価 2090円
データ科学の数理 統計学講義	稲垣・吉田・山根・地道 共著	定価 2310円
数学シリーズ 数理統計学（改訂版）	稲垣宣生 著	定価 3960円

曲線と曲面（改訂版）－微分幾何的アプローチ－	梅原雅顕・山田光太郎 共著	定価 3190円
曲線と曲面の微分幾何（改訂版）	小林昭七 著	定価 2860円

裳華房ホームページ https://www.shokabo.co.jp/　　※価格はすべて税込（10％）